# 水文与水利工程运行管理研究

褚 峰 刘 罡 傅 正◎ 著

吉林科学技术出版社

图书在版编目（CIP）数据

水文与水利工程运行管理研究 / 褚峰，刘罡，傅正著. -- 长春 : 吉林科学技术出版社，2021.10
ISBN 978-7-5578-8833-6

Ⅰ. ①水… Ⅱ. ①褚… ②刘… ③傅… Ⅲ. ①工程水文学－研究②水利工程管理－研究 Ⅳ. ①TV

中国版本图书馆 CIP 数据核字(2021)第 199001 号

# 水文与水利工程运行管理研究

SHUIWEN YU SHUILI GONGCHENG YUNXING GUANLI YANJIU

著　褚　峰　刘　罡　傅　正
责任编辑　程　程
幅面尺寸　185mm×260mm　1/16
字　　数　361 千字
印　　张　15.75
版　　次　2022 年 8 月第 1 版
印　　次　2022 年 8 月第 1 次印刷

出　　版　吉林科学技术出版社
发　　行　吉林科学技术出版社
地　　址　长春市净月区福祉大路 5788 号
邮　　编　130118
发行部电话/传真　0431-81629529　81629530　81629531
81629532　81629533　81629534
储运部电话　0431-86059116
编辑部电话　0431-81629518
印　　刷　北京四海锦诚印刷技术有限公司

书　　号　ISBN 978-7-5578-8833-6
定　　价　65.00 元

# 前 言

水资源是自然环境的重要组成部分，又是环境生命的血液。它不仅是人类与其他一切生物生存的必要条件，也是国民经济发展不可缺少和无法替代的资源。随着人口与经济的增长，水资源的需求量不断增加，水环境又不断恶化，水资源短缺已经成为全球性问题。水资源的保护与管理，是维持水资源可持续利用、实现水资源良性循环的重要保证。管理是为达到某种目标而实施的一系列计划、组织、协调、激励、调节、指挥、监督、执行和控制活动。保护是防止事物被破坏而实施的方法和控制措施。

探索人类治水的历史，首先是从水利工程的建设起步的。从防洪工程、灌溉工程、航运工程到供水工程，水利工程由点到面、由小到大迅速发展。哪里有人类生存，哪里就有水利工程。在辽阔的祖国大地上，既留下了像都江堰、京杭大运河这样名扬千古的古代水利工程，也增添了像三峡、南水北调这样举世瞩目的现代水利工程。水利工程已经成了防洪安全的关键屏障、供水安全的主要源泉和生态安全的重要支撑。水利工程记载着人类社会发展的历史，也承载着人类社会发展的未来。

本书从为读者提供实战化启发角度出发，系统化地为读者讲述水文学是研究地球上各种水的发生、循环、分布，水的化学和物理性质，以及水对环境的作用，水与生命体的关系等的科学。以水文与水利工程运行管理的基本理论知识为核心，以工程管理的应用理论为主线，重点突出了不同类型的水利工程运行管理，系统地介绍了水文水利工程运行管理方面的原理、方法、工程实践等内容，突出了新形势下水文与水利工程运行管理方面的专业特点，可供水利水电及相关人员参考阅读。

由于时间仓促和水平的局限，书中难免有错误和不当之处，恳请广大读者批评指正。

# 前言

# 目 录

# 第一章 水资源概述

## 第一节 水资源量及分布

### 一、水资源概述

水，是生命之源，是人类赖以生存和发展的不可缺少的一种宝贵资源，是自然环境的重要组成部分，是社会可持续发展的基础条件。百度百科给出水的定义为：水（化学式为 $H_2O$）是由氢、氧两种元素组成的无机物，在常温常压下为无色无味的透明液体。水，包括天然水（河流、湖泊、大气水、海水、地下水等）和人工制水（通过化学反应使氢、氧原子结合得到水）。

地球上的水覆盖了地球 71% 以上的表面，地球上这么多的水是从哪儿来的？地球上本来就有水吗？关于地球上水的起源在学术界存在很大的分歧，目前有几十种不同的水形成学说。有的观点认为在地球形成初期，原始大气中的氢、氧化合成水，水蒸气逐步凝结下来并形成海洋；有的观点认为，形成地球的星云物质中原先就存在水的成分；有的观点认为，原始地壳中硅酸盐等物质受火山影响而发生反应、析出水分；有的观点认为，被地球吸引的彗星和陨石是地球上水的主来源，甚至地球上的水还在不停增加。

#### （一）“水资源”的定义

直到 19 世纪末期，人们虽然知道水，熟悉水，但并没有“水资源”的概念，而且水资源概念的内涵也在不断地丰富和发展，再加上由于研究领域不同或思考角度不同，国内外专家学者对水资源概念的理解和定义存在明显差异，目前关于“水资源”的定义有：

第一，联合国教科文组织和世界气象组织共同制定的《水资源评价活动——国家评价手册》：可以利用或有可能被利用的水源，具有足够的数量和可用的质量，并能在某一地点为满足某种用途而可被利用。

第二，《中华人民共和国水法》：该法所称水资源，包括地表水和地下水。

第三，《中国大百科全书》：在不同的卷册对水资源也给予了不同的解释，如在“大气科学、海洋科学、水文科学卷”中，水资源被定义为：地球表层可供人类利用的水，包括水量（水质）、水域和水能资源，一般每年可更新的水量资源；在“水利卷”中，水资源被定义为：自然界各种形态（气态、固态或液态）的天然水，并将可供人类利用的水资源作为供评价的水资源。

第四，美国地质调查局：陆面地表水和地下水。

第五，《不列颠百科全书》：全部自然界任何形态的水，包括气态水、液态水或固态水的总量。

第六，英国《水资源法》：地球上具有足够数量的可用水。

综上所述，国内外学者对水资源的概念有不尽一致的认识与理解，水资源的概念有广义和狭义之分。广义上的水资源，是指能够直接或间接使用的各种水和水中物质，对人类活动具有使用价值和经济价值的水均可称为水资源。狭义上的水资源，是指在一定经济技术条件下，人类可以直接利用的淡水。水资源是维持人类社会存在并发展的重要自然资源之一，它应当具有如下特性：能够被利用；能够不断更新；具有足够的水量；水质能够满足用水要求。

### （二）水资源的基本特点

水资源作为自然资源的一种，具有许多自然资源的特性，同时具有许多独特的特性。为合理有效地利用水资源，充分发挥水资源的环境效益、经济效益和社会效益，需充分认识水资源的基本特点。

1. 循环性

地球上的水体受太阳能的作用，不断地进行相互转换和周期性的循环过程，而且循环过程是永无止境的、无限的，水资源在水循环过程中能够不断恢复、更新和再生，并在一定时空范围内保持动态平衡，循环过程的无限性使得水资源在一定开发利用状况下是取之不尽、用之不竭的。

2. 有限性

在一定区域和一定时段内，水资源的总量是有限的，更新和恢复的水资源量也是有限的，水资源的消耗量不应该超过水资源的补给量，以前，人们认为地球上的水是无限的，从而导致人类不合理开发利用水资源，引起水资源短缺、水环境破坏和地面沉降等一系列不良后果。

3. 不均匀性

水资源的不均匀性包括水资源在时间和空间两个方面上的不均匀性。由于受气候和地理条件的影响，不同地区水资源的分布有很大差别，例如我国总的来讲，东南多，西北少；沿海多，内陆少；山区多，平原少。水资源在时间上的不均匀性，主要表现在水资源的年际和年内变化幅度大，例如我国降水的年内分配和年际分配都极不均匀，汛期4

个月的降水量占全年降水量的比率，南方约为60%，北方则为80%；最大年降雨量与最小年降雨量的比，南方为2~4倍，北方为3~8倍。水资源在时空分布上的不均匀性，给水资源的合理开发利用带来很大困难。

4. 多用途性

水资源作为一种重要的资源，在国民经济各部门中的用途是相当广泛的，不仅能够用于农业灌溉、工业用水和生活供水，还可以用于水力发电、航运、水产养殖、旅游娱乐和环境改造等。随着人们生活水平的提高和社会国民经济的发展，对水资源的需求量不断增加，很多地区出现了水资源短缺的现象，水资源在各个方面的竞争日趋激烈，如何解决水资源短缺问题，满足水资源在各方面的需求是急需解决的问题之一。

5. 不可代替性

水是生命的摇篮，是一切生物的命脉。如对于人来说，水是仅次于氧气的重要物质。成人体内，60% 的重量是水；儿童体内水的比重更大，可达80%。水在维持人类生存、社会发展和生态环境等方面是其他资源无法代替的，水资源的短缺会严重制约社会经济的发展和人民生活的改善。

6. 两重性

水资源是一种宝贵的自然资源，水资源可被用于农业灌溉、工业供水、生活供水、水力发电、水产养殖等各个方面，推动社会经济的发展，提高人民的生活水平，改善人类生存环境，这是水资源有利的一面；同时，水量过多，容易造成洪水泛滥等自然灾害，水量过少，容易造成干旱等自然灾害，影响人类社会的发展，这是水资源有害的一面。

7. 公共性

水资源的用途十分广泛，各行各业都离不开水，这就使得水资源具有了公共性。《中华人民共和国水法》明确规定，水资源属于国家所有，水资源的所有权由国务院代表国家行使，国务院水行政主管部门负责全国水资源的统一管理和监督工作；任何单位和个人引水、截（蓄）水、排水，不得损害公共利益和他人的合法权益。

## 二、世界水资源

水是一切生物赖以生存的必不可少的重要物质，是工农业生产、经济发展和环境改善不可替代的极为宝贵的自然资源。地球在地壳表层、表面和围绕地球的大气层中存在着各种形态的，包括液态、气态和固态的水，形成地球的水圈。从表面上看，地球上的水量是非常丰富的。

地球上各种类型的水储量分布：水圈内海洋水、冰川与永久积雪地下水、永冻层中冰、湖泊水、土壤水、大气水、沼泽水、河流水和生物水等全部水体的总储存量为13.86亿$km^3$，其中海洋水量13.38亿$km^3$，占地球总储存水量的96.5%，这部分巨大的水体属于高盐量的咸水，除极少量水体被利用（作为冷却水、海水淡化）外绝大多数是不能被直接利用的。陆地上的水量仅有 0.48 亿 $km^3$，占地球总储存水量的 3.5%，就是在陆面这样有限的水体也并不全是淡水，淡水量仅有 0.35 亿 $km^3$，占陆地水储存量的 73%，其中 0.24 亿 $km^3$ 的淡水量，分布于冰川多积雪、两极和多年冻土中，以人类现有的技术条件很难利用。便于人类利用的水只有 0.1065 亿 $km^3$，占淡水总量的 30.4%，仅占地球总储存水量的 0.77%。因此，地球上的水量虽然非常丰富，然而可被人类利用的淡水资源量是很有限的。

地球上人类可以利用的淡水资源主要是指降水、地表水和地下水，其中降水资源量、地表水资源量和地下水资源量主要是指年平均降水量、多年平均年河川径流量和平均年地下水更新量（或可恢复量）。世界各地有的水资源量差别很大，欧洲、亚洲、非洲、北美洲、南美洲及大洋洲、南极洲平均年降水量（体积）分别为 $8.29\times10^{12}m^3$、$2.20\times10^{12}m^3$、$22.30\times10^{12}m^3$、$18.30\times10^{12}m^3$、$28.40\times10^{12}m^3$、$7.08\times10^{12}m^3$、$2.31\times10^{12}m^3$，最大平均年降水量是最小平均年降水量的 13.94 倍；平均年江河径流量（体积）依次为 $3.21\times10^{12}m^3$、$14.41\times10^{12}m^3$、$4.57\times10^{12}m^3$、$8.20\times10^{12}m^3$、$11.76\times10^{12}m^3$、$2.39\times10^{12}m^3$、$2.31\times10^{12}m^3$，最大平均年江河径流量是最小平均年江河径流量值的 6.24 倍；平均年地下水更新量（体积）分别为 $1.12\times10^{12}m^3$、$3.75\times10^{12}m^3$、$1.60\times10^{12}m^3$、$2.16\times10^{12}m^3$、$4.12\times10^{12}m^3$、$0.58\times10^{12}m^3$，除南极洲外，最大平均年地下水更新量是最小平均年地下水更新量的 7 到 10 倍。

## 三、我国水资源

### （一）我国水资源总量

我国地处北半球亚欧大陆的东南部，受热带、太平洋低纬度上空温暖而潮湿气团的影响，以及西南的印度洋和东北的鄂霍次克海的水蒸气的影响，东南地区、西南地区以及东北地区可获得充足的降水量，使我国成为世界上水资源相对比较丰富的国家之一。

我国水利部门在综合有关文献资料的基础上，对世界上 153 个国家的水资源总量和人均水资源总量进行了统计。在进行统计的 153 个国家中，水资源总量排在前 10 名的国家分别是巴西、俄罗斯、美国、印度尼西亚、加拿大、中国、孟加拉国、印度、委内瑞拉、哥伦比亚，用多年平均年河川径流量表示的水资源总量依次为 69500 亿 $m^3$、42700 亿 $m^3$、30560 亿 $m^3$、29800 亿 $m^3$、29010 亿 $m^3$、27115 亿 $m^3$、23570 亿 $m^3$、20850 亿 $m^3$、13170 亿 $m^3$、10700 亿 $m^3$，中国仅次于巴西、俄罗斯、美国、印度尼西亚、加拿大，排在第 6 位，水资源总量比较丰富。

### （二）我国水资源特点

我国幅员辽阔，人口众多，地形、地貌、降水、气候条件等复杂多样，再加上耕地分布等因素的影响，使得我国水资源具有以下特点：

1. 总量相对丰富，人均拥有量少

我国多年平均年河川径流量为27115亿$m^3$，排在世界第6位。然而，我国人口众多，年人均水资源量仅为2238.6$m^3$，排在世界第21位。人均水资源量少于1700$m^3$/a则为用水紧张国家；人均水资源量少于1000$m^3$/a，则为缺水国家；人均水资源量少于500$m^3$/a，则为严重缺水国家。随着人口的增加，到21世纪中叶，我国人均水资源量将接近1700$m^3$/a，届时我国将成为用水紧张的国家。随着人民生活水平的提高，社会经济的不断发展，水资源的供需矛盾将会更加突出。

2. 水资源时空分布不均匀

我国水资源在空间上的分布很不均匀，南多北少，且与人口、耕地和经济的分布不相适应，使得有些地区水资源供给有余，有些地区水资源供给不足。据统计，南方面积、耕地面积、人口分别占全国总面积、耕地总面积、总人口的36.5%、36.0%、54.4%，但南方拥有的水资源总量却占全国水资源总量的81%，人均水资源量和亩均水资源量分别为41800$m^3$/a和4130$m^3$/a，约为全国人均水资源量和亩均水资源量的2倍和2.3倍。北方的辽河、海河、黄河、淮河四个流域面积、耕地面积、人口分别占全国总面积、耕地总面积、总人口的18.7%、45.2%、38.4%，但上述四个流域拥有的水资源总量只相当于南方水资源总量的12%。我国水资源在空间分布上的不均匀性，是造成我国北方和西北许多地区出现资源性缺水的根本原因，而水资源的短缺是影响这些地区经济发展、人民生活水平提高和环境改善等的主要因素之一。

由于我国大部分地区受季风气候的影响，我国水资源在时间分配上也存在明显的年际和年内变化，在我国南方地区，最大年降水量一般是最小年降水量的2~4倍，北方地区为3~6倍。我国长江以南地区由南往北雨季为3~6月至4~7月，雨季降水量占全年降水量的50%~60%；长江以北地区雨季为6~9月，雨季降水量占全年降水量的70%~80%。我国水资源的年际和年内变化剧烈，是造成我国水旱灾害频繁的根本原因，这给我国水资源的开发利用和农业生产等方面带来很多困难。

## 第二节 水资源的重要性与用途

### 一、水资源的重要性

水资源的重要性主要体现在以下几个方面：

### （一）生命之源

水是生命的摇篮，最原始的生命是在水中诞生的，水是生命存在不可缺少的物质。不同生物体内都拥有大量的水分，一般情况下，植物植株的含水率为60%~80%，哺乳类体内约有65%，鱼类75%，藻类95%，成年人体内的水占体重的65%~70%。此外，生物体的新陈代谢、光合作用等都离不开水，每人每日大约需要2~3L的水才能维持正常生存。

### （二）文明的摇篮

没有水就没有生命，没有水更不会有人类的文明和进步。文明往往发源于大河流域，世界四大文明古国——古代中国、古代印度、古代埃及和古代巴比伦，最初都是以大河为基础发展起来的。尼罗河孕育了古埃及的文明，底格里斯河与幼发拉底河促进了古巴比伦王国的兴盛，恒河带来了古印度的繁荣，长江与黄河是华夏民族的摇篮。古往今来，人口稠密、经济繁荣的地区总是位于河流湖泊沿岸。沙漠缺水地带，人烟往往比较稀少，经济也比较萧条。

### （三）社会发展的重要支撑

水资源是社会经济发展过程中不可缺少的一种重要的自然资源，与人类社会的进步与发展紧密相连，是人类社会和经济发展的基础与支撑。在农业用水方面，水资源是一切农作物生长所依赖的基础物质，水对农作物的重要作用表现在它几乎参与了农作物生长的每一个过程。农作物的发芽、生长、发育和结实都需要有足够的水分，当提供的水分不能满足农作物生长的需求时，农作物极可能减产甚至死亡。在工业用水方面，水是工业的血液，工业生产过程中的每一个生产环节（如加工、冷却、净化、洗涤等）几乎都需要水的参与，每个工厂都要利用水的各种作用来维持正常生产。没有足够的水量，工业生产就无法正常进行，水资源保证程度对工业发展规模起着非常重要的作用。在生活用水方面，随着经济发展水平的不断提高，人们对生活质量的要求也不断提高，从而使得人们对水资源的需求量越来越大，若生活需水量不能得到满足，必然会成为制约社会进步与发展的一个瓶颈。

### （四）生态环境基本要素

生态环境是指影响人类生存与发展的水资源、土地资源、生物资源以及气候资源数量与质量的总称，是关系到社会和经济持续发展的复合生态系统。水资源是生态环境的基本要素，是良好的生态环境系统结构与功能的组成部分。水资源充沛，有利于营造良好的生态环境，水资源匮乏，则不利于营造良好的生态环境。如我国水资源比较缺乏的华北和西北干旱、半干旱区，大多是生态系统比较脆弱的地带。水资源比较缺乏的地区，

随着人口的增长和经济的发展，会使得本已比较缺乏的水资源进一步短缺，从而更容易产生一系列生态环境问题，如草原退化、沙漠面积扩大、水体面积缩小、生物种类和种群减少。

## 二、水资源的用途

水资源是人类社会进步和经济发展的基本物质保证，人类的生产活动和生活活动都离不开水资源的支撑。水资源在许多方面都具有使用价值，水资源的用途主要有农业用水、工业用水、生活用水、生态环境用水、发电用水、航运用水、旅游用水、养殖用水等。

### （一）农业用水

农业用水包括农田灌溉和林牧渔畜用水。农业用水是我国用水大户，农业用水量占总用水量的比例最大，在农业用水中，农田灌溉用水是农业用水的主要用水和耗水对象，采取有效节水措施，提高农田水资源利用效率，是缓解水资源供求矛盾的一个主要措施。

### （二）工业用水

根据《工业用水分类及定义》（CJ40–1999），工业用水是指，工、矿企业的各部门，在工业生产过程（或期间）中，制造、加工、冷却、空调、洗涤、锅炉等处使用的水及厂内职工生活用水的总称。工业用水是水资源利用的一个重要组成部分，由于工业用水组成十分复杂，工业用水的多少受工业类别、生产方式、用水工艺和水平以及工业化水平等因素的影响。

### （三）生活用水

生活用水包括城市生活用水和农村生活用水两个方面，其中城市生活用水包括城市居民住宅用水、市政用水、公共建筑用水、消防用水、供热用水、环境景观用水和娱乐用水等；农村生活用水包括农村日常生活用水和家养禽畜用水等。

### （四）生态环境用水

生态环境用水是指为达到某种生态水平，并维持这种生态平衡所需要的用水量。生态环境用水有一个阈值范围，用于生态环境用水的水量超过这个阈值范围，就会导致生态环境的破坏。许多水资源短缺的地区，在开发利用水资源时，往往不考虑生态环境用水，产生许多生态环境问题。因此，进行水资源规划时，充分考虑生态环境用水，是这些地区修复生态环境问题的前提。

### （五）水力发电

地球表面各种水体（河川、湖泊、海洋）中蕴藏的能量，称为水能资源或水力资源。水力发电是利用水能资源生产电能。

### （六）其他用途

水资源除了在上述的农业、工业、生活、生态环境和水力发电方面具有重要使用价值，而得到广泛应用外，水资源还可用于发展航运事业、渔业养殖和旅游事业等。在上述水资源的用途中，农业用水、工业水和生活用水的比例称为用水结构，用水结构能够反映出一个国家的工农发展水平和城市建设发展水平。

美国、日本和中国的农业用水量、工业用水量和生活用水量有显著差别。在美国，工业用水量最大，其次为农业用水量，再次为生活用水量；在日本，农业用水量最大，除个别年份外，工业用水量和生活用水量相差不大；在中国，农业用水量最大，其次为工业用水量，最后为生活用水量。

水资源的使用用途不同时，对水资源本身产生的影响就不同，对水资源的要求也不尽相同，如水资源用于农业用水、生活用水和工业用水等部门时，这些用水部门会把水资源当作物质加以消耗。此外，这些用水部门对水资源的水质要求也不相同，当水资源用于水力发电、航运和旅游等部门时，被利用的水资源一般不会发生明显的变化。水资源具有多种用途，开发利用水资源时，要考虑水源的综合利用，不同用水部门对水资源的要求不同，这为水资源的综合利用提供了可能，但同时也要妥善解决不同用水部门对水资源要求不同而产生的矛盾。

## 第三节　水资源保护与管理的意义

水资源是基础自然资源，水资源为人类社会的进步和社会经济的发展提供了基本的物质保证。由于水资源的固有属性（如有限性和分布不均匀性等）、气候条件的变化和人类的不合理开发利用，在水资源的开发利用过程中，产生了许多水问题，如水资源短缺、水污染严重、洪涝灾害频繁、地下水过度开发、水资源开发管理不善、水资源浪费严重和水资源开发利用不够合理等，这些问题限制了水资源的可持续发展，也阻碍了社会经济的可持续发展和人民生活水平的不断提高。因此，进行水资源的保护与管理是人类社会可持续发展的重要保障。

## 一、缓解和解决各类水问题

进行水资源保护与管理，有助于缓解或解决水资源开发利用过程中出现的各类水问题，比如通过采取高效节水灌溉技术，减少农田灌溉用水的浪费，提高灌溉水利用率；通过提高工业生产用水的重复利用率，减少工业用水的浪费；通过建立合理的水费体制减少生活用水的浪费；通过采取一些蓄水和引水等措施，缓解一些地区的水资源短缺问题；通过对污染物进行达标排放与总量控制，以及提高水体环境容量等措施，改善水体水质，减少和杜绝水污染现象的发生；通过合理调配农业用水、工业用水、生活用水和生态环境用水之间的比例，改善生态环境，防止生态环境问题的发生；通过对供水、灌溉、水力发电、航运、渔业、旅游等用水部门进行水资源的优化调配，解决各用水部门之间的矛盾，减少不应有的损失；通过进一步加强地下水开发利用的监督与管理工作，完善地下水和地质环境监测系统，有效控制地下水的过度开发；通过采取工程措施和非工程措施改变水资源在空间分布和时间分布上的不均匀性，减轻洪涝灾害的影响。

## 二、提高人们的水资源管理和保护意识

水资源开采利用过程中产生的许多水问题，都是由于人类不合理利用以及缺乏保护意识造成的，通过让更多的人参与水资源的保护与管理，加强水资源保护与管理教育，以及普及水资源知识，进而增强人们的水治意识和水资源观念，提高人们的水资源管理和保护意识，自觉地珍惜水、合理地用水，从而为水资源的保护与管理创造一个良好的社会环境与氛围。

## 三、保证人类社会的可持续发展

水是生命之源，是社会发展的基础，进行水资源保护与管理研究，建立科学合理的水资源保护与管理模式，实现水资源的可持续开发利用，能够确保人类生存、生活和生产，以及生态环境等用水的长期需求，从而为人类社会的可持续发展提供坚实的基础。

# 第二章 水资源形成与水循环

## 第一节 水资源的形成

水循环是地球上最重要、最活跃的物质循环之一，它实现了地球系统水量、能量和地球生物化学物质的迁移与转换，构成了全球性的连续有序的动态大系统。水循环把海陆有机地连接起来，塑造着地表形态，制约着地表生态环境的平衡与协调，不断提供再生的淡水资源。因此，水循环对于地球表层结构的演化和人类可持续发展都具有重大意义。

由于在水循环过程中，海陆之间的水汽交换以及大气水、地表水、地下水之间的相互转换，形成了陆地上的地表径流和地下径流。由于地表径流和地下径流的特殊运动，塑造了陆地的一种特殊形态——河流与流域。一个流域或特定区域的地表径流和地下径流的时空分布既与降水的时空分布有关，亦与流域的形态特征、自然地理特征有关。因此，不同流域或区域的地表水资源和地下水资源具有不同的形成过程及时空分布特性。

### 一、地表水资源的形成与特点

地表水分为广义地表水和狭义地表水，前者指以液态或固态形式覆盖在地球表面上，暴露在大气中的自然水体，包括河流、湖泊、水库、沼泽、海洋、冰川和永久积雪等，后者则是陆地上各种液态、固态水体的总称，包括静态水和动态水，主要有河流、湖泊、水库、沼泽、冰川和永久积雪等。其中，动态水指河流径流量和冰川径流量，静态水指各种水体的储水量，地表水资源是指在人们生产生活中具有实用价值和经济价值的地表水，包括冰雪水、河川水和湖沼水等，一般用河川径流量表示。

在多年平均情况下，水资源量的收支项主要为降水、蒸发和径流，水量平衡时，收支在数量上是相等的。降水作为水资源的收入项，决定着地表水资源的数量、时空分布和可开发利用程度。由于地表水资源所能利用的是河流径流量，所以在讨论地表水资源的形成与分布时，重点讨论构成地表水资源的河流资源的形成与分布问题。

降水、蒸发和径流是决定区域水资源状态的三要素，三者数量及其可利用量之间的变化关系决定着区域水资源的数量和可利用量。

## （一）降水

1. 降雨的形成

降水是指液态或固态的水汽凝结物从云中落到地表的现象，如雨、雪、雾、雹、露、霜等，其中以雨、雪为主。我国大部分地区，一年内降水以雨水为主，雪仅占少部分。所以，通常说的降水主要指降雨。

当水平方向温度、湿度比较均匀的大块空气即气团受到某种外力的作用向上升时，气压降低，空气膨胀，为克服分子间引力需消耗自身的能量，在上升过程中发生动力冷却，使气团降温。当温度下降到使原来未饱和的空气达到了过饱和状态时，大量多余的水汽便凝结成云。云中水滴不断增大，直到不能被上气流所托时，便在重力作用下形成降雨。因此空气的垂直上升运动和空气中水汽含量超过饱和水汽含量是产生降雨的基本条件。

2. 降雨的分类

按空气上升的原因，降雨可分为锋面雨、地形雨、对流雨和气旋雨。

（1）锋面雨

冷暖气团相遇，其交界面叫锋面，锋面与地面的相交地带叫锋线，锋面随冷暖气团的移动而移动。锋面上的暖气团被抬升到冷气团上面去。在抬升的过程中，空气中的水汽冷却凝结，形成的降水叫锋面雨。

根据冷、暖气团运动情况，锋面雨又可分为冷锋雨和暖锋雨。当冷气团向暖气团推进时，因冷空气较重，冷气团楔进暖气团下方，把暖气团挤向上方，发生动力冷却而致雨，称为冷锋雨。当暖气团向冷气团移动时，由于地面的摩擦作用，上层移动较快，底层较慢，使锋面坡度较小，暖空气沿着这个平缓的坡面在冷气团上爬升，在锋面上形成了一系列云系并冷却致雨，称为暖锋雨。我国大部分地区在温带，属南北气流交汇区域，因此，锋面雨的影响很大，常造成河流的洪水。我国夏季受季风影响，东南地区多暖锋雨，如长江中下游的梅雨；北方地区多冷锋雨。

（2）地形雨

暖湿气流在运移过程中，遇到丘陵、高原、山脉等阻挡而沿坡面上升而冷却致雨，称为地形雨。地形雨大部分降落在山地的迎风坡。在背风坡，气流下降增温，且大部分水汽已在迎风坡降落，故降雨稀少。

（3）对流雨

当暖湿空气笼罩一个地区时，因下垫面局部受热增温，与上层温度较低的空气产生强烈对流作用，使暖空气上升冷却致雨，称为对流雨。对流雨一般强度大，但雨区小，历时也较短，并常伴有雷电，又称雷阵雨。

（4）气旋雨

气旋是中心气压低于四周的大气涡旋。涡旋运动引起暖湿气团大规模的上升运动，水汽因动力冷却而致雨，称为气旋。按热力学性质分类，气旋可分为温带气旋和热带气旋。

我国气象部门把中心地区附近地面最大风速达到12级的热带气旋称为台风。

3. 降雨的特征

降雨特征常用降水量、降水历时、降水强度、降水面积及暴雨中心等基本因素表示。降水量是指在一定时段内降落在某一点或某一面积上的总水量，用深度表示，以mm计。降水量一般分为7级。降水的持续时间称为降水历时，以min、h、d计。降水笼罩的平面面积称为降水面积，以$km^2$计。暴雨集中的较小局部地区，称为暴雨中心。降水历时和降水强度反映了降水的时程分配，降水面积和暴雨中心反映了降水的空间分配。

（二）径流

径流是指由降水所形成的，沿着流域地表和地下向河川、湖泊、水库、洼地等流动的水流。其中，沿着地面流动的水流称为地表径流；沿着土壤岩石孔隙流动的水流称为地下径流；汇集到河流后，在重力作用下沿河床流动的水流称为河川径流。径流因降水形式和补给来源的不同，可分为降雨径流和融雪径流，我国大部分以降雨径流为主。

径流过程是地球上水循环中重要的一环。在水循环过程中，陆地上的降水34%转化为地表径流和地下径流汇入海洋。径流过程又是一个复杂多变的过程，与水资源的开发利用、水环境保护、人类同洪旱灾害的斗争等生产经济活动密切相关。

1. 径流形成过程及影响因素

由降水到达地面时起，到水流流经出口断面的整个过程，称为径流形成过程。降水的形式不同，径流的形成过程也各不相同。大气降水的多变性和流域自然地理条件的复杂性决定了径流形成过程是一个错综复杂的物理过程。降水落到流域面上后，首先向土壤内下渗，一部分水以壤中流形式汇入沟渠，形成上层壤中流；一部分水继续下渗，补给地下水；还有一部分以土壤水形式保持在土壤内，其中一部分消耗蒸发。当土壤含水量达到饱和或降水强度大于入渗强度时，降水扣除入渗后还有剩余，余水开始流动充填坑洼，继而形成坡面流汇入河槽和壤中流一起形成出口流量过程。故整个径流形成过程往往涉及大气降水、土壤下渗、壤中流、地下水、蒸发、填洼、坡面流和河槽汇流，是气象因素和流域自然地理条件综合作用的过程，难以用数学模型描述。为便于分析，一般把它概化为产流阶段和汇流阶段。产流是降水扣除损失后的净雨产生径流的过程。汇流，指净雨沿坡面从地面和地下汇入河网，然后再沿着河网汇集到流域出口断面的过程。前者称为坡地汇流，后者称为河网汇流，两部分过程合称为流域汇流过程。

影响径流形成的因素有气候因素、地理因素和人类活动因素。

（1）气候因素

气候因素主要是降水和蒸发。降水是径流形成的必要条件，是决定区域地表水资源丰富程度、时空间分布及可利用程度与数量的最重要的因素。其他条件相同时降雨强度大、历时长、降雨笼罩面积大，则产生的径流也大。同一流域，雨型不同，形成的径流过程

也不同。蒸发直接影响径流量的大小。蒸发量大，降水损失量就大，形成的径流量就小。对于一次暴雨形成的径流来说，虽然在径流形成的过程中蒸发量的数值相对不大，甚至可忽略不计，但流域在降雨开始时土壤含水量直接影响着本次降雨的损失量，即影响着径流量，而土壤含水量与流域蒸发有密切关系。

（2）地理因素

地理因素包括流域地形、流域的大小和形状、河道特性、土壤、岩石和地质构造、植被、湖泊和沼泽等。

流域地形特征包括地面高程、坡面倾斜方向及流域坡度等。流域地形通过影响气候因素间接影响径流的特性，如山地迎风坡降雨量较大，背风坡降雨量小；地面高程较高时，气温低，蒸发量小，降雨损失量小。流域地形还直接影响汇流条件，从而影响径流过程。如地形陡峭，河道比降大，则水流速度快，河槽汇流时间较短，洪水陡涨陡落，流量过程线多呈尖瘦形；反之，则较平缓。

流域大小不同，对调节径流的作用也不同。流域面积越大，地表与地下蓄水容积越大调节能力也越强。流域面积较大的河流，河槽下切较深，得到的地下水补给就较多。流域面积小的河流，河槽下切往往较浅，因此地下水补给也较少。

流域长度决定了径流到达出口断面所需要的汇流时间。汇流时间越长，流量过程线越平缓。流域形状与河系排列有密切关系。扇形排列的河系，各支流洪水较集中地汇入干流，流量过程线往往较陡峻；羽形排列的河系各支流洪水可顺序而下，遭遇的机会少，流量过程线较矮平；平行状排列的河系，其流量过程线与扇形排列的河系类似。

河道特性包括：河道长度、坡度和糙率。河道短、坡度大、糙率小，则水流流速大，河道输送水流能力大，流量过程线尖瘦；反之，则较平缓。

流域土壤、岩石性质和地质构造与下渗量的大小有直接关系，从而影响产流量和径流过程特性，以及地表径流和地下径流的产流比例关系。

植被能阻滞地表水流，增加下渗。森林地区表层土壤容易透水，有利于雨水渗入地下从而增大地下径流，减少地表径流，使径流趋于均匀。对于融雪补给的河流，由于森林内温度较低，能延长融雪时间，使春汛径流历时增长。

湖泊（包括水库和沼泽）对径流有一定的调节作用，能拦蓄洪水，削减洪峰，使径流过程变得平缓。因水面蒸发较陆面蒸发大，湖泊、沼泽增加了蒸发量，使径流量减少。

（3）人类活动因素

影响径流的人类活动是指人们为了开发利用和保护水资源，达到除害兴利的目的而修建的水利工程及采用农林措施等。这些工程和措施改变了流域的自然面貌，从而也就改变了径流的形成和变化条件，影响了蒸发量、径流量及其时空分布、地表和地下径流的比例、水体水质等。例如，蓄、引水工程改变了径流时空分布；水土保持措施能增加下渗水量，改变地表和地下水的比例及径流时程分布，影响蒸发；水库和灌溉设施增加了蒸发，减少了径流。

2. 河流径流补给

河流径流补给又称河流水源补给。河流补给的类型及其变化决定着河流的水文特性。我国大多数河流的补给主要是流域上的降水。根据降水形式及其向河流运动的路径，河流的补给可分为雨水补给、地下水补给、冰雪融水补给以及湖泊、沼泽补给等。

（1）雨水补给

雨水是我国河流补给的最主要水源。当降雨强度大于土壤入渗强度后产生地表径流，雨水汇入溪流和江河之中从而使河水径流得以补充。以雨水补给为主的河流的水情特点是水位与流量变化快，在时程上与降雨有较好的对应关系，河流径流的年内分配不均匀，年际变化大，丰枯悬殊。

（2）地下水补给

地下水补给是我国河流补给的一种普遍形式。特别是在冬季和少雨无雨季节，大部分河流水量基本上来自地下水。地下水是雨水和冰雪融水渗入地下转化而成的，它的基本来源仍然是降水，因其经地下“水库”的调节，对河流径流量及其在时间上的变化产生影响。以地下水补给为主的河流，其年内分配和年际变化都较均匀。

（3）冰雪融水补给

冬季在流域表面的积雪、冰川，至次年春季随着气候的变暖而融化成液态的水，补给河流而形成春汛。此种补给类型在全国河流中所占比例不大，水量有限但冰雪融水补给主要发生在春季，这时正是我国农业生产上需水的季节，因此，对于我国北方地区春季农业用水有着重要的意义。冰雪融水补给具有明显的日变化和年变化，补给水量的年际变化幅度要小于雨水补给。这是因为融水量主要与太阳辐射、气温变化一致，而气温的年际变化比降雨量年际变化小。

（4）湖泊、沼泽水补给

流域内山地的湖泊常成为河流的源头。位于河流中下游地区的湖泊，接纳湖区河流来水，又转而补给干流水量。这类湖泊由于湖面广阔，深度较大，对河流径流有调节作用。河流流量较大时，部分洪水流进大湖内，削减了洪峰流量；河流流量较小时，湖水流入下流，补充径流量，使河流水量年内变化趋于均匀。沼泽水补给量小，对河流径流调节作用不明显。

我国河流主要靠降雨补给。在华北、西南及东北的河流量也有冰雪融水补给，但仍以降雨补给为主，为混合补给。只有新疆、青海等地的部分河流是靠冰川、积雪融水补给，该地区的其他河流仍然是混合补给。由于各地气候条件的差异，上述四种补给在不同地区的河流中所占比例差别较大。

3. 径流时空分布

（1）径流的区域分布

受降水量影响，以及地形地质条件的综合影响，年径流区域分布既有地域性的变化，又有局部的变化，我国年径流深度分布的总体趋势与降水量分布一样由东南向西北递减。

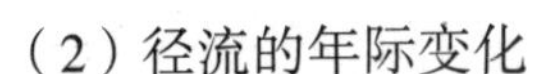

（2）径流的年际变化

径流的年际变化包括径流的年际变化幅度和径流的多年变化过程两方面，年际变化幅度常用年径流量变差系数和年径流极值比表示。

年径流变差系数大，年径流的年际变化就大，不利于水资源的开发利用，也容易发生洪涝灾害；反之，年径流的年际变化小，有利于水资源的开发利用。

影响年径流变差系数的主要因素是年降水量、径流补给类型和流域面积。降水量丰富地区，其降水量的年际变化小，植被茂盛，蒸发稳定，地表径流较丰沛，因此年径流变差系数小；反之，则年径流变差系数大。相比较而言，降水补给的年径流变差系数大于冰川、积雪融水和降水混合补给的年径流变差系数，而后者又大于地下水补给的年径流变差系数。流域面积越大，径流成分越复杂，各支流、干支流之间的径流丰枯变化可以互相调节；另外，面积越大，因河川切割很深，地下水的补给丰富而稳定。因此，流域面积越大，其年径流变差系数越小。

年径流的极值比是指最大径流量与最小径流量的比值。极值比越大，径流的年际变化越大；反之，年际变化越小。极值比的大小变化规律与变差系数同步。我国河流年际极值比最大的是淮河蚌埠站，为23.7；最小的是怒江道街坝站，为1.4。

径流的年际变化过程是指径流具有丰枯交替、出现连续丰水和连续枯水的周期变化，但周期的长度和变幅存在随机性。如黄河出现过1922~1932年连续11年的枯水期，也出现过1943~1951年连续9年的丰水期。

（3）径流的季节变化

河流径流一年内有规律的变化，叫作径流的季节变化，取决于河流径流补给来源的类型及变化规律。以雨水补给为主的河流，主要随降雨量的季节变化而变化。以冰雪融水补给为主的河流，则随气温的变化而变化。径流季节变化大的河流，容易发生干旱和洪涝灾害。

我国绝大部分地区为季风区，雨量主要集中在夏季，径流也是如此。而西部内陆河流主要靠冰雪融水补给，夏季气温高，径流集中在夏季，形成我国绝大部分地区夏季径流占优势的基本布局。

### （三）蒸发

蒸发是地表或地下的水由液态或固态转化为水汽，并进入大气的物理过程，是水文循环中的基本环节之一，也是重要的水量平衡要素，对径流有直接影响。蒸发主要取决于暴露表面的水的面积与状况，与温度、阳光辐射、风、大气压力和水中的杂质质量有关，其大小可用蒸发量或蒸发率表示。蒸发量是指某一时段如日、月、年内总蒸发掉的水层深度，以mm计；蒸发率是指单位时间内的蒸发量，以mm/min或mm/h计。流域或区域上的蒸发包括水面蒸发和陆面蒸发，后者包括土壤蒸发和植物蒸腾。

1. 水面蒸发

水面蒸发是指江、河、湖泊、水库和沼泽等地表水体水面上的蒸发现象。水面蒸发是最简单的蒸发方式，属饱和蒸发。影响水面蒸发的主要因素是温度、湿度、辐射、风速和气压等气象条件。因此，在地域分布上，冷湿地区水面蒸发量小，干燥、气温高的地区水面蒸发量大；高山地区水面蒸发量小，平原区水面蒸发量大。

水面蒸发的地区分布呈现出如下特点：①低温湿润地区水面蒸发量小，高温干燥地区水面蒸发量大；②蒸发低值区一般多在山区，而高值区多在平原区和高原区，平原区的水面蒸发大于山区；③水面蒸发的年内分配与气温、降水有关，年际变化不大。

我国多年平均水面蒸发量最低值为400mm，最高可达2600mm，相差悬殊。暴雨中心地区水面蒸发可能是低值中心。

2. 陆面蒸发

（1）土壤蒸发

土壤蒸发是指水分从土壤中以水汽形式逸出地面的现象。它比水面蒸发要复杂得多，除了受上述气象条件的影响外，还与土壤性质、土壤结构、土壤含水量、地下水位的高低、地势和植被状况等因素密切相关。

对于完全饱和、无后继水量加入的土壤其蒸发过程大体上可分为三个阶段：第一阶段，土壤完全饱和，供水充分，蒸发在表层土壤进行，此时的蒸发率等于或接近于土壤蒸发能力，蒸发量大而稳定；第二阶段，由于水分逐渐蒸发消耗，土壤含水量转化为非饱和状态，局部表土开始干化，土壤蒸发一部分仍在地表进行，另一部分发生在土壤内部。此阶段中，随着土壤含水量的减少，供水条件来越差，故其蒸发率随时间逐渐减小；第三阶段表层土壤干涸，向深层扩展，土壤水分蒸发主要发生在土壤内部。蒸发形成的水汽由分子扩散作用通过表面干涸层逸入大气，其速度极为缓慢、蒸发量小而稳定，直至基本终止。由此可见，土壤蒸发影响土壤含水量的变化，是土壤失水的干化过程，是水文循环的重要环节。

（2）植物蒸腾

土壤中水分经植物根系吸收，输送到叶面，散发到大气中去，称为植物蒸腾或植物散发。由于植物本身参与了这个过程，并能利用叶面气孔进行调节，故是一种生物物理过程，比水面蒸发和土壤蒸发更为复杂，它与土壤环境、植物的生理结构以及大气状况有密切的关系。由于植物生长于土壤中，故植物蒸腾与植物覆盖下土壤的蒸发实际上是并存的。因此，研究植物蒸腾往往和土壤蒸发合并进行。

目前陆面蒸发量一般采用水量平衡法估算，对多年平均陆面蒸发来讲，它由流域内年降水量减去年径流量而得，陆面蒸发等值线即以此方法绘制而得；除此，陆面蒸发量还可以利用经验公式来估算。

我国根据蒸发量为300mm的等值线自东北向西南将中国陆地蒸发量分布划分为两个区：

①陆面蒸发量低值区（300mm 等值线以西）：一般属于干旱半干旱地区，雨量少、温度低，如塔里木盆地、柴达木盆地其多年平均陆面蒸发量小于 25mm。

②陆面蒸发量高值区（300mm 等值线以东）：一般属于湿润与半湿润地区，我国广大的南方湿润地区雨量大，蒸发能力可以充分发挥。海南省东部多年平均陆面蒸发量可达 1000mm 以上。

说明陆面蒸发量的大小不仅取决于热能条件，还取决于陆面蒸发能力和陆面供水条件。陆面蒸发能力可近似的由实测水面蒸发量综合反映，而陆面供水条件则与降水量大小及其分配是否均匀有关。我国蒸发量的地区分布与降水、径流的地区分布有着密切关系，由东南向西北有明显递减趋势，供水条件是陆面蒸发的主要制约因素。

一般说来，降水量年内分配比较均匀的湿润地区，陆面蒸发量与陆面蒸发能力相差不大，如长江中下游地区，供水条件充分，陆面蒸发量的地区变化和年际变化都不是很大，年陆面蒸发量仅在 550~750mm 间变化，陆面蒸发量主要由热能条件控制。但在干旱地区陆面蒸发量则远小于陆面蒸发能力，其陆面蒸发量的大小主要取决于供水条件。

3. 流域总蒸发

流域总蒸发是流域内所有的水面蒸发、土壤蒸发和植物蒸腾的总和。因为流域内气象条件和下垫面条件复杂，要直接测出流域的总蒸发几乎不可能，实用的方法是先对流域进行综合研究，再用水量平衡法或模型计算方法求出流域的总蒸发。

## 二、地下水资源的形成与特点

地下水是指存在于地表以下岩石和土壤的孔隙、裂隙、溶洞中的各种状态的水体由渗透和凝结作用形成，主要来源为大气水。广义的地下水是指赋存于地面以下岩土孔隙中的水，包括包气带及饱水带中的孔隙水。狭义的地下水则指赋存于饱水带岩土孔隙中的水。地下水资源是指能被人类利用、逐年可以恢复更新的各种状态的地下水。地下水由于水量稳定，水质较好，是工农业生产和人们生活的重要水源。

### （一）岩石孔隙中水的存在形式

岩石孔隙中水的存在形式主要为气态水、结合水、重力水、毛细水和固态水。

1. 气态水

以水蒸气状态储存和运动于未饱和的岩石孔隙之中，来源于地表大气中的水汽移入或岩石中其他水分蒸发，气态水可以随空气的流动而运动。空气不运动时，气态水也可以由绝对湿度大的地方向绝对湿度小的地方运动。当岩石孔隙中水汽增多达到饱和时或是当周围温度降低至露点时，气态水开始凝结成液态水而补给地下水。由于气态水的凝结不一定在蒸发地区进行，因此会影响地下水的重新分布。气态水本身不能直接开采利用，也不能被植物吸收。

2. 结合水

松散岩石颗粒表面和坚硬岩石孔隙壁面，因分子引力和静电引力作用产生使水分子被牢固地吸附在岩石颗粒表面，并在颗粒周围形成很薄的第一层水膜，称为吸着水。吸着水被牢牢地吸附在颗粒表面，其吸附力达1000atm（标准大气压），不能在重力作用下运动，故又称为强结合水。其特征为：不能流动，但可转化为气态水而移动；冰点降低至 -78℃以下；不能溶解盐类，无导电性；具有极大的黏滞性和弹性；平均密度为 $2g/m^3$。

吸着水的外层，还有许多水分子亦受到岩石颗粒引力的影响，吸附着第二层水膜，称为薄膜水。薄膜水的水分子距颗粒表面较远，吸引力较弱，故又称为弱结合水。薄膜水的特点是：因引力不等，两个质点的薄膜水可以相互移动，由薄膜厚的地方向薄处转移；薄膜水的密度虽与普通水差不多，但黏滞性仍然较大；有较低的溶解盐的能力。吸着水与薄膜水统称为结合水，都是受颗粒表面的静电引力作用而被吸附在颗粒表面。它们的含水量主要取决于岩石颗粒的表面积大小，与表面积大小成正比。在包气带中，因结合水的分布是不连续的，所以不能传递静水压力；而处在地下水面以下的饱水带时，当外力大于结合水的抗剪强度时，则结合水便能传递静水压力。

3. 重力水

岩石颗粒表面的水分子增厚到一定程度，水分子的重力大于颗粒表面，会产生向下的自由运动，在孔隙中形成重力水。重力水具有液态水的一般特性，能传递静水压力，有冲刷、侵蚀和溶解能力。从井中吸出或从泉中流出的水都是重力水。重力才是研究的主要对象。

4. 毛细水

地下水面以上岩石细小孔隙中具有毛细管现象，形成一定上升高度的毛细水带。毛细水不受固体表面静电引力的作用，而受表面张力和重力的作用，称为半自由水，当两力作用达到平衡时，便保持一定高度滞留在毛细管孔隙或小裂隙中，在地下水面以上形成毛细水带。由地下水面支撑的毛细水带，称为支持毛细水。其毛细管水面可以随着地下水位的升降和补给、蒸发作用而发生变化，但其毛细管上升高度保持不变，它只能进行垂直运动，可以传递静水压力。

5. 固态水

以固态形式存在于岩石孔隙中的水称为固态水，在多年冻结区或季节性冻结区可以见到这种水。

## （二）地下水形成的条件

1. 岩层中有地下水的储存空间

岩层的空隙性是构成具有储水与给水功能的含水层的先决条件。岩层要构成含水层，首先要有能储存地下水的孔隙、裂隙或溶隙等空间，使外部的水能进入岩层形成含水层。然而，有空隙存在不一定就能构成含水层，如黏土层的孔隙度可达 50% 以上，但其空隙几乎全被结合水或毛细水所占据，重力水很少，所以它是隔水层。透水性好的砾石层、沙石层的孔隙度较大，孔隙也大，水在重力作用下可以自由出入，所以往往形成储存重力水的含水层。坚硬的岩石，只有发育有未被填充的张性裂隙、张扭性裂隙和溶隙时，才可能构成含水层。

空隙的多少、大小、形状、连通情况与分布规律，对地下水的分布与运动有着重要影响。按空隙特性可将其分类为：松散岩石中的孔隙、坚硬岩石中的裂隙和可溶岩石中的溶隙，分别用孔隙度、裂隙度和溶隙度表示空隙的大小，依次定义为岩石孔隙体积与岩石体体积之比、岩石裂隙体积与岩石总体积之比、可溶岩石孔隙体积与可溶岩石总体积之比。

2. 岩层中有储存、聚集地下水的地质条件

含水层的构成还必须具有一定的地质条件，才能使具有空隙的岩层含水，并把地下水储存起来。有利于储存和聚集地下水的地质条件虽有各种形式，但概括起来不外乎是：空隙岩层下有隔水层，使水不能向下渗漏；水平方向有隔水层阻挡，以免水全部流空。只有这样的地质条件才能使运动在岩层空隙中的地下水长期储存下来，并充满岩层空隙而形成含水层。如果岩层只具有空隙而无有利于储存地下水的构造条件，这样的岩层就只能作为过水通道而构成透水层。

3. 有足够的补给来源

当岩层空隙性好，并具有储存、聚集地下水的地质条件时，还必须有充足的补给来源才能使岩层充满重力水而构成含水层。

地下水补给量的变化，能使含水层与透水层之间相互转化。在补给来源不足、消耗量大的枯水季节里，地下水在含水层中可能被疏干，这样含水层就变成了透水层；而在补给充足的丰水季节，岩层的空隙又被地下水充满，重新构成含水层。由此可见，补给来源不仅是形成含水层的一个重要条件，而且是决定水层水量多少和保证程度的一个主要因素。

综上所述，只有当岩层具有地下水自由出入的空间，适当的地质构造条件和充足的补给来源时，才能构成含水层。这三个条件缺一不可，但有利于储水的地质构造条件是主要的。

因为空隙岩层存在于该地质构造中，岩空隙的发生、发展及分布都脱离不开这样的地质环境，特别是坚硬岩层的空隙，受构造控制更为明显；岩层空隙的储水和补给过程也取决于地质构造条件。

### （三）地下水的类型

按埋藏条件，地下水可划分为四个基本类型：土壤水（包气带水）、上层滞水、潜水和承压水。

土壤水是指吸附于土壤颗粒表面和存在于土壤空隙中的水。

上层滞水是指包气带中局部隔水层或弱透水层上积聚的具有自由水面的重力水，是在大气降水或地表水下渗时，受包气带中局部隔水层的阻托滞留聚集而成。上层滞水埋藏的共同特点是：在透水性较好的岩层中央有不透水岩层。上层滞水因完全靠大气降水或地表水体直接入渗补给，水量受季节控制特别显著，一些范围较小的上层滞水旱季往往干枯无水，当隔水层分布较广时可作为小型生活水源和季节性水源。上层滞水的矿化度一般较低，因接近地表，水质易受到污染。

潜水是指饱水带中第一个具有自由表面含水层中的水。潜水的埋藏条件决定了潜水具有以下特征。

第一，具有自由表面。由于潜水的上部没有连续完整的隔水顶板，因此具有自由水面，称为潜水面。有时潜水面上有局部的隔水层，且潜水充满两隔水层之间，在此范围内的潜水将承受静水压力，呈现局部承压现象。

第二，潜水通过包气带与地表相连通，大气降水、凝结水、地表水通过包气带的空隙通道直接渗入补给潜水，所以在一般情况下，潜水的分布区与补给区是一致的。

第三，潜水在重力作用下，由潜水位较高处向较低处流动，其流速取决于含水层的渗透性能和水力坡度。潜水向排泄处流动时，其水位逐渐下降，形成曲线形表面。

第四，潜水的水量、水位和化学成分随时间的变化而变化，受气候影响大，具有明显的季节性变化特征。

第五，潜水较易受到污染。潜水水质变化较大，在气候湿润、补给量充足及地下水流畅通地区，往往形成矿化度低的淡水；在气候干旱与地形低洼地带或补给量贫乏及地下水径流缓慢地区，往往形成矿化度很高的咸水。

潜水分布范围大，埋藏较浅，易被人工开采。当潜水补给充足，特别是河谷地带和山间盆地中的潜水，水量比较丰富，可作为工业、农业生产和生活用水的良好水源。

承压水是指充满于上下两个稳定隔水层之间的含水层中的重力水。承压水的主要特点是有稳定的隔水顶板存在，没有自由水面，水体承受静水压力，与有压管道中的水流相似。承压水的上部隔水层称为隔水顶板，下部隔水层称为隔水底板；两隔水层之间的含水层称为承压含水层；隔水顶板到底板的垂直距离称为含水层厚度。

承压水由于有稳定的隔水顶板和底板，因而与外界联系较差，与地表的直接联系大部分被隔绝，所以其埋藏区与补给区不一致。承压含水层在出露地表部分可以接受大气降水及地表水补给，上部潜水也可越流补给承压含水层。承压水的排泄方式多种多样，可以通过标高较低的含水层出露区或断裂带排泄到地表水、潜水含水层或另外的承压含水层，也可直接排泄到地表成为上升泉。承压含水层的埋藏度一般都较潜水为大，在水位、水量、水温、水质等方面受水文气象因素、人为因素及季节变化的影响较小，因此富水性较好的承压含水层是理想的供水水源。虽然承压含水层的埋藏深度较大，但其稳定水位都常常接近或高于地表，这为开采利用创造了有利条件。

## （四）地下水循环

地下水循环是指地下水的补给、径流和排泄过程，是自然界水循环的重要组成部分，不论是全球的大循环还是陆地的小循环，地下水的补给、径流、排泄都是其中的一部分。大气降水或地表水渗入地下补给地下水，地下水在地下形成径流，又通过潜水蒸发、流入地表水体及泉水涌出等形式排泄。这种补给、径流、排泄无限往复的过程即为地下水的循环。

1. 地下水补给

含水层自外界获得水量的过程称为补给。地下水的补给来源主要有大气降水、地表水、凝结水、其他含水层的补给及人工补给等。

（1）大气降水入渗补给

当大气降水降落到地表后，一部分蒸发重新回到大气，一部分变为地表径流，剩余一部分达到地面以后，向岩石、土壤的空隙渗入，如果降雨以前土层湿度不大，则入渗的降水首先形成薄膜水。达到最大薄膜水量之后，继续入渗的水则充填颗粒之间的毛细孔隙，形成毛细水。当包气层的毛细孔隙完全被水充满时，形成重力水的连续下渗而不断地补给地下水。

在很多情况下，大气降水是地下水的主要补给方式。大气降水补给地下水的水量受到很多因素的影响，与降水强度、降水形式、植被、包气带岩性、地下水埋深等有关。一般当降水量大、降水过程长、地形平坦、植被茂盛、上部岩层透水性好、地下水埋藏深度不大时大气降水才能大量入渗补给地下水。

（2）地表水入渗补给

地表水和大气降水一样，也是地下水的主要补给来源，但时空分布特点不同。在空间分布上，大气降水入渗补给地下水呈面状补给，范围广且较均匀；而地表入渗补给一般为线状补给或呈点状补给，补给范围仅限地表水体周边。在时间分布上，大气降水补给的时间有限，具有随机性，而地表水补给的持续时间一般较长，甚至是经常性的。

地表水对地下水的补给强度主要受岩层透水性的影响，还与地表水水位与地下水水位的高差、洪水延续时间、河水流量、河水含沙量、地表水体与地下水联系范围的大小等因素有关。

（3）凝结水入渗补给

凝结水的补给是指大气中过饱和水分凝结成液态水渗入地下补给地下水。沙漠地区和干旱地区昼夜温差大，白天气温较高，空气中含水量一般不足，但夜间温度下降，空气中的水蒸气含量过于饱和，便会凝结于地表，然后入渗补给地下水。在沙漠地区及干旱地区，大气降水和地表水很少，补给地下水的部分微乎其微，因此凝结水的补给就成为这些地区地下水的主要补给来源。

（4）含水层之间的补给

两个含水层之间具有联系通道、存在水头差并有水力联系时，水头较高的含水层将水补给水头较低的含水层。其补给途径可以通过含水层之间的“天窗”发生水力联系，也可以通过含水层之间的越流方式补给。

（5）人工补给

地下水的人工补给是借助某些工程措施，人为地使地表水自流或用压力将其引入含水层，以增加地下水的渗入量。人工补给地下水具有占地少、造价低、管理易、蒸发少等优点，不仅可以增加地下水资源，还可以改善地下水水质，调节地下水温度，阻拦海水入侵，减小地面沉降。

2. 地下水径流

地下水在岩石空隙中流动的过程称为径流。地下水径流过程是整个地球水循环的一部分。大气降水或地表水通过包气带向下渗漏，补给含水层成为地下水，地下水又在重力作用下，由水位高处向水位低处流动，最后在地形低洼处以泉的形式排出地表或直接排入地表水体，如此反复循环过程就是地下水的径流过程。天然状态（除了某些盆地外）和开采状态下的地下水都是流动的。

影响地下水径流的方向、速度、类型、径流量的主要因素有：含水层的空隙特性、地下水的埋藏条件、补给量、地形状况、地下水的化学成分，人类活动等。

3. 地下水排泄

含水层失去水量的作用过程称为地下的排泄。在排泄过程中，地下水水量、水质及水位都会随之发生变化。

地下水通过泉（点状排泄）、向河流泄流（线状排泄）及蒸发（面状排泄）等形式向外界排泄。此外，一个含水层中的水可向另一个含水层排泄，也可以由人工进行排泄，如用井开发地下水，或用钻孔、渠道排泄地下水等。人工开采是地下水排泄的最主要途径之一。当过量开采地下水，使地下水排泄量远大于补给量时，地下水的均衡就遭到破坏，造成地下水水位长期下降。只有合理开采地下水，即开采量小于或等于地下水总补给量与总排泄量之差时，才能保证地下水的动态平衡，使地下水一直处于良性循环状态。

在地下水的排泄方式中，蒸发排泄仅耗失水量，盐分仍留在地下水中。其他类型的排泄属于径流排泄，盐分随水分同时排走。

地下水的循环可以促使地下水与地表水的相互转化。天然状态下的河流在枯水期的水位低于地下水位，河道成为地下水排泄通道，地下水转化成地表水；在洪水期的水位高于地下水位，河道中的地表水渗入地下补给地下水。平原区浅层地下水通过蒸发并入

大气，再降水形成地表水，并渗入地下形成地下水。在人类活动影响下，这种转化往往会更加频繁和深入。从多年平均来看，地下水循环具有较强调节能力，存在着一排一补的周期变化。只要不超量开采地下水，在枯水年可以允许地下水有较大幅度的下降，待到丰水年地下水可得到补充，恢复到原来的平衡状态。这体现了地下水资源的可恢复性。

## 第二节 水循环

### 一、水循环的概念

水循环是指各种水体受太阳能的作用，不断地进行相互转换和周期性的循环过程。水循环一般包括降水、径流、蒸发三个阶段。降水包括雨、雪、雾、雹等形式；径流是指沿地面和地下流动着的水流，包括地面径流和地下径流；蒸发包括水面蒸发、植物蒸腾、土壤蒸发等。

自然界水循环的发生和形成应具有三个方面的主要作用因素：一是水的相变特性和气液相的流动性决定了水分空间循环的可能性；二是地球引力和太阳辐射热对水的重力和热力效应是水循环发生的原动力；三是大气流动方式、方向和强度，如水汽流的传输、降水的分布及其特征、地表水流的下渗及地表和地下水径流的特征等。这些因素的综合作用，形成了自然界错综复杂、气象万千的水文现象和水循环过程。

在各种自然因素的作用下，自然界的水循环主要通过以下几种方式进行：

#### （一）蒸发作用

在太阳热力的作用下，各种自然水体及土壤和生物体中的水分产生汽化进入大气层中的过程统称为蒸发作用，它是海陆循环和陆地淡水形成的主要途径。海洋水的蒸发作用为陆地降水的源泉。

#### （二）水汽流动

太阳热力作用的变化将产生大区域的空气动风，风的作用和大气层中水汽压力的差异，是水汽流动的两个主要动力。湿润的海风将海水蒸发形成的水分源源不断地运往大陆，是自然水分大循环的关键环节。

### （三）凝结与降水过程

大气中的水汽在水分增加或温度降低时将逐步达到饱和，之后便以大气中的各种颗粒物质或尘粒为凝结核而产生凝结作用，以雹、雾、霜、雪、雨、露等各种形式的水团降落地表而形成降水。

### （四）地表径流、水的下渗及地下径流

降水过程中，除了降水的蒸散作用外，降水的一部分渗入岩土层中形成各种类型的地下水，参与地下径流过程；另一部分来不及入渗，从而形成地表径流。陆地径流在重力作用下不断向低处汇流，最终复归大海完成水的一个大循环过程。在自然界复杂多变的气候、地形、水文、地质、生物及人类活动等因素的综合影响下，水分的循环与转化过程是极其复杂的。

## 二、地球上的水循环

地球上的水储量只是在某一瞬间储存在地球上不同空间位置上水的体积，以此来衡量不同类型水体之间量的多少。在自然界中，水体并非静止不动，而是处在不断的运动过程中，不断地循环、交替与更新。因此，在衡量地球上水储量时，要注意其时空性和变动性。地球上水的循环体现为在太阳辐射能的作用下，从海洋及陆地的江、河、湖和土壤表面及植物叶面蒸发成水蒸气上升到空中，并随大气运行至各处，在水蒸气上升和运移过程中遇冷凝结而以降水的形式又回到陆地或水体。降到地面的水，除植物吸收和蒸发外，一部分渗入地表以下成为地下径流，另一部分沿地表流动成为地面径流，并通过江河流回大海。然后又继续蒸发、运移、凝结形成降水。这种水的蒸发—降水—径流的过程周而复始、不停地进行着。通常把自然界的这种运动称为自然界的水文循环。

自然界的水文循环，根据其循环途径分为大循环和小循环。

大循环是指水在大气圈、水圈、岩石圈之间的循环过程。具体表现为：海洋中的水蒸发到大气中以后，一部分飘移到大陆上空形成积云，然后以降水的形式降落到地面。降落到地面的水，其中一部分形成地表径流，通过江河汇入海洋；另一部分则渗入地下形成地下水，又以地下径流或泉流的形式慢慢地注入江河或海洋。

小循环是指陆地或者海洋本身的水单独进行循环的过程。陆地上的水，通过蒸发作用（包括江、河、湖、水库等水面蒸发、潜水蒸发、陆面蒸发及植物蒸腾等）上升到大气中形成积云，然后以降水的形式降落到陆地表面形成径流。海洋本身的水循环主要是海水通过蒸发形成水蒸气而上升，然后再以降水的方式降落到海洋中。

水循环是地球上最主要的物质循环之一。通过形态的变化，水在地球上起到输送热量和调节气候的作用，对于地球环境的形成、演化和人类生存都有着重大的作用和影响。

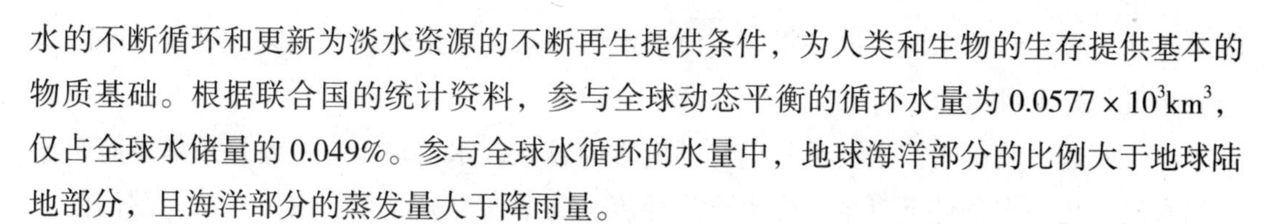

水的不断循环和更新为淡水资源的不断再生提供条件，为人类和生物的生存提供基本的物质基础。根据联合国的统计资料，参与全球动态平衡的循环水量为 $0.0577 \times 10^3 km^3$，仅占全球水储量的0.049%。参与全球水循环的水量中，地球海洋部分的比例大于地球陆地部分，且海洋部分的蒸发量大于降雨量。

参与循环的水，无论从地球表面到大气、从海洋到陆地或从陆地到海洋，都在经常不断地更替和净化自身。地球上各类水体由于其储存条件的差异，更替周期具有很大的差别。

所谓更替周期是指在补给停止的条件下，各类水从水体中排干所需要的时间。

冰川、深层地下水和海洋水的更替周期很长，一般都在千年以上。河水更替周期较短平均为16天左右。在各种水体中，以大气降水、河川水和土壤水最为活跃。因此在开发利用水资源过程中，应该充分考虑不同水体的更替周期和活跃程度，合理开发，以防止由于更替周期长或补给不及时，造成水资源的枯竭。

自然界的水文循环除受到太阳辐射的作用，以大循环或小循环方式不停运动之外，由于人类生产与生活活动的作用与影响不同程度地发生“人为水循环”，可以发现，自然界的水循环在叠加人为循环后，是十分复杂的循环过程。

自然界水循环的径流部分除主要参与自然界的循环外，还参与人为水循环。水资源的人为循环过程中不能复原水与回归水之间的比例关系，以及回归水的水质状况局部改变了自然界水循环的途径与强度，使其径流条件局部发生重大或根本性改变，主要表现在对径流量和径流水质的改变。回归水（包括工业生产与生活污水处理排放、农田灌溉回归）的质量状况直接或间接对水循环水质产生影响，如区域河流与地下水污染。人为循环对水量的影响尤为突出，河流、湖泊来水量大幅度减少，甚至干涸，地下水水位大面积下降，径流条件发生重大改变。不可复原水量所占比例越大，对自然水文循环的扰动越剧烈，天然径流量的降低将十分显著，引起一系列的环境与生态灾害。

## 三、我国水循环途径

我国地处西伯利亚干冷气团和太平洋暖湿气团进退交锋地区，一年内水汽输送和降水量的变化主要取决于太平洋暖湿气团进退的早晚和西伯利亚干冷气团强弱的变化，以及7~8月间太平洋西部的台风情况。

我国的水汽主要来自东南海洋，并向西北方向移运，首先在东南沿海地区形成较多的降水，越向西北，水汽量越少。来自西南方向的水汽输入也是我国水汽的重要来源，主要是由于印度洋的大量水汽随着西南季风进入我国西南，因而引起降水，但由于崇山峻岭阻隔，水汽不能深入内陆腹地。西北边疆地区，水汽来源于西风环流带来的大西洋水汽。此外，北冰洋的水汽，借强盛的北风，经西伯利亚、蒙古进入我国西北，因风力较大而稳定，有时甚至可直接通过两湖盆地而达珠江三角洲，但所含水汽量少，引起的降水量并不多。我国东北方的鄂霍次克海的水汽随东北风来到东北地区，对该地区降水起着相当大的作用。

综上所述，我国水汽主要从东南和西南方向输入，水汽输出口主要是东部沿海，输入的水汽，在一定条件下凝结、降水成为径流。其中大部分经东北的黑龙江、图们江、绥芬河、鸭绿江、辽河，华北的滦河、海河、黄河，中部的长江、淮河，东南沿海的钱塘江、闽江，华南的珠江，西南的元江、澜沧江以及中国台湾地区各河注入太平洋；少部分经怒江、雅鲁藏布江等流入印度洋；还有很少一部分经额尔齐斯河注入北冰洋。

一个地区的河流，其径流量的大小及其变化取决于所在的地理位置，及水循环线中外来水汽输送量的大小和季节变化，也受当地水汽蒸发多少的控制。因此，要认识一条河流的径流情势，不仅要研究本地区的气候及自然地理条件，也要研究它在大区域内水分循环途径中所处的地位。

# 第三章 水资源的综合利用

## 第一节 水资源综合利用概述

水资源是一种特殊的资源，它对人类的生存和发展来讲是不可替代的物质。所以，对于水资源的利用，一定要注意水资源的综合性和永续性，也就是人们常说的水资源的综合利用和水资源的可持续利用。

水资源有多种用途和功能，如灌溉、发电、航运、供水、水产和旅游等，所以水资源的综合利用应考虑以下几个方面的内容：

第一，要从功能和用途方面考虑综合利用。

第二，单项工程的综合利用。例如，典型水利工程几乎都是综合利用水利工程。水利工程要实现综合利用，必须有不同功能的建筑物，这些建筑物群体就像一个枢纽，故称为水利枢纽。

第三，一个流域或一个地区，水资源的利用也应讲求综合利用。

第四，从水资源的重复利用角度来讲，体现一水多用的思想。例如，水电站发电以后的水放到河道可供航运，引到农田可供灌溉等。

## 第二节 水力发电

### 一、水力发电的基本原理

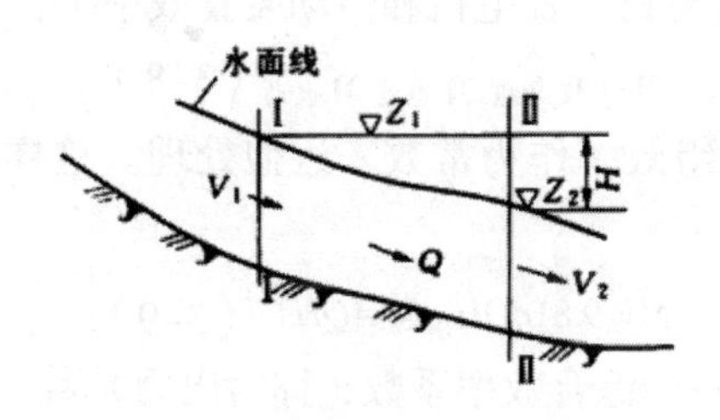


图 3-1 水能与落差示意图

如图 3-1 所示，在某一河道中取一纵剖面，设有水体 $W$（$m^3$），自上游断面Ⅰ－Ⅰ流经下游断面Ⅱ－Ⅱ，流速分别为 $V_1$ 和 $V_2$，由水力学知识可知，含蓄在该水体内上下断面的能量分别为

$$\begin{cases} E_1=\left(Z_1+\dfrac{P_1}{\gamma}+\dfrac{a_1V_1^2}{2g}\right)W\gamma \\ E_2=\left(Z_2+\dfrac{P_2}{\gamma}+\dfrac{a_2V_2^2}{2g}\right) \end{cases} \quad (3\text{–}1)$$

两个能量之间的差值就是 $W$ 在该河段中消耗的能量，用式（3–2）表示，即

$$E_{1-2}=\left(Z_1-Z_2+\frac{P_1-P_2}{\gamma}+\frac{a_1V_1^2-a_2V_2^2}{2g}\right)W\gamma \quad (3\text{–}2)$$

假设上下断面流速及其分布情形是相同的，且其平均压力也相等，即

$$a_1V_1=a_2V_2, P_1=P_2 \quad (3\text{–}3)$$

则式（3–2）简化为

$$E_{1-2}=(Z_1-Z_2)W\gamma=HW\gamma \quad (3\text{–}4)$$

在天然的河道情况下，这部分能量消耗在水流的内部摩擦、挟带泥沙及克服沿程河床阻力等方面，可以利用的部分往往很小，且能量分散。

为了充分利用两断面能量，就要有一些水利设施如壅水坝、引水渠道、隧洞等，使落差集中，以减小沿程能量消耗，同时把水流的位能、动能转换成为水轮机的机械能，通过发电机再转换成电能。

设发电流量为 $Q$（$m^3/s$）。在 Δt 内，有水体 $W=Q\Delta t$ 通过水轮机流入下游，则由式（3–4）可得水量 $W$ 下降 $H$ 所做的功为

$$E=\gamma WH=\gamma Q\Delta tH=9807Q\Delta tH \quad (3\text{–}5)$$

式中，$\gamma$（水体的容重）= ρ（水密度）g（重力加速度）。

式（3–5）单位为 J。但是在电力工业中，习惯用 kW · h（或称为度）为能量单位，1kW · h=3.6 × 106J，于是在时间 $T$× 内所做的功为

$$E=9807QTH\frac{3600}{3.6\times10^6}=9.81QHT \quad (3\text{–}6)$$

由物理概念，单位时间内所做的功叫功率，故水流的功率是水流所做的功与相应时间的比值。一般的电力计算中，把功率叫出力，并用 kW 作为计算单位。

$$N=\frac{E}{T}=9.81QH \quad (3\text{–}7)$$

但运行中由于水头损失实际出力要小一些。这些水头损失 Δ$H$ 也可以用水力学公式来计算，所以净水头 Δ $H_{净}=H-\Delta H$。此外，由水能变为电能的过程中也都有能量损失，令 η 为总效率系数（包括水轮机、发电机和传动装置效率），即

$$\eta=\eta_{水机}\eta_{电机}\eta_{传动} \quad (3\text{–}8)$$

实际计算中，通常把机组效率作为常数来近似处理。这样，水能计算基本方程式可写成

$$\mathrm{N}=9.81\eta QH_{净}=AQH \quad (3\text{–}9)$$

式中，$A$ 为机组效率的一个综合效率系数，称为出力系数，由水轮机模型实验提供，也可以参考表 3-1 选用。

表 3–1 水电站出力系数

| 类型 | 大型水电站 | 中型水电站 | 小型水电站 N < 2.5 万 kW | | |
|---|---|---|---|---|---|
| | 25 万 kW < N | 2.5 万 kW ≤ N ≤ 25 万 kW | 直接连用 | 皮带转动 | 经两次转动 |
| 出力系数 | 8.5 | 8 | 7.0~7.5 | 6.5 | 6 |

水力发电实质就是利用水力（具有水头）推动水力机械（水轮机）转动，将水能转变为机械能，如果在水轮机上接上另一种机械（发电机），随着水轮机转动便可发出电来，这时机械能又转变为电能。水力发电在某种意义上讲是将水的势能变成机械能，又变成电能的转换过程。

## 二、河川水能资源的基本开发方式

### （一）坝式

这类水电站的特点是上、下游水位差主要靠大坝形成，坝式水电站又有坝后式水电站和河床式水电站两种形式。

1. 坝后式水电站

如图 3–2 所示，厂房位于大坝后面，在结构上与大坝无关。若淹没损失相对不大，有可能筑中、高坝抬水，来获得较大的水头。目前我国最高的大坝是四川省二滩水电站大坝，混凝土双曲拱坝的坝高 240m；世界上总装机容量最大的水电站，也是总装机容量最大的坝后式水电站是我国的三峡水电站，总装机容量为 38200MW。

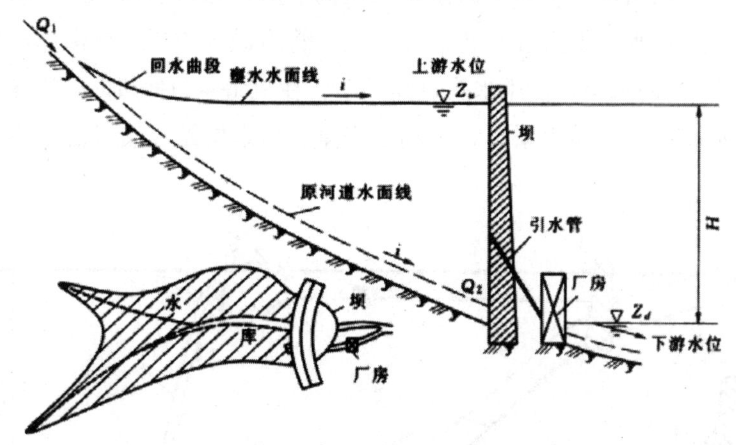


图 3-2 坝后式水电站示意图

2. 河床式水电站

如图 3–3 所示，厂房位于河床中作为挡水建筑物的一部分，与大坝布置在一条直线上，一般只能形成 50m 以内的水头，随着水位的增高，作为挡水建筑物部分的厂房上游侧剖面厚度增加，使厂房的投资增大。我国目前总装机容量最大的河床式水电站是湖北省葛洲坝水电站，总装机容量为 2715MW。

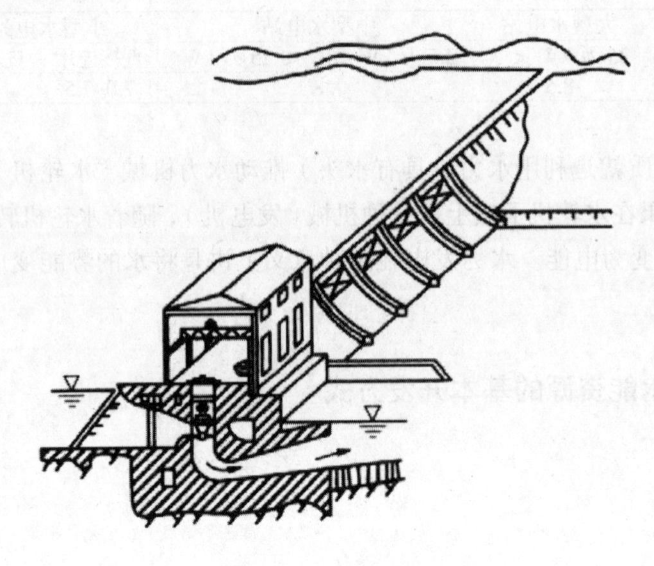

图 3-3 河床式水电站示意图

（二）引水式

这类水电站的特点是上下游水位差主要靠引水形成。引水式水电站又有无压引水式水电站和有压引水式水电站两种形式。

1. 无压引水式水电站

如图 3–4 所示，用引水渠道从上游水库长距离引水，与自然河床产生落差。渠首与水库水面为平水无压进水，渠末接倾斜下降的压力管道进入位于下游河床段的厂房，一般只能形成 100m 以内的水头，使用水头过高的话，在机组紧急停机时，渠末压力前池的水位起伏较大，水流有可能溢出渠道，不利于安全，所以电站总装机容量不会很大，属于小型水电站。

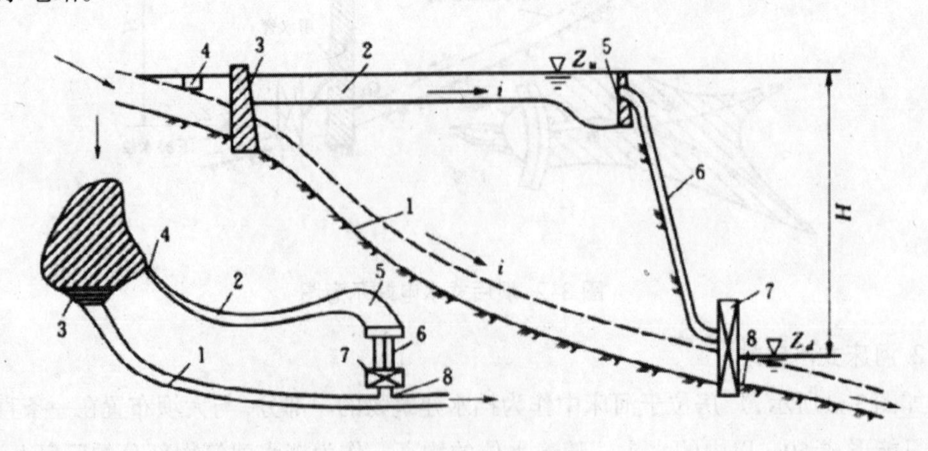


图 3-4 无压引水式水电站示意图

1- 河源；2- 明渠；3- 取水坝；4- 进水口；5- 前池；6- 压力水管；7- 水电站厂房；8- 尾水渠

2. 有压引水式水电站

如图 3–5 所示，用穿山压力隧洞从上游水库长距离引水，与自然河床产生水位差。洞首在水库水面以下有压进水，洞末接倾斜下降的压力管道进入位于下游河床的厂房，能形成较高或超高的水位差。世界上最高水头的水电站，也是最高水头的有压引水式水电站是奥地利雷扎河水电站，其工作水头为 1771m。我国引水隧洞最长的水电站是四川省太平驿水电站，引水隧洞的长度为 10497m。

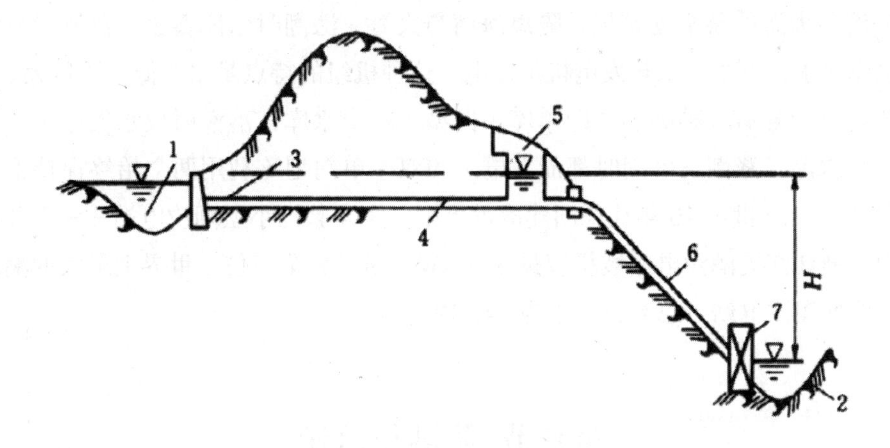


图 3-5 有压引水式水电站示意图
1- 高河（或河湾上游）；2- 低河（或河湾下游）；3- 进水口；4- 有压隧洞；5- 调压室（井）；6- 压力钢管；7- 水电站厂房

### （三）混合式

在一个河段上，同时用坝和有压引水道结合起来共同集中落差的开发方式，叫混合式开发。水电站所利用的河流落差一部分由拦河坝提高；另一部分由引水建筑物来集中以增加水头，坝所形成的水库，又可调节水量，所以兼有坝式开发和引水式开发的优点。

### （四）特殊式

这类水电站的特点是上、下游水位差靠特殊方法形成。目前，特殊水电站主要包括抽水蓄能水电站和潮汐水电站两种形式。

1. 抽水蓄能水电站

抽水蓄能发电是水能利用的另一种形式，它不是开发水力资源向电力系统提供电能，而是以水体作为能量储存和释放的介质，对电网的电能供给起到重新分配和调节作用。

电网中火电厂和核电厂的机组带满负荷运行时效率高、安全性好，例如大型火电厂机组出力不宜低于 80%，核电厂机组出力不宜低于 80%~90%，频繁地开机停机及增减负荷不利于火电厂和核电厂机组的经济性和安全性；因此在凌晨电网用电低谷时，由于火电厂和核电厂机组不宜停机或减负荷，电网上会出现电能供大于求的情况，这时可启动抽水蓄能水电站中的可逆式机组接受电网的电能作为电动机—水泵运行，正方向旋转将下水库的水抽到上水库中，将电能以水能的形式储存起来；在白天电网用电高峰时，电网上会出现电能供不应求的情况，这时可用上水库推动可逆式机组反方向旋转，可逆式机组作为发电机—水轮机运行，这样可以大大改善电网的电能质量。

2. 潮汐水电站

在海湾与大海的狭窄处筑坝，隔离海湾与大海，涨潮时水库蓄水，落潮时海洋水位降低，水库放水，以驱动水轮发电机组发电。这种机组的特点是水头低、流量大。

潮汐电站一般有 3 种类型，即单库单向型（一个水库，落潮时放水发电）、单库双向型（一个水库，涨潮、落潮时都能发电）和双库单向型（利用两个始终保持不同水位的水库发电）。20 世纪 10 年代德国建成世界第一座实验性小型潮汐电站——布苏姆潮汐电站。中国浙江江厦潮汐电站装机容量 3200kW，居世界第三位。世界上最大的潮汐电站是法国的朗斯潮汐电站，总装机容量为 342MW。

## 第三节 防洪与治涝

### 一、防洪

#### （一）洪水与洪水灾害

洪水是一种峰高量大、水位急剧上涨的自然现象。洪水一般包括江河洪水、城市暴雨洪水、海滨河口的风暴潮洪水、山洪、凌汛等。就发生的范围、强度、频次、对人类的威胁性而言，中国大部分地区以暴雨洪水为主。天气系统的变化是造成暴雨进而引发洪水的直接原因，而流域下垫面特征和兴修水利工程可间接或直接地影响洪水特征及其特性。洪水的变化具有周期性和随机性。洪水对环境系统产生了有利或不利影响，即洪水与其存在的环境系统相互作用着。河道适时行洪可以延缓某些地区植被过快地侵占河槽，抑制某些水生植物过度有害生长，并为鱼类提供很好的产卵基地；洪水周期性地淹没河流两岸的岸边地带和洪泛区，为陆生植物群落生长提供水源和养料；为动物群落提供很好的觅食、隐蔽和繁衍栖息场所和生活环境；洪水携带泥沙淤积在下游河滩地，可造就富饶的冲积平原。

洪水所产生的不利后果是会对自然环境系统和社会经济系统产生严重冲击，破坏自然生态系统的完整性和稳定性。洪水淹没河滩，突破堤防，淹没农田、房屋，毁坏社会

基础设施，造成财产损失和人畜伤亡，对人群健康、文化环境造成破坏性影响，甚至干扰社会的正常运行。由于社会经济的发展，洪水的不利作用或危害已远远超过其有益的一面，洪水灾害成为社会关注的焦点之一。

洪水给人类正常生活、生产活动和发展带来的损失和祸患称为洪灾。

### （二）洪水防治

洪水是否成灾，取决于河床及堤防的状况。如果河床泄洪能力强，堤防坚固，即使洪水较大，也不会泛滥成灾；反之，若河床浅窄、曲折，泥沙淤塞、堤防残破等，使安全泄量（即在河水不发生漫溢或堤防不发生溃决的前提下，河床所能安全通过的最大流量）变得较小，则遇到一般洪水也有可能漫溢或决堤。所以，洪水成灾是由于洪峰流量超过河床的安全泄量，因而泛滥（或决堤）成灾。由此可见，防洪的主要任务是按照规定的防洪标准，因地制宜地采用恰当的工程措施，以削减洪峰流量，或者加大河床的过水能力，保证安全度汛。防洪措施主要可分为工程措施和非工程措施两大类。

1. 工程措施

防洪工程措施或工程防洪系统，一般包括以下几个方面：

（1）增大河道泄洪能力

包括沿河筑堤、整治河道、加宽河床断面、人工截弯取直和消除河滩障碍等措施。当防御的洪水标准不高时，这些措施是历史上迄今仍常用的防洪措施，也是流域防洪措施中常常不可缺少的组成部分。这些措施旨在增大河道排泄能力（如加大泄洪流量），但无法控制洪量并加以利用。

（2）拦蓄洪水控制泄量

主要是依靠在防护区上游筑坝建库而形成的多水库防洪工程系统，也是当前流域防洪系统的重要组成部分。水库拦洪蓄水，一可削减下游洪峰洪量，免受洪水威胁；二可蓄洪补枯，提高水资源综合利用水平，是将防洪和兴利相结合的有效工程措施。

（3）分洪、滞洪与蓄洪

分洪、滞洪与蓄洪三种措施的目的都是为了减少某一河段的洪峰流量，使其控制在河床安全泄量以下。分洪是在过水能力不足的河段上游适当修建分洪闸，开挖分洪水道（又称减河），将超过本河段安全泄量的那部分洪水引走。分洪水道有时可兼做航运或灌溉的渠道。滞洪是利用水库、湖泊、洼地等，暂时滞留一部分洪水，以削减洪峰流量〔见图 3–6（a）〕。待洪峰一过，再腾空滞洪容积迎接下次洪峰。蓄洪则是蓄留一部分或全部洪水水量，待枯水期供给兴利部门使用〔见图 3–6（b）〕。

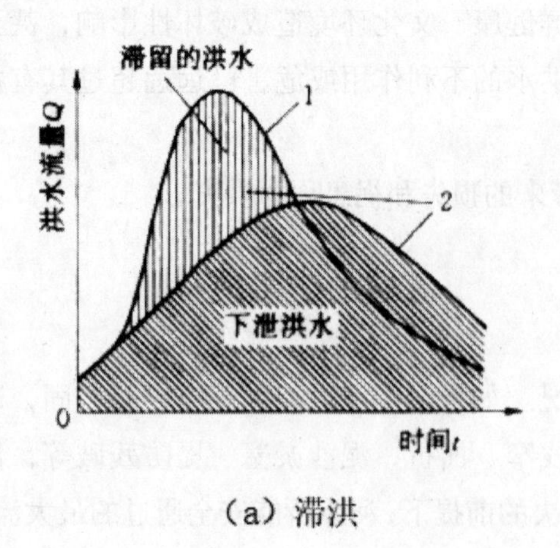


（a）滞洪

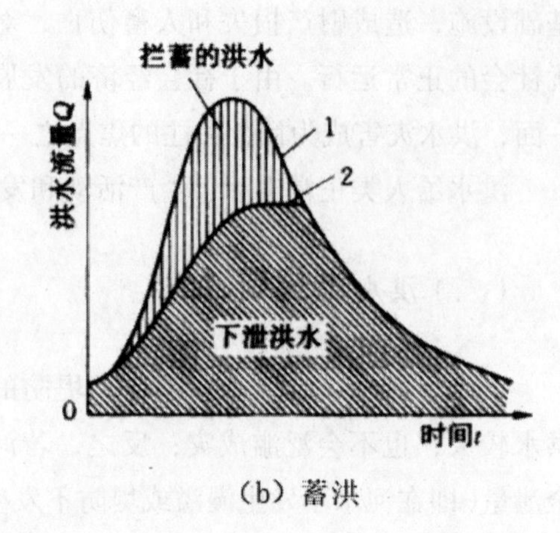


（b）蓄洪

图 3-6 滞洪与蓄洪
1- 入库洪水过程线；2- 泄流过程线

2. 非工程措施

（1）蓄滞洪（行洪）区的土地合理利用

根据自然地理条件，对蓄滞洪（行洪）区土地、生产、产业结构、人民生活居住条件进行全面规划，合理布局，不仅可以直接减轻当地的洪灾损失，而且可取得行洪通畅，减缓下游洪水灾害之利。

（2）建立洪水预报和报警系统

洪水预报是根据前期和现时的水文、气象等信息，揭示和预测洪水的发生及其变化过程的应用科学技术。它是防洪非工程措施的重要内容之一，直接为防汛抢险、水资源合理利用与保护、水利工程建设和调度运用管理及工农业的安全生产服务。

设立预报和报警系统，是防御洪水、减少洪灾损失的前哨工作。根据预报可在洪水来临前疏散人口、财物，做好抗洪抢险准备，以避免或减少重大的洪灾损失。

（3）洪水保险

洪水保险不能减少洪水泛滥而造成的洪灾损失，但可将可能的一次性大洪水损失转化为平时缴纳保险金，从而减缓因洪灾引起的经济波动和社会不安等现象。

（4）抗洪抢险

抗洪抢险也是为了减轻洪泛区灾害损失的一种防洪措施。其中包括洪水来临前采取的紧急措施，洪水期中险工抢修和堤防监护，洪水后的清理和救灾（如发生时）善后工作。这项措施要与预报、报警和抢险材料的准备工作等联系在一起。

（5）修建村台、躲水楼、安全台等设施

在低洼的居民区修建村台、躲水楼、安全台等设施，作为居民临时躲水的安全场所，从而保证人身安全和减少财物损失。

（6）水土保持

在河流流域内，开展水土保持工作，增强浅层土壤的蓄水能力，可以延缓地面径流，减轻水土流失，削减河道洪峰洪量和含沙量。这种措施减缓中等雨洪型洪水的作用非常显著；对于高强度的暴雨洪水，虽作用减弱，但仍有减缓洪峰过分集中之效。

### （三）现代防洪保障体系

工程措施和非工程措施是人们减少洪水灾害的两类不同途径，有时这两类也很难区分。过去，人们将消除洪水灾害寄托于防洪工程，但实践证明，仅仅依靠工程手段不能完全解决洪水灾害问题。非工程措施是工程措施不可缺少的辅助措施。防洪工程措施、非工程措施、生态措施、社会保障措施相协调的防洪体系即现代防洪保障体系，具有明显的综合效果。因此，需要建立现代防洪减灾保障体系，以减少洪灾损失、降低洪水风险。具体地说，必须做好以下几方面的工作：

第一，做好全流域的防洪规划，加强防洪工程建设。流域的防洪应从整体出发，做好全流域的防洪规划，正确处理流域干支流、上下游、中心城市以及防洪的局部利益与整体利益的关系；正确处理需要与可能、近期与远景、防洪与兴利等各方面的关系。在整体规划的基础上，加强防洪工程建设，根据国力分期实施，逐步提高防洪标准。

第二，做好防洪预报调度，充分发挥现有防洪措施的作用，加强防洪调度指挥系统建设。

第三，重视水土保持等生态措施，加强生态环境治理。

第四，重视洪灾保险及社会保障体系的建设。

第五，加强防洪法规建设。

第六，加强宣传教育，提高全民的环境意识及防洪减灾意识。

## 二、治涝

形成涝灾的因素有以下两点：

第一，因降水集中，地面径流集聚在盆地、平原或沿江沿湖洼地，积水过多或地下水位过高。

第二，积水区排水系统不健全，或因外河外湖洪水顶托倒灌，使积水不能及时排出，或者地下水位不能及时降低。

上述两方面合并起来，就会妨碍农作物的正常生长，以致减产或失收，或者使工矿区、城市淹水而妨碍正常生产和人民正常生活，因此必须治涝。治涝的任务是尽量阻止易涝地区以外的山洪、坡水等向本区汇集，并防御外河、外湖洪水倒灌；健全排水系统，使之能及时排除暴雨范围内的雨水，并及时降低地下水位。治涝的工程措施主要有修筑围堤和堵支联圩、开渠撇洪和整修排水系统。

### （一）修筑围堤和堵支联圩

修围堤用于防护洼地，以免外水入侵，所圈围的低洼田地称为圩或垸。有些地区圩、垸划分过小，港汊交错，不利于防汛，排涝能力也分散、薄弱。最好并小圩为大圩，堵塞小沟支汊，整修和加固外围大堤，并整理排水渠系，以加强防汛排涝能力，称为“堵支联圩”。必须指出，有些河湖滩地，在枯水季节或干旱年份，可以耕种一季农作物，不宜筑围堤防护。若筑围堤，必然妨碍防洪，有可能导致大范围的洪灾损失，因小失大。若已筑有围堤，应按统一规划，从大局出发，“拆堤还滩”“废田还湖”。

### （二）开渠撇洪

开渠即沿山麓开渠，拦截地面径流，引入外河、外湖或水库，不使向圩区汇集。若修筑围堤配合，常可收良效。并且，撇洪入水库可以扩大水库水源，有利于提高兴利效益。当条件合适时，还可以和灌溉措施中的长藤结瓜水利系统以及水力发电的集水网道开发方式结合进行。

### （三）整修排水系统

整修排水系统包括整修排水沟渠栅和水闸，必要时还包括排涝泵站。排水干渠可兼航运水道，排涝泵站有时也可兼作灌溉泵站使用。

治涝标准由国家统一规定，通常表示为不大于某一频率的暴雨时不成涝灾。

## 第四节 灌溉

水资源开发利用中，人类首先是用水灌溉农田。灌溉是耗水大户，也是浪费水及可节约水的大户。我国历来将灌溉农业的发展看成是一项安邦治国的基本国策。随着可利用水资源的日趋紧张，重视灌水新技术的研究，探索节水、节能、节劳力的灌水方法，制定经济用水的灌溉制度，加强灌溉水资源的合理利用，已成为水资源综合开发中的重要环节。

### 一、作物需水量

农作物的生长需要保持适宜的农田水分。农田水分消耗主要有植株蒸腾、株间蒸发和深层渗漏。植株蒸腾是指作物根系从土壤中吸入体内的水分，通过叶面气孔蒸散到大气中的现象；株间蒸发是指植株间土壤或田面的水分蒸发；深层渗漏是指土壤水分超过田间持水量，向根系吸水层以下土层的渗漏，水稻田的渗漏也称田间渗漏。通常把植株蒸腾和株间蒸发的水量合称为作物需水量。作物各阶段需水量的总和，即为作物全生育期的需水量。水稻田常将田间渗漏量计入需水量之内，并称为田间耗水量。

作物需水量可由试验观测数据提供。在缺乏试验资料时，一般通过经验公式估算作物需水量。作物需水量受气象、土壤、作物特性等因素的影响，其中以气象因素和土壤含水率的影响最为显著。

## 二、作物的灌溉制度

灌溉是人工补充土壤水分，以改善作物生长条件的技术措施。作物灌溉制度，是指在一定的气候、土壤、地下水位、农业技术、灌水技术等条件下，对作物播种（或插秧）前至全生育期内所制定的一整套田间灌水方案。它是使作物生育期保持最好的生长状态，达到高产、稳产及节约用水的保证条件，是进行灌区规划、设计、管理、编制和执行灌区用水计划的重要依据及基本资料。灌溉制度包括灌水次数、每次灌水时间、灌水定额、灌溉定额等内容。灌水定额是指作物在生育期间单位面积上的一次灌水量。作物全生育期，需要多次灌水，单位面积上各次灌水定额的总和为灌溉定额。两者单位皆用 $m^3/m^2$ 或用灌溉水深 mm 表示。灌水时间指每次灌水比较合适的起讫日期。

不同作物有不同的灌溉制度。例如：水稻一般采用淹灌，田面持有一定的水层，水不断向深层渗漏，蒸发蒸腾量大，需要灌水的次数多，灌溉定额大；旱作物只需在土壤中有适宜的水分，土壤含水量低，一般不产生深层渗漏，蒸发耗水少，灌水次数也少，灌溉定额小。

同一作物在不同地区和不同的自然条件下，有不同的灌溉制度，如稻田在土质黏重、地势低洼地区，渗漏量小，耗水少；在土质轻、地势高的地区，渗漏量、耗水量都较大。

对于某一灌区来说，气候是灌溉制度差异的决定因素。因此，不同年份，灌溉制度也不同。干旱年份，降水少，耗水大，需要灌溉次数也多，灌溉定额大；湿润年份相反，甚至不需要人工灌溉。为满足作物不同年份的用水需要，一般根据群众丰产经验及灌溉试验资料，分析总结制定出几个典型年（特殊干旱年、干旱年、一般年、湿润年等）的灌溉制度，用以指导灌区的计划用水工作。灌溉方法不同，灌溉制度也不同。如喷灌、滴灌的水量损失小，渗漏小，灌溉定额小。

制定灌溉制度时，必须从当地、当年的具体情况出发进行分析研究，统筹考虑。因此，灌水定额、灌水时间并不能完全由事先拟定的灌溉制度决定。如雨期前缺水，可取用小定额灌水；霜冻或干热危害时应提前灌水；大风时可推迟灌水，避免引起作物倒伏等。作物生长需水关键时期要及时灌水，其他时期可据水源等情况灵活执行灌溉制度。我国制定灌溉制度的途径和方法有以下几种：第一种是根据当地群众丰产灌溉实践经验进行分析总结制定，群众的宝贵经验对确定灌水时间、灌水次数、稻田的灌水深度等都有很大参考价值，但对确定旱作物的灌水定额，尤其是在考虑水文年份对灌溉的影响等方面，只能提供大致的范围；第二种是根据灌溉试验资料制定灌溉制度，灌溉试验成果虽然具有一定的局限性，但在地下水利用量、稻田渗漏量、作物日需水量、降雨有效利用系数等方面，可以提供准确的资料；第三种是按农田水量平衡原理通过分析计算制订灌溉制度，这种方法有一定的理论依据和比较清楚的概念，但也必须在前两种方法提供资料的基础上，才能得到比较可靠的成果。生产实践中，通常将三种方法同时并用，相互参照，最后确定出切实可行的灌溉制度，作为灌区规划、设计、用水管理工作的依据。

## 三、灌溉用水量

灌溉用水按其目的可分为播前灌溉、生育期灌溉、储水灌溉（提前储存水量）、培肥灌溉、调温灌溉、冲淋灌溉等。灌溉目的不同，灌溉用水的特点也不同。一般情况下，灌溉用水应满足水量、水质、水温、水位等方面的要求。水量方面，应满足各种作物、各生育阶段对灌溉用水量的要求。水质方面，水流中的含沙量与含盐量，应低于作物正常生长的允许值（粒径大于0.1~0.15mm的泥沙，不得入田；含盐量超过2g/L的水以及其他不合格的水，不得作灌溉用水）。水温方面，应不低于作物正常生长的允许值。水位方面，应尽量保证灌溉时需要的控制高程。

灌溉用水量是指灌溉农田从水源获取的水量，以 $m^3$ 计，分净灌溉用水量（作物正常生长所需灌溉的水量）和毛灌溉用水量（从渠首取用的灌溉用水量，包括净灌溉用水量及沿程渠系到田间的各种损失水量），分别用符号 $M_{净}$ 及 $M_{毛}$ 表示。两者的比值 $M_{净}/M_{毛}$ 为灌溉水有效利用系数水。一种作物某次灌水的净灌溉用水量 $M_{净i}$ 可用下式估算：

$$M_{净}=m_iA_i \quad (3\text{-}10)$$

式中，$m_i$——作物 i 某次灌水定额，$m^3/m^2$；

$A_i$——作物 i 灌水面积，$m^2$；

$M_{净i}$——作物 i 某次灌水的净灌溉用水量，$m^3$。

灌区某次灌水的净灌溉用水量，应为灌区某次灌水的各种作物的净灌溉用水量之和。灌区灌水的净灌溉用水量，应为灌区各种作物在一年内各次灌水的净灌溉用水量之和。净灌溉用水量，计入水量损失后，即为毛灌溉用水量。

## 四、灌溉技术及灌溉措施

灌溉技术是在一定的灌溉措施条件下，能适时、适量、均匀灌水，并能省水、省工、节能，使农作物达到增产目的而采取的一系列技术措施。灌溉技术的内容很多，除各种灌溉措施有各种相应的灌溉技术外，还可分为节水节能技术、增产技术。在节水节能技

术中，有工程方面和非工程方面的技术，其中非工程技术又包括灌溉管理技术和作物改良方面的技术等。

灌溉措施是指向田间灌水的方式，即灌水方法，有地面灌溉、地下灌溉、喷灌、滴灌等。

### （一）地面灌溉

地面灌溉是水由高向低沿着田面流动，借水的重力及土壤毛细管作用，湿润土壤的灌水方法，是世界上最早、最普通的灌水方法。按田间工程及湿润土壤方式的不同，地面灌溉又分畦灌、沟灌、淹灌、漫灌等。漫灌即田面不修畦，不做沟、埂，任水漫流，是一种不科学的灌水方法。主要缺点是灌地不匀，严重破坏土壤结构，浪费水量，抬高地下水位，易使土壤盐碱化、沼泽化。非特殊情况应尽量少用。

地面灌溉具有投资少、技术简单、节省能源等优点，目前世界上许多国家仍然很重视地面灌溉技术的研究。我国98%以上的灌溉面积采用地面灌溉。

### （二）地下灌溉

地下灌溉又叫渗灌、浸润灌溉，是将灌溉水引入埋设在耕作层下的暗管，通过管壁孔隙渗入土壤，借毛细管作用由下而上湿润耕作层。

地下灌溉具有以下优点：能使土壤基本处于非饱和状态，使土壤湿润均匀，湿度适宜，因此土壤结构疏松，通气良好，不产生土壤板结，并且能经常保持良好的水、肥、气、热状态，使作物处于良好的生育环境；能减少地面蒸发，节约用水；便于灌水与田间作业同时进行，灌水工作简单等。其缺点是：表层土壤湿润较差，造价较高，易淤塞，检修维护工作不便。因此，此法适用于干旱缺水地区的作物灌溉。

### （三）喷灌

喷灌是利用专门设备，把水流喷射到空中，散成水滴洒落到地面，如降雨般地湿润土壤的灌水方法。一般由水源工程、动力机械、水泵、管道系统、喷头等组成，统称喷灌系统。

喷灌具有以下优点：可灵活控制喷洒水量；不会破坏土壤结构，还能冲洗作物茎、叶上的尘土，利于光合作用；能节水、增产、省劳力、省土地，还可防霜冻、降温；可结合化肥、农药等同时使用。其主要缺点是：设备投资较高，需要消耗动力；喷灌时受风力影响，喷洒不均。喷灌适用于各种地形、各种作物。

### （四）滴灌

滴灌是利用低压管道系统将水或含有化肥的水溶液一滴一滴地、均匀地、缓慢地滴入作物根部土壤，是维持作物主要根系分布区最适宜的土壤水分状况的灌水方法。滴灌系统一般由水源工程、动力机、水泵、管道、滴头及过滤器、肥料等组成。

滴灌的主要优点是节水性能很好。灌溉时用管道输水，洒水时只湿润作物根部附近土壤，既避免了输水损失，又减少了深层渗漏，还消除了喷灌中水流的漂移损失，蒸发损失也很小。据统计，滴灌的用水量为地面灌溉用水量的1/6~1/8，为喷灌用水量的2/3。因此，滴灌是现代各种灌溉方法中最省水的一种，在缺水干旱地区、炎热的季节、透水性强的土壤、丘陵山区、沙漠绿洲尤为适用。其主要缺点是滴头易堵塞，对水质要求较高。其他优缺点与喷灌相同。

## 第五节　其他水利部门

除了防洪、治涝、灌溉和水力发电之外，尚有内河航运、城市和工业供水、水利环境保护、淡水水产养殖等水利部门。

### 一、内河航运

内河航运是指利用天然河湖、水库或运河等陆地内的水域进行船、筏浮运，它既是交通运输事业的一个重要组成部分，又是水利事业的一个重要部门。作为交通运输来说，内河航运由内河水道、河港与码头、船舶三部分组成一个内河航运系统，在规划、设计、经营管理等方面，三者紧密联系、互相制约。特别是在决定其主要参数的方案经济比较中，常常将三者作为一个整体来进行分析评价。但是，将它作为一项水利部门来看时，我们的着眼点主要在于内河水道，因为它在水资源综合利用中是一个不可分割的组成部分。至于船舶，通常只将其最大船队的主要尺寸作为设计内河水道的重要依据之一，而对于河港和码头，则只看作是一项重要的配套工程，因为它们与水资源利用和水利计算并没有直接关系。因此，这里我们将只简要介绍有关内河水道的概念及其主要工程措施，而不介绍船舶与码头。

一般来说，内河航运只利用内河水道中水体的浮载能力，并不消耗水量。利用河、湖航运，需要一条连续而通畅的航道，它一般只是河流整个过水断面中较深的一部分。它应具有必需的基本尺寸，即在枯水期的最小深度和最小宽度、洪水期的桥孔水上最小净高和最小净宽等；并且，还要具有必需的转弯半径，以及允许的最大流速。这些数据取决于计划通航的最大船筏的类型、尺寸及设计通航水位，可查阅内河水道工程方面的

资料。天然航道除了必须具备上述尺寸和流速外，还要求河床相对稳定和尽可能全年通航。有些河流只能季节性通航，例如，有些多沙河流以及平原河流，常存在不断的冲淤交替变化，因而河床不稳定，造成枯水期航行困难；有些山区河流在枯水期河水可能过浅，甚至干涸，而在洪水期又可能因山洪暴发而流速过大；还有些北方河流，冬季封冻，春季漂凌流冰。这些都可能造成季节性的断航。

如果必须利用为航道的天然河流不具备上述基本条件，就需要采取工程措施加以改善，这就是水道工程的任务。

## 二、疏浚与整治工程

对航运来说，疏浚与整治工程是为了修改天然河道枯水河槽的平面轮廓，疏浚险滩，清除障碍物，以保证枯水航道的必需尺寸，并维持航道相对稳定。但这主要适用于平原河流。整治建筑物有多种，用途各不相同。疏浚与整治工程的布置最好通过模型试验决定。

### （一）渠化工程与径流调节

这是两个性质不同但又密切相关的措施。渠化工程是沿河分段筑闸坝，以逐段升高河水水位，保证闸坝上游枯水期航道必需的基本尺寸，使天然河流运河化（渠化）。渠化工程主要适用于山丘区河流。平原河流，由于防洪、淹没等原因，常不适于渠化。径流调节是利用湖泊、水库等蓄洪，以补充枯水期河水之不足，因而可提高湖泊、水库下游河流的枯水期水位，改善通航条件。

### （二）运河工程

这是人工开凿的航道，用于沟通相邻河湖或海洋。我国主要河流多半横贯东西，因此开凿南北方向的大运河具有重要意义。并且，运河可兼作灌溉、发电等的渠道。运河跨越高地时，需要修建船闸，并要拥有补给水源，以经常保持必要的航深。运河所需补给水量，主要靠河湖和水库等来补给。

在渠化工程和运河工程中，船筏通过船闸时，要耗用一定的水量。尽管这些水量仍可供下游水利部门使用，但对于取水处的河段、水库、湖泊来说，是一种水量支出。船闸耗水量的计算方法可参阅内河水道工程方面的书籍。由于各月船筏过闸次数有变化，所以船闸月耗水量及月平均流量也有一定变化。通常在调查统计的基础上，求出船闸月平均耗水流量过程线，或近似地取一固定流量，供水利计算作依据。此外，用径流调节措施来保证下游枯水期通航水位时，可根据下游河段的水文资料进行分析计算，求出通航需水流量过程线，或枯水期最小保证流量，作为调节计算的依据。

## 三、水利环境保护

水利环境保护是自然环境保护的重要组成部分，大体上包括：防治水域污染、生态保护及与水利有关的自然资源合理利用和保护等。

地球上的天然水中，经常含有各种溶解的或悬浮的物质，其中有些物质对人或生物有害。尽管人和生物对有害物质有一定的耐受能力，天然水体本身又具有一定的自净能力（即通过物理、化学和生物作用，使有害物质稀释、转化），但水体自净能力有一定限度。

如果侵入天然水体的有害物质，其种类和浓度超过了水体自净能力，并且超过了人或生物的耐受能力（包括长期积蓄量），就会使水质恶化到危害人或生物的健康与生存的程度，这称为水域污染。污染天然水域的物质，主要来自工农业生产废水和生活污水，大体上见表 3–2。

表 3–2 污染水域的主要物质及其危害

| 污染物种类 | 主要危害 | 净化的可能性 |
| --- | --- | --- |
| 耗氧的有机物，如碳水化合物、蛋白质、脂肪、纤维素等 | 分解时大量耗氧，使水生物窒息死亡，厌氧分解时产生甲烷、硫化氢、氨等，使水质恶化 | 水域流速很小时，会积蓄而形成臭水沟、塘；流速较大时，经过一定时间和距离，能使水体自净，河面封冻时，不能自净 |
| 浓度较大的氮、磷、钾等植物养料（称“富营养化”） | 藻类过度繁殖，水中缺氧，鱼类死亡，水质恶化，并能产生亚硝酸盐，致癌 | 水域流速小时，污染严重；流速较大时，能稀释、净化 |
| 热污染，即因工厂排放热水而使河水升温 | 细菌、水藻等迅速繁殖，鱼类死亡，水中溶解氧挥发，水质恶化，并使其他有毒污染物毒性加大 | 水域流速较大时，可使热水稀释冷却；流速小时，污染严重，水质恶化 |
| 病原微生物及其寄生水生物 | 传播人畜疾病，如肝炎、霍乱、疟疾、血吸虫等 | 若水域流速小，水草丛生，水质污秽等，造成病原微生物及其寄主繁殖；反之，则这种污染较轻 |
| 石油类 | 漂浮于水面，使水生物窒息死亡，对鱼类有毒害，并使水和鱼类带有臭味不能食用，易引起水面火灾，难以扑灭 | 一部分可蒸发，能由微生物分解和氧化，也可用人工措施从水面吸取、回收而净化水域 |
| 酸、碱、无机盐类 | 腐蚀管道、船舶、机械、混凝土等，毒害农作物、鱼类及水生物，恶化水质 | 水域流速大时，可稀释，因而减轻危害 |
| 有机毒物，如农药、多氯联苯、多环芳烃 | 有慢性毒害作用，如破坏肝脏，致癌等 | 不易分解，能在生物体内富集，能通过食物链进入人体，并广泛迁移而扩大污染 |
| 酚及氰类 | 酚类：低浓度使鱼类及水有恶臭不能<br>食用，浓度稍高能毒死鱼类，并对人畜<br>有毒；氰类：极低浓度也有剧毒 | 易挥发，在水中易氧化分解，并能被黏土吸附 |
| 无机毒物，如砷、汞、镉、铬、铅等 | 对人和生物毒害较大，分别损害肝、肾、神经、骨骼、血液等，并能致癌 | 化学性质稳定，不易分解，能在生物体内富集，能通过食物链进入人体，易被泥沙吸附而沉积于湖泊、水库的底泥中 |
| 放射性元素 | 剂量超过人或生物的耐受能力时，能导致各种放射病，并有一定遗传性，也能致癌 | 有其自身的半衰期，不受外界影响，能随水流广泛扩散迁移，长期危害 |

防治水域污染的关键在于废水、污水的净化处理和生产技术的改进，使有害物质尽

量不侵入天然水域。为此，必须对污染源进行调查和对水域污染情况进行监测，并采取各种有效措施制止污染源继续污染水域。经过净化处理的废水、污水中，可能仍含有低浓度的有害物质，为防止其积累富集，应使排水口尽可能分散在较大范围中，以利于稀释、分解、转化。

对于已经污染的水域，为促进和强化水体的自净作用，要采取一定人工措施。例如：保证被污染的河段有足够的清水流量和流速，以促进污染物质的稀释、氧化；引取经过处理的污水灌溉，促使污水氧化、分解并转化为肥料（但不能使有毒元素进入农田）等。在采取某种措施前，应进行周密的研究与试验，以免导致相反效果或产生更大的危害。目前，比较困难的是水库和湖泊污染的治理，因为其流速很小，污染物质容易积累，水体自净作用很弱。特别是库底、湖底沉积的淤泥中，积累的无机毒物较难清除。

## 四、城市和工业供水

城市和工业供水的水源大体上有：水库、河湖、井泉等。例如，密云水库的主要任务之一，即是保证北京市的供水。在综合利用水资源时，对供水要求，必须优先考虑，即使水资源量不足，也一定要保证优先满足供水。这是因为居民生活用水绝不允许长时间中断，而工业用水若匮缺超过一定限度，也将使国民经济遭到严重损失。一般说来，供水所需流量不大，只要不是极度干旱年份，往往不难满足。通常，在编制河流综合利用规划时，可将供水流量取为常数，或通过调查做出需水流量过程线备用。

供水对水质要求较高，尤其是生活用水及某些工业用水（如食品、医药、纺织印染及产品纯度较高的化学工业等）。在选择水源时，应对水质进行仔细的检验。供水虽属耗水部门，但很大一部分用过的水成为生活污水和工业废水排出。废水与污水必须净化处理后，才允许排入天然水域，以免污染环境引起公害。

## 五、淡水水产养殖（或称渔业）

这是指在水利建设中如何发展水产养殖。修建水库可以形成良好的深水养鱼场所，但是拦河筑坝妨碍洄游性的鱼类繁殖。所以，在开发利用水资源时，一定要考虑渔业的特殊要求。为了使水库渔场便于捕捞，在蓄水前应做好库底清理工作，特别要清除树木、墙垣等障碍物。还要防止水库的污染，并保证在枯水期水库里留有必需的最小水深和水库面积，以利于鱼类生长。也应特别注意河湖的水质和最小水深。

特别要重视的是洄游性野生鱼类的繁殖问题。有些鱼类需要在河湖淡水中甚至山溪浅水急流中产卵孵化，却在河口或浅海育肥成长；另一些鱼类则要在河口或近海产卵孵化，却上溯到河湖中育肥成长。这些鱼类称为洄游性鱼类，其中有不少名贵品种，例如鲥鱼、刀鱼等。水利建设中常需拦河筑坝、闸，以致截断了洄游性鱼类的通路，使它们有绝迹的危险。

因鱼类洄游往往有季节性，故采取的必要措施大体如下：

第一，在闸、坝旁修筑永久性的鱼梯（鱼道），供鱼类自行过坝，其形式、尺寸及布置，常需通过试验确定，否则难以收效。

第二，在洄游季节，间断地开闸，让鱼类通行，此法效果尚好，但只适用于上下游水位差较小的情况。

第三，利用机械或人工方法，捞取孕卵活亲鱼或活鱼苗，运送过坝，此法效果较好，但工作量大。

利用鱼梯过鱼或开闸放鱼等措施，需耗用一定水量，在水利水能规划中应计及。

## 第六节 各水利部门间的矛盾及其协调

在许多水利工程中，常有可能实现水资源的综合利用。然而，各水利部门之间，也还存在一些矛盾。例如，当上中游灌溉和工业供水等大量耗水，则下游灌溉和发电用水就可能不够。许多水库常是良好航道，但多沙河流上的水库，上游末端（亦称尾端）常可能淤积大量泥沙，形成新的浅滩，不利于上游航运。疏浚河道有利于防洪、航运等，但降低了河水位，可能不利于自流灌溉引水；若筑堰抬高水位引水灌溉，又可能不利于泄洪、排涝。利用水电站的水库滞洪，有时汛期要求腾空水库，以备拦洪，削减下泄流量，但却降低了水电站的水头，使所发电能减少。为了发电、灌溉等的需要而拦河筑坝，常会阻碍船、筏、鱼通行等。可见，不但兴利、除害之间存在矛盾，在各兴利部门之间也常存在矛盾，若不能妥善解决，常会造成不应有的损失。例如，埃及阿斯旺水库虽有许多水利效益，但却使上游造成大片次生盐碱化土地，下游两岸农田因缺少富含泥沙的河水淤灌而渐趋瘠薄。在我国，也不乏这类例子，其结果是：有的工程建成后不能正常运用，不得不改建，或另建其他工程来补救，事倍功半；有的工程虽然正常运用，但未能满足综合利用要求而存在缺陷，带来长期的损失。所以，在研究水资源综合利用的方案和效益时，要重视各水利部门之间可能存在的矛盾，并妥善解决。

上述矛盾，有些是可以协调的，应统筹兼顾、“先用后耗”，力争“一水多用、一库多利”。例如，水库上游末端新生的浅滩妨碍航运，有时可以通过疏浚航道或者洪水期降低水库水位，借水力冲沙等方法解决；又如，发电与灌溉争水，有时（灌区位置较低时）可以先取水发电，发过电的尾水再用来灌溉；再如，拦河闸坝妨碍船、筏、鱼通行的矛盾，可以建船闸、筏道、鱼梯来解决；等等。但也有不少矛盾无法完全协调，这时就不得不分清主次，合理安排，保证主要部门、适当兼顾次要部门。例如，若水电站水库不足以负担防洪任务，就只好采取其他防洪措施去满足防洪要求；反之，若当地防

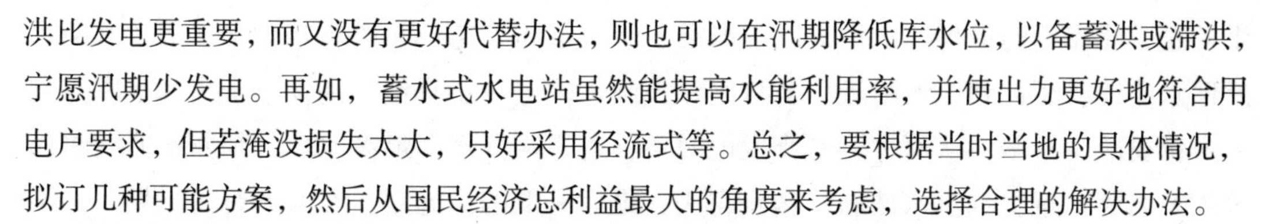

洪比发电更重要，而又没有更好代替办法，则也可以在汛期降低库水位，以备蓄洪或滞洪，宁愿汛期少发电。再如，蓄水式水电站虽然能提高水能利用率，并使出力更好地符合用电户要求，但若淹没损失太大，只好采用径流式等。总之，要根据当时当地的具体情况，拟订几种可能方案，然后从国民经济总利益最大的角度来考虑，选择合理的解决办法。

现举一例来说明各部门之间的矛盾及其解决方法。

某丘陵地区某河的中下游两岸有良田约 200 万亩，临河有一工业城市 A。因工农业生产急需电力，拟在 A 城下游约 100km 处修建一蓄水式水电站，要求水库回水不淹 A 城，并尽量少淹近岸低田。因此，只能建成一个平均水头为 25m 的水电站，水库兴利库容约 6 亿 $m^3$，而多年平均年径流量约达 160 亿 $m^3$。水库建成前，枯水季最小日平均流量还不足 $30m^3/s$，要求通过水库调蓄，将枯水季的发电日平均流量提高至 $100m^3/s$，以保证水电站月平均出力不小于 2 万 kW。同时还要兼顾以下要求：

第一，适当考虑沿河两岸的防洪要求；

第二，尽量改善灌溉水源条件；

第三，城市供水的水源要按远景要求考虑；

第四，根据航运部门的要求，坝下游河道中枯水季最小日平均流量不能小于 $80{\sim}100m^3/s$；

第五，其他如渔业、环保等也不应忽视。

以上这些要求间有不少矛盾，必须妥善解决。例如，水库相对较小，径流调节能力较差，若从水库中引取过多灌溉水量，则发电日平均流量将不能保证在 $100m^3/s$ 以上，也不能保证下游最小日平均通航流量 $80{\sim}100m^3/s$。经分析研究，该工程应是以发电为主的综合利用工程，首先要满足发电要求。其次，应优先照顾供水部门，其重要性不亚于发电。再次考虑灌溉、航运要求。至于防洪，因水库较小，只能适当考虑。具体说来，解决矛盾的措施如下。

1. 发电

保证发电最小日平均水流量为 $100m^3/s$，使水电站月平均出力不小于 2 万 kW。同时，在兼顾其他水利部门的要求之后，发电最大流量达 $400m^3/s$，BP 水电站装机容量达 8.5 万 kW，平均每年生产电能 4 亿 kW・h。若不兼顾其他水利部门的要求，还能多发电约 1 亿 kW・h，但为了全局利益，少发这 1 亿 kW・h 的电是应该的。具体原因从下面的叙述中可以弄清楚。

2. 供水

应该保证供水，所耗流量并不大〔见图 3–7（b）〕，从水库中汲取。每年所耗水量相当于 0.12 亿 kW・h 电能，对水电站影响很小。

3. 防洪

关于下游两岸的防洪，因水库相对较小，无法承担（防洪库容需 10 亿 $m^3$），只能留待以后上游建造的大水库去承担。暂在下游加固堤防以防御一般性洪水。至于上游防洪问题，建库后的最高库水位，以不淹没工业城市A及市郊名胜古迹为准，但洪水期水库回水曲线将延伸到该城附近。若将水库最高水位进一步降低，则发电水头和水库兴利库容都要减少很多，从而过分减小发电效益；若不降低水库最高水位，则回水曲线将使该城及名胜古迹受到洪水威胁。衡量得失，最后采取的措施是：在4~6月（汛期），不让水库水位超过88m高程，即比水库设计蓄水位92m低4m，以保证A城及市郊不受洪水威胁。在洪水期末，再让水库蓄水至92m，以保证枯水期发电用水，这一措施将使水电站平均每年少发电能约0.45亿kW·h，但枯水期出力不受影响，同时还可起到水库上游末端的冲沙作用。

4. 灌溉

近200万亩田的灌溉用水若全部取自水库，则7月、8月旱季取水流量将达200m³/s，而枯水期取水流量约50m³/s。这样就使发电要求无法满足，还要影响航运。因此，只能在保证发电用水的同时适当照顾灌溉需要。经估算，只能允许自水库取水灌溉28万亩田，其需水流量过程线见图3–7（c）。其中20万亩田位于大坝上游侧水库周围。无其他水源可用，必须从水库提水灌溉。建库前，这些土地系从河中提水灌溉，扬程高、费用大，而且水源无保证。建库后，虽然仍是提水灌溉，但水源有了保证，而且扬程平均减少约10m，农业增产效益显著。另外8万亩田位于大坝下游，距水库较近，比下游河床高出较多，宜从水库取水自流灌溉。这28万亩田自水库引走的灌溉用水，虽使水电站平均每年少发约0.22亿kW·h电能，但这样每年可节约提水灌溉所需的电能0.13亿kW·h，并使农业显著增产，因而是合算的。其余170万亩左右农田位于坝址下游，距水库较远，高程较低，可利用发电尾水提水灌溉。由于水库的调节作用，使枯水流量提高，下游提灌的水源得到保证，虽然不能自流灌溉，仍是受益的。

5. 航运

库区航运的效益很显著。从坝址至上游A城间的100km形成了深水航道，淹没了浅滩、礁石数十处。并且，如前所述，洪水期水库降低水位4m运行，可避免水库上游末端形成阻碍航运的新浅滩。为了便于船筏过坝，建有船闸一座，可通过1000t级船舶，初步估算平均耗用流量10m³/s，相当于水电站每年少发0.2亿kW·h电能。至于下游航运，按通过1000t级船舶计算，最小通航流量需要80~100m³/s。枯水期水电站及船闸下泄最小日平均流量共110m³/s。在此期间下游灌溉约需提水42.5m³/s的流量。可见下游最小日平均流量不能满足需要，即灌溉与航运之间仍然存在一定矛盾。解决的办法是：

①使下游提水灌溉的取水口位置尽量选在距坝址较远处和支流上，以充分利用坝下游的区间流量来补充不足。

②使枯水期通航的船舶在1000t级以下，从而使最小通航流量不超过80m³/s，当坝下游流量增大后再放宽限制。

③用疏浚工程清除下游浅滩和礁石，改善航道。这些措施使灌溉和航运间的矛盾初步得到解决，基本满足航运要求。

6. 渔业

该河原来野生淡水鱼类资源丰富。水库建成后，人工养鱼，年产量约 100 万 kg。但坝旁未设鱼梯等过鱼设备，尽管采取人工捞取亲鱼及鱼苗过坝等措施，仍使野生鱼类产量大减，这是一个缺陷。

7. 水利环境保护

未发现水库有严重污染现象。由于洪水期降低水位运行，名胜古迹未遭受损失。水库改善了当地局部气候，增加了工业城市市郊风景点和水上运动场。但由于水库库周地下水位升高，使数千亩果园减产。

以上实例并非水资源综合利用的范例，只是用于解释各水利部门间的矛盾及其协调，供读者参考。在实际规划工作中，往往要拟订若干可行方案，然后通过技术经济比较和分析，选出最优方案。

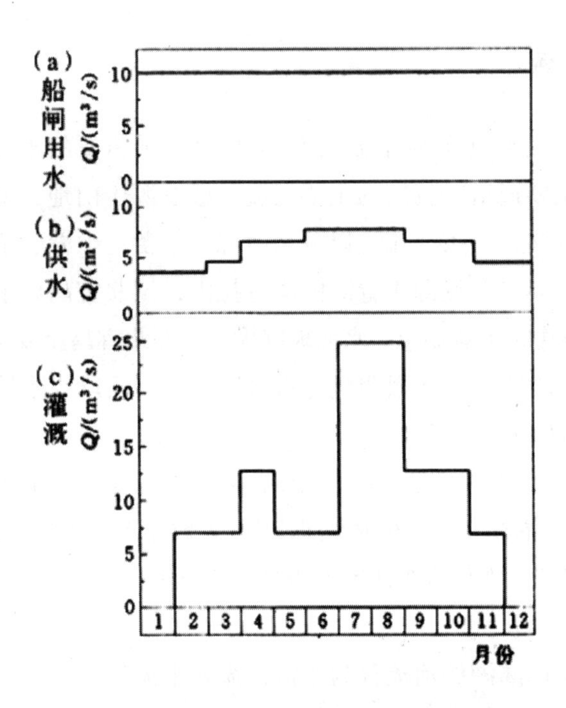


图 3-7 自水库取水的兴利部门需水流量过程线
(a) 船闸用水； (b) 供水； (c) 灌溉

# 第四章 水利基础知识

## 第一节 水文知识

### 一、河流和流域

地表上较大的天然水流称为河流。河流是陆地上最重要的水资源和水能资源，是自然界中水文循环的主要通道。我国的主要河流一般发源于山地，最终流入海洋、湖泊或洼地。沿着水流的方向，一条河流可以分为河源、上游、中游、下游和河口几段。我国最长的河流是长江，其河源发源于青海的唐古拉山，湖北宜昌以上河段为上游，长江的上游主要在深山峡谷中，水流湍急，水面坡降大。自湖北宜昌至安徽安庆的河段为中游，河道蜿蜒弯曲，水面坡降小，水面明显宽敞。安庆以下河段为下游，长江下游段河流受海潮顶托作用。河口位于上海市。

在水利水电枢纽工程中，为了便于工作，习惯上以面向河流下游为准，左手侧河岸称为左岸，右手侧称为右岸。我国的主要河流中，多数流入太平洋，如长江、黄河、珠江等。少数流入印度洋（怒江、雅鲁藏布江等）和北冰洋。沙漠中的少数河流只有在雨季存在，成为季节河。

直接流入海洋或内陆湖的河流称为干流，流入干流的河流为一级支流，流入一级支流的河流为二级支流，依此类推。河流的干流、支流、溪涧和流域内的湖泊彼此连接所形成的庞大脉络系统，称为河系，或水系。如长江水系、黄河水系、太湖水系。

一个水系的干流及其支流的全部集水区域称为流域。在同一个流域内的降水，最终通过同一个河口注入海洋。如长江流域、珠江流域。较大的支流或湖泊也能称为流域，如汉水流域、清江流域、洞庭湖流域、太湖流域。两个流域之间的分界线称为分水线，是分隔两个流域的界限。在山区，分水线通常为山岭或山脊，所以又称分水岭，如秦岭为长江和黄河的分水岭。在平原地区，流域的分界线则不甚明显。特殊的情况如黄河下游，其北岸为海河流域，南岸为淮河流域，黄河两岸大堤成为黄河流域与其他流域的分水线。流域的地表分水线与地下分水线有时并不完全重合，一般以地表分水线作为流域分水线。

在平原地区，要划分明确的分水线往往是较为困难的。

描述流域形状特征的主要几何形态指标有以下几个：

第一，流域面积 F，流域的封闭分水线内区域在平面上的投影面积。

第二，流域长度 L，流域的轴线长度。以流域出口为中心画许多同心圆，由每个同心圆与分水线相交作割线，各割线中点顺序连线的长度即为流域长度。如图 4–1 所示，$L=\sum L_i$。流域长度通常可用干流长度代替。

第三，流域平均宽度 B，流域面积与流域长度的比值，B=F/L。

第四，流域形状系数 $K_F$，流域宽度与流域长度的比值，$K_F$=B/L。

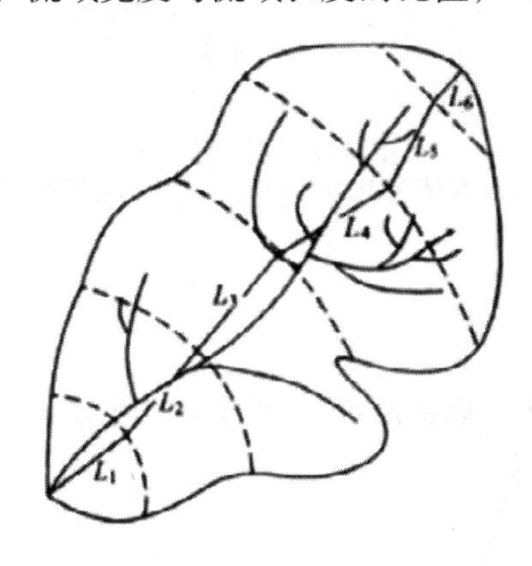


图 4-1 流域长度示意图

影响河流水文特性的主要因素包括：流域内的气象条件（降水、蒸发等）、地形和地质条件（山地、丘陵、平原、岩石、湖泊、湿地等）、流域的形状特征（形状、面积、坡度、长度、宽度等）、地理位置（纬度、海拔、临海等）、植被条件和湖泊分布，人类活动等。

## 二、河（渠）道的水文学和水力学指标

### （一）河（渠）道横断面

垂直于河流方向的河道断面地形。天然河道的横断面形状多种多样，常见的有 V 形、U 形、复式等，如图 4–2 所示。人工渠道的横断面形状则比较规则，一般为矩形、梯形。河道水面以下部分的横断面为过水断面。过水断面的面积随河水水面涨落变化，与河道流量相关。

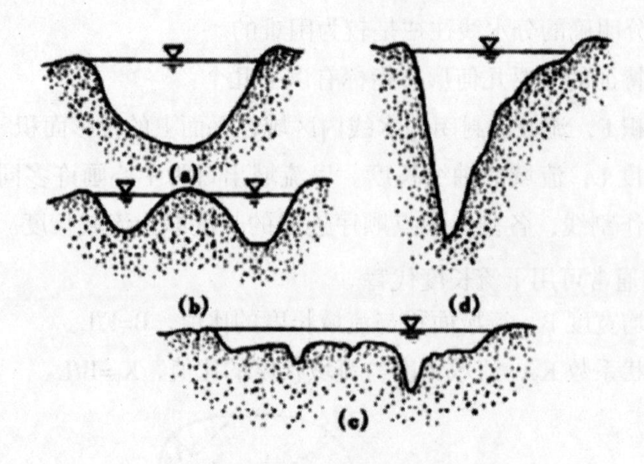


图 4-2 河道横断面图

(a) 普通长直河道；(b) 有河滩地的河道；(c) 中下游宽阔河道；(d) 弯曲段河道

### （二）河道纵断面

沿河道纵向最大水深线切取的断面，如图 4-3 所示。

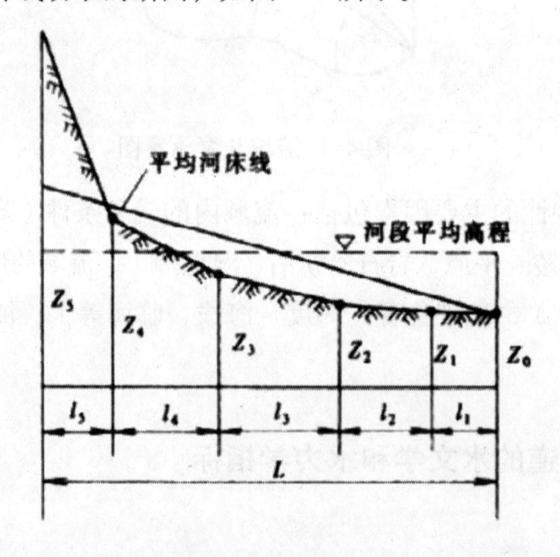


图 4-3 河流纵断面示意图

### （三）水位 Z

河道水面在某一时刻的高程，即相对于海平面的高度差。我国目前采用黄海海平面作为基准海平面。

### （四）河流长度 L

河流自河源开始，沿河道最大水深线至河口的距离。

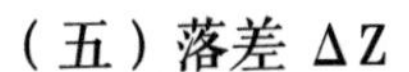



（五）落差 ΔZ

河流两个过水断面之间的水位差。

（六）纵比降 i

水面落差与此段河流长度之比，i=ΔZ/ΔL。河道水面纵比降与河道纵断面基本上是一致的，在某些河段并不完全一致，与河道断面面积变化、洪水流量有关。河水在涨落过程中，水面纵比降随洪水过程的时间变化而变化。在涨水过程中，水面纵比降较大，落水过程中则相对较小。

（七）水深 h

水面某一点到河底的垂直深度。河道断面水深指河道横断面上水位 Z 与最深点的高程差。

（八）流量 Q

单位时间内通过某一河道（渠道、管道）的水体体积，单位 $m^3/s$。

（九）流速 V

流速单位 m/s。在河道过水断面上，各点流速不一致。一般情况下，过水断面上水面流速大于河底流速。常用断面平均流速作为其特征指标。断面平均流速 $\bar{v}=Q/A$。

（十）水头

水中某一点相对于另一水平参照面所具有的水能。

在图 4–4 中，$B_1$ 点相对于参照面 0–0 的总水头为 E。总水头 E 由三部分组成：①位置水头 $Z=Z_{B1}$。是 $B_1$ 点与参照平面〔（0–0）面〕之间的高程差，表示水质点 $B_1$ 具有的位能。②压强水头（亦称压力水头）$\frac{P_{B_1}}{\gamma}=h\cdot\cos\theta$，表示该点具有的压能。在较平直的河（渠）道中，h 等于此点在水面以下的深度，位置水头（位能）与压强水头（压能）的和表示该处水流具有的势能。③流速水头 $\frac{\alpha V_{B_1}^2}{2g}$，表示 $B_1$ 点水流具有的动能。式中 $\alpha=1.0\sim1.1$。$B_1$ 点的总能量为其机械能，即势能与动能之和。因此，1–1 过水断面上 $B_1$ 点的总水头 $E_{B_1}=Z_{B1}$

$+\frac{p_{B_1}}{\gamma}+\frac{\alpha V_{B_1}^2}{2g}$。

在较平直的河道上，某一过水断面上各点的总水头 E 为一常数，如图 4-4 中的 1-1 断面上的 $A_1$、$B_1$、$C_1$ 三点间具有同样的能量，总水头相等，$E_{A_1}=E_{B_1}=E_{C_1}$。

在河道上下游两个断面之间的水头有差值 $h_w$。差值是河道水流流动过程中产生的能量损失，也称水头损失。图 4-4 中，1-1 断面与 2-2 断面间有

$$Z_1+\frac{p_1}{\gamma}+\frac{\alpha V_1^2}{2g}=Z_2+\frac{p_2}{\gamma}+\frac{\alpha V_2^2}{2g}+h_w$$

此方程称为伯努利方程。

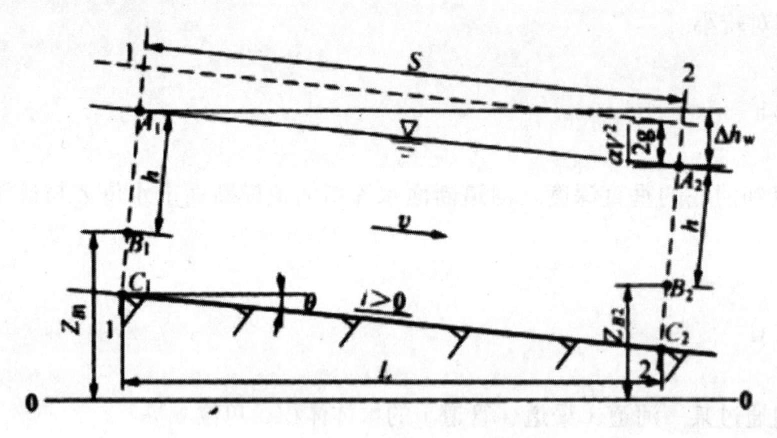


图 4-4  水头计算示意图

## 三、河川径流

径流是指河川中流动的水流量。在我国，河川径流多由降雨形成。

河川径流形成的过程是指自降水开始，到河水从海口断面流出的整个过程。这个过程非常复杂，一般要经历降水、蓄渗（入渗）、产流和汇流几个阶段。

降雨初期，雨水降落到地面后，除了一部分被植被的枝叶或洼地截留外，大部分渗入土壤中。如果降雨强度小于土壤入渗率，雨水不断渗入到土壤中，不会产生地表径流。在土壤中的水分达到饱和以后，多余部分在地面形成坡面漫流。当降水强度大于土壤的入渗率时，土壤中的水分来不及被降水完全饱和。一部分雨水在继续不断地渗入土壤的同时，另一部分雨水即开始在坡面形成流动。初始流动沿坡面最大坡降方向漫流。坡面水流顺坡面逐渐汇集到沟槽、溪涧中，形成溪流。从涓涓细流汇流形成小溪、小河，最后归于大江大河。渗入土壤的水分中，一部分将通过土壤和植物蒸发到空中，另一部分通过渗流缓慢地从地下渗出，形成地下径流。相当一部分地下径流将补充注入高程较低的河道内，成为河川径流的一部分。图 4-5 所示为地下径流的形成。

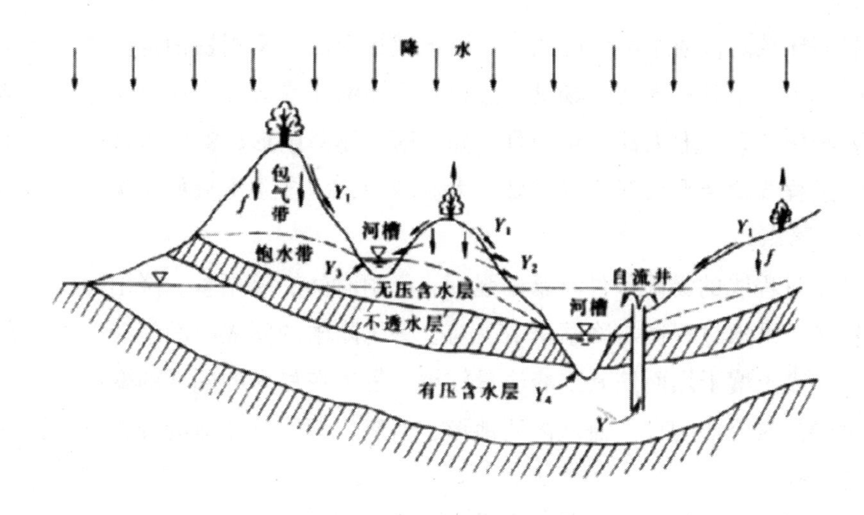


图 4-5 地下径流形成示意图

f- 入渗；$Y_1$- 地面径流；$Y_2$- 表层径流；$Y_3$- 地下径流（浅层地下水补给）；$Y_4$- 地下径流（深层地下水补给）

降雨形成的河川径流与流域的地形、地质、土壤、植被、降雨强度、时间、季节，以及降雨区域在流域中的位置等因素有关。因此，河川径流具有循环性、不重复性和地区性。

表示径流的特征值主要有以下几点。

（1）径流量 Q：单位时间内通过河流某一过水断面的水体体积。

（2）径流总量 W：一定的时段 T 内通过河流某过水断面的水体总量，$W=QT$。

（3）径流模数 M：径流量在流域面积上的平均值，$M=Q/F$。

（4）径流深度 R：流域单位面积上的径流总量，$R=W/F$。

（5）径流系数 α：某时段内的径流深度与降水量之比 $\alpha=R/P$。

## 四、河流的洪水

当流域在短时间内较大强度地集中降雨，或地表冰雪迅速融化时，大量水经地表或地下迅速地汇集到河槽，造成河道内径流量急增，河流中发生洪水。

河流的洪水过程是在河道流量较小、较平缓的某一时刻开始，河流的径流量迅速增长，并到达一峰值，随后逐渐降落到趋于平缓的过程。与其同时，河道的水位也经历一个上涨、下落的过程。河道洪水流量的变化过程曲线称为洪水流量过程线。洪水流量过程线上的最大值称为洪峰流量 $Q_m$，起涨点以下流量称为基流。基流由岩石和土壤中的水缓慢外渗或冰雪逐渐融化形成。大江大河的支流众多，各支流的基流汇合，使其基流量也比较大。山区性河流，特别是小型山溪，基流非常小，冬天枯水期甚至断流。

洪水过程线的形状与流域条件和暴雨情况有关。

影响洪水过程线的流域条件有河流纵坡降、流域形状系数。一般而言，山区性河流由于山坡和河床较陡，河水汇流时间短，洪水很快形成，又很快消退。洪水陡涨陡落，往往几小时或十几小时就经历一场洪水过程。平原河流或大江大河干流上，一场洪水过程往往需要经历三天、七天甚至半个月。如果第一场降雨形成的洪水过程尚未完成又遇降雨，洪水过程线就会形成双峰或多峰。大流域中，因多条支流相继降水，也会造成双峰或其他组合形态。

影响洪水过程线的暴雨条件有暴雨强度、降雨时间、降雨量、降雨面积、雨区在流域中的位置等。洪水过程还与降雨季节、与上一场降雨的间隔时间等有关。如春季第一场降雨，因地表土壤干燥而使其洪峰流量较小。发生在夏季的同样的降雨可能因土壤饱和而使其洪峰流量明显变大。流域内的地形、河流、湖泊、洼地的分布也是影响洪水过程线的重要因素。

由于种种原因，实际发生的每一次洪水过程线都有所不同。但是，同一条河流的洪水过程还是有其基本的规律。研究河流洪水过程及洪峰流量大小，可为防洪、设计等提供理论依据。工程设计中，通过分析诸多洪水过程线，选择其中具有典型特征的一条，称为典型洪水过程线。典型洪水过程线能够代表该流域（或河道断面）的洪水特征，作为设计依据。

符合设计标准（指定频率）的洪水过程线称为设计洪水过程线。设计洪水过程线由典型洪水过程线按一定的比例放大而得。洪水放大常用方法有同倍比放大法和同频率放大法，其中同倍比放大法又有“以峰控制”和“以量控制”两种。下面以同倍比放大为例介绍放大方法。

收集河流的洪峰流量资料，通过数量统计方法，得到洪峰流量的经验频率曲线。根据水利水电枢纽的设计标准，在经验频率曲线上确定设计洪水的洪峰流量“以峰控制”的同倍比放大倍数 $K_Q=Q_{mp}/Q_m$。其中 $Q_{mp}$、$Q_m$ 分别为设计标准洪水的洪峰流量和典型洪水过程线的洪峰流量。“以量控制”的同倍比放大倍数 $K_w=W_{tp}/W_t$。其中 $W_{tp}$、$W_t$ 分别为设计标准洪水过程线在设计时段的洪水总量和典型洪水过程线对应时段的洪水总量。有了放大倍比后，可将典型洪水过程线逐步放大为设计洪水过程线。

## 五、河流的泥沙

河流中常挟带着泥沙，是水流冲蚀流域地表所形成。这些泥沙随着水流在河槽中运动。河流中的泥沙一部分是随洪水从上游冲蚀带来，一部分是从沉积在原河床冲扬起来的。当随上游洪水带来的泥沙总量与被洪水带走的泥沙总量相等时，河床处于冲淤平衡状态。冲淤平衡时，河床维持稳定。我国流域的水量：大部分是由降雨汇集而成。暴雨是地表侵蚀的主要因素。地表植被情况是影响河流泥沙含量多少的另一主要因素。在我国南方，尽管暴雨强度远大于北方，由于植被情况良好，河流泥沙含量远小于北方。位于北方植被条件差的黄河流经黄土地区，黄土结构疏松，抗雨水冲蚀能力差，使黄河成为高含沙

量的河流。影响河流泥沙的另一重要因素是人类活动。近年来，随着部分地区的盲目开发，南方某些河流的泥沙含量也较前有所增多。

泥沙在河道或渠道中有两种运动方式。颗粒小的泥沙能够被流动的水流扬起，并被带动着随水流运动，称为悬移质。颗粒较大的泥沙只能被水流推动，在河床底部滚动，称为推移质。水流挟带泥沙的能力与河道流速大小相关。流速大，则挟带泥沙的能力大，泥沙在水流中的运动方式也随之变化。在坡度陡、流速高的地方，水流能够将较大粒径的泥沙扬起，成为悬移质。这部分泥沙被带到河势平缓、流速低的地方时，落于河床上转变为推移质，甚至沉积下来，成为河床的一部分。沉积在河床的泥沙称为床沙。悬移质、推移质和床沙在河流中随水流流速的变化相互转化。

在自然条件下，泥沙运动不断地改变着河床形态。随着人类活动的介入，河流的自然变迁条件受到限制。人类在河床两岸筑堤挡水，使泥沙淤积在受到约束的河床内，从而抬高河床底高程。随着泥沙不断地淤积和河床不断地抬高，人类被迫不断地加高河堤。例如，黄河开封段、长江荆江段均已成为河床底部高于两岸陆面十多米的悬河。

水利水电工程建成以后，破坏了天然河流的水沙条件和河床形态的相对平衡。拦河坝的上游，因为水库水深增加，水流流速大为减少，泥沙因此而沉积在水库内。泥沙淤积的一般规律是：从河流回水末端的库首地区开始，入库水流流速沿程逐渐减小。因此，粗颗粒首先沉积在库首地区，较细颗粒沿程陆续沉积，直至坝前。随着库内泥沙淤积高程的增加，较粗颗粒也会逐渐带至坝前。水库中的泥沙淤积会使水库库容减少，降低工程效益。泥沙淤积在河流进入水库的口门处，抬高口门处的水位及其上游回水水位，增加上游淹没。进入水电站的泥沙会磨损水轮机。水库下游，因泥沙被水库拦截，下泄水流变清，河床因清水冲刷造成河床刷深下切。

在多沙河流上建造水利水电枢纽工程时，需要考虑泥沙淤积对水库和水电站的影响。需要在适当的位置设置专门的冲沙建筑物，用以减缓库区淤积速度，阻止泥沙进入发电输水管（渠）道，延长水库和水电站的使用寿命。

描述河流泥沙的特征值有以下几个。

1. 含沙量：单位水体中所含泥沙重量，单位 $kg/m^3$。

2. 输沙量：一定时间内通过某一过水断面的泥沙重量，一般以年输沙量衡量一条河流的含沙量。

3. 起动流速 Vc：使泥沙颗粒从静止变为运动的水流流速。

## 第二节 地质知识

地质构造是指由于地壳运动使岩层发生变形或变位后形成的各种构造形态。地质构造有五种基本类型：水平构造、倾斜构造、直立构造、褶皱构造和断裂构造。这些地质构造不仅改变了岩层的原始产状、破坏了岩层的连续性和完整性，甚至降低了岩体的稳定性和增大了岩体的渗透性。因此研究地质构造对水利工程建筑有着非常重要的意义。要研究上述五种构造必须了解地质年代和岩层产状的相关知识。

## 一、地质年代和地层单位

地球形成至今已有46亿年，对整个地质历史时期而言，地球的发展演化及地质事件的记录和描述需要有一套相应的时间概念，即地质年代。同人类社会发展历史分期一样，可将地质年代按时间的长短依次分为宙、代、纪、世不同时期，对应于上述时间段所形成的岩层（即地层）依次称为宇、界、系、统，这便是地层单位。如太古代形成的地层称为太古界，石炭纪形成的地层称为石炭系等。

## 二、岩层产状

### （一）岩层产状要素

岩层产状指岩层在空间的位置，用走向、倾向和倾角表示，称为岩层产状三要素。

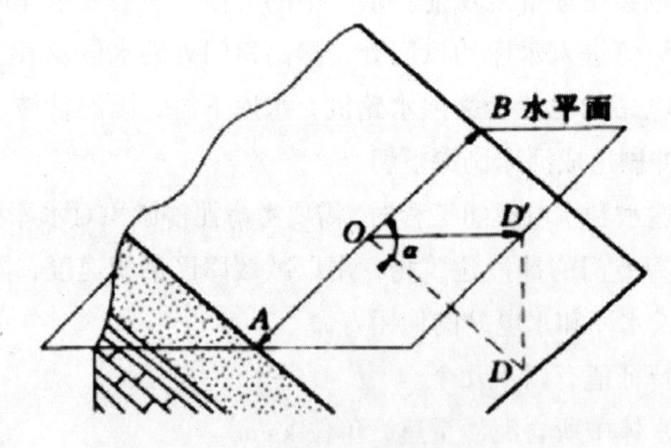


图4-6 岩层产状要素图

AOB-走向线；OD-倾向线；OD'-倾斜线在水平面上的投影，箭头方向为倾向；α-倾角

1. 走向

岩层面与水平面的交线叫走向线（图4–6中的AOB线），走向线两端所指的方向即为岩层的走向。走向有两个方位角数值，且相差180°。如NW300°和SE120°。岩层的走向表示岩层的延伸方向。

2. 倾向

层面上与走向线垂直并沿倾斜面向下所引的直线叫倾斜线（图4–6中的OD线），

倾斜线在水平面上投影（图 4–6 中的 OD’线）所指的方向就是岩层的倾向。对于同一岩层面，倾向与走向垂直，且只有一个方向。岩层的倾向表示岩层的倾斜方向。

3. 倾角

是指岩层面和水平面所夹的最大锐角（或二面角）（图 4–6 中的 α 角）。

除岩层面外，岩体中其他面（如节理面、断层面等）的空间位置也可以用岩层产状三要素来表示。

## （二）岩层产状要素的测量

岩层产状要素需用地质罗盘测量。地质罗盘的主要构件有磁针、刻度环、方向盘、倾角旋钮、水准泡、磁针锁制器等。刻度环和磁针是用来测岩层的走向和倾向的。刻度环按方位角分划，以北为 0°，逆时针方向分划为 360°。在方向盘上用四个符合代表地理方位，即 N（0°）表示北，S（180°）表示南，E（90°）表示东，W（270°）表示西。方向盘和倾角旋钮是用来测倾角的。方向盘的角度变化介于 0°~90°。测量方法如下：

1. 测量走向

罗盘水平放置，将罗盘与南北方向平行的边与层面贴触（或将罗盘的长边与岩层面贴触），调整圆水准泡居中，此时罗盘边与岩层面的接触线即为走向线，磁针（无论南针或北针）所指刻度环上的度数即为走向。

2. 测量倾向

罗盘水平放置，将方向盘上的 N 极指向岩层层面的倾斜方向，同时使罗盘平行于东西方向的边（或短边）与岩层面贴触，调整圆水准泡居中，此时北针所指刻度环上的度数即为倾向。

3. 测量倾角

罗盘侧立摆放，将罗盘平行于南北方向的边（或长边）与层面贴触，并垂直于走向线，然后转动罗盘背面的倾角旋钮，使 K 水准泡居中，此时倾角旋钮所指方向盘上的度数即为倾角大小。若是长方形罗盘，此时桃形指针在方向盘上所指的度数，即为所测的倾角大小。

## （三）岩层产状的记录方法

岩层产状的记录方法有以下两种：

1. 象限角表示法

一般以北或南的方向为准，记走向、倾向和倾角。如 N30°E，NW＜35°，即走向北偏东 30°、向北西方向倾斜、倾角 35°。

2. 方位角表示法

一般只记录倾向和倾角。如 SW230° ＜35°，前者是倾向的方位角，后者是倾角，即倾向 230° 、倾角 35° 。走向可通过倾向±90° 的方法换算求得。上述记录表示岩层走向为北西 320° ，倾向南西 230° ，倾角 35° 。

## 三、水平构造、倾斜构造和直立构造

### （一）水平构造

岩层产状呈水平（倾角 α=0° ）或近似水平（α ＜5° ）。岩层呈水平构造，表明该地区地壳相对稳定。

### （二）倾斜构造（单斜构造）

岩层产状的倾角 0° ＜ α ＜90° ，岩层呈倾斜状。

岩层呈倾斜构造说明该地区地壳不均匀抬升或受到岩浆作用的影响。

### （三）直立构造

岩层产状的倾角 α ≈ 90° ，岩层呈直立状。

岩层呈直立构造说明岩层受到强有力的挤压。

## 四、褶皱构造

褶皱构造是指岩层受构造应力作用后产生的连续弯曲变形。绝大多数褶皱构造是岩层在水平挤压力作用下形成的，如图 4-7 所示。褶皱构造是岩层在地壳中广泛发育的地质构造形态之一，它在层状岩石中最为明显，在块状岩体中则很难见到。褶皱构造的每一个向上或向下弯曲称为褶曲。两个或两个以上的褶曲组合叫褶皱。

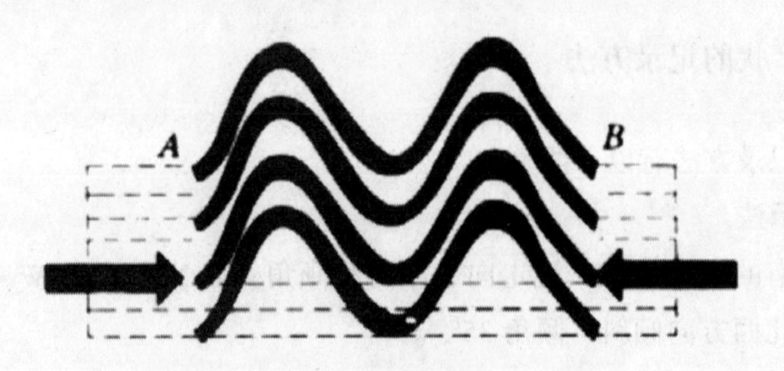


图 4-7 褶皱构造

## （一）褶皱要素

褶皱构造的各个组成部分称为褶皱要素（图 4–8）。

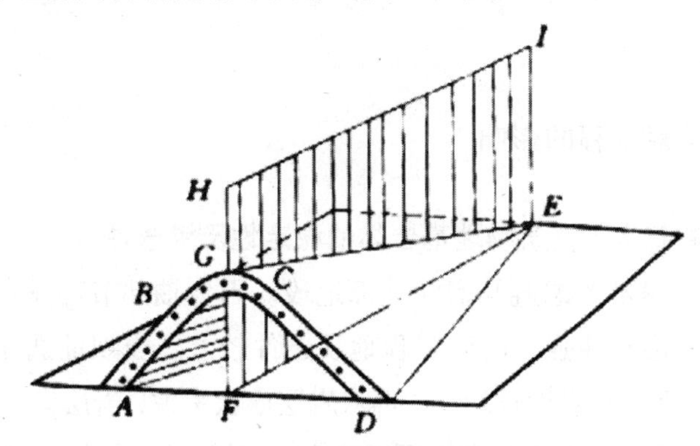


图 4-8 褶皱要素示意图
AB- 翼；被 ABGCD 包围的内部岩层 - 核；BGC- 转折端；EFHI- 轴面；EF- 轴线；EG- 枢纽

1. 核部

褶曲中心部位的岩层。

2. 翼部

核部两侧的岩层。一个褶曲有两个翼。

3. 翼角

翼部岩层的倾角。

4. 轴面

对称平分两翼的假象面。轴面可以是平面，也可以是曲面。轴面与水平面的交线称为轴线；轴面与岩层面的交线称为枢纽。

5. 转折端

从一翼转到另一翼的弯曲部分。

## （二）褶皱的基本形态

褶皱的基本形态是背斜和向斜。

1. 背斜

岩层向上弯曲，两翼岩层常向外倾斜，核部岩层时代较老，两翼岩层依次变新并呈对称分布。

2. 向斜

岩层向下弯曲，两翼岩层常向内倾斜，核部岩层时代较新，两翼岩层依次变老并呈对称分布。

### （三）褶皱的类型

根据轴面产状和两翼岩层的特点，将褶皱分为直立褶皱、倾斜褶皱、倒转褶皱、平卧褶皱、翻卷褶皱。

### （四）褶皱构造对工程的影响

1. 褶皱构造影响着水工建筑物地基岩体的稳定性及渗透性

选择坝址时，应尽量考虑避开褶曲轴部地段。因为轴部节理发育、岩石破碎，易受风化、岩体强度低、渗透性强，所以工程地质条件较差。当坝址选在褶皱翼部时，若坝轴线平行岩层走向，则坝基岩性较均一。再从岩层产状考虑，岩层倾向上游，倾角较陡时，对坝基岩体抗滑稳定有利，也不易产生顺层渗漏；当倾角平缓时，虽然不易向下游渗漏，但坝基岩体易于滑动。岩层倾向下游，倾角又缓时，岩层的抗滑稳定性最差，也容易向下游产生顺层渗漏。

2. 褶皱构造与其蓄水的关系

褶皱构造中的向斜构造，是良好的蓄水构造，在这种构造盆地中打井，地下水常较丰富。

## 五、断裂构造

岩层受力后产生变形，当作用力超过岩石的强度时，岩石就会发生破裂，形成断裂构造。断裂构造的产生，必将对岩体的稳定性、透水性及其工程性质产生较大影响。根据破裂之后的岩层有无明显位移，将断裂构造分为节理和断层两种形式。

### （一）节理

没有明显位移的断裂称为节理。节理按照成因分为三种类型：第一种为原生节理：岩石在成岩过程中形成的节理，如玄武岩中的柱状节理；第二种为次生节理：风化、爆破等原因形成的裂隙，如风化裂隙等；第三种为构造节理：由构造应力所形成的节理。其中，构造节理分布最广。构造节理又分为张节理和剪节理。张节理由张应力作用产生，多发育在褶皱的轴部，其主要特征为：节理面粗糙不平，无擦痕，节理多开口，一般被其他物质充填，在砾岩或砂岩中的张节理常常绕过砾石或砂粒，节理一般较稀疏，而且延伸不远。剪节理由剪应力作用产生，其主要特征为：节理面平直光滑，有时可见擦痕，节理面一般是闭合的，没有充填物，在砾岩或砂岩中的剪节理常常切穿砾石或砂粒，产状较稳定，间距小、延伸较远，发育完整的剪节理呈 X 形。

## （二）断层

有明显位移的断裂称之为断层。

### 1. 断层要素

断层的基本组成部分叫断层要素。断层要素包括断层面、断层线、断层带、断盘及断距。

（1）断层面

岩层发生断裂并沿其发生位移的破裂面。它的空间位置仍由走向、倾向和倾角表示。它可以是平面，也可以是曲面。

（2）断层线

断层面与地面的交线。其方向表示断层的延伸方向。

（3）断层带

包括断层破碎带和影响带。破碎带是指被断层错动搓碎的部分，常由岩块碎屑、粉末、角砾及黏土颗粒组成，其两侧被断层面所限制。影响带是指靠近破碎带两侧的岩层受断层影响裂隙发育或发生牵引弯曲的部分。

（4）断盘

断层面两侧相对位移的岩块称为断盘。其中，断层面之上的称为上盘，断层面之下的称为下盘。

（5）断距

断层两盘沿断层面相对移动的距离。

### 2. 断层的基本类型

按照断层两盘相对位移的方向，将断层分为以下三种类型：

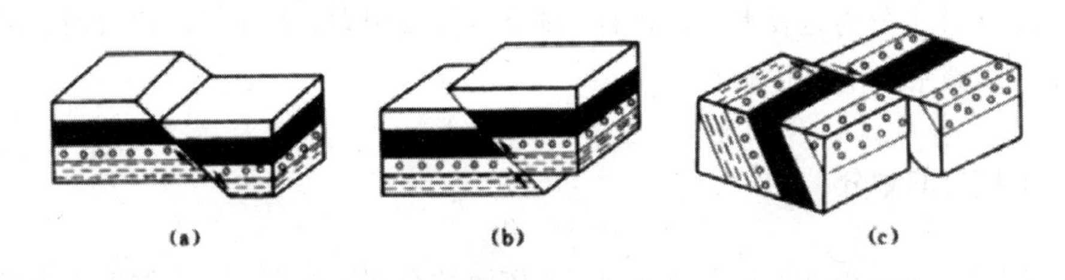


图 4-9 断层类型示意图
(a) 正断层；(b) 逆断层；(c) 平移断层

（1）正断层

上盘相对下降，下盘相对上升的断层〔图 4–9（a）〕。

（2）逆断层

上盘相对上升，下盘相对下降的断层〔图 4–9（b）〕。

（3）平移断层

是指两盘沿断层面作相对水平位移的断层〔图 4–9（c）〕。

### （三）断裂构造对工程的影响

节理和断层的存在，破坏了岩石的连续性和完整性，降低了岩石的强度，增强了岩石的透水性，给水利工程建设带来很大影响。如节理密集带或断层破碎带，会导致水工建筑物的集中渗漏、不均匀变形，甚至发生滑动破坏。因此在选择坝址、确定渠道及隧洞线路时，尽量避开大的断层和节理密集带，否则必须对其进行开挖、帷幕灌浆等方法处理，甚至调整坝或洞轴线的位置。不过，这些破碎地带，有利于地下水的运动和汇集。因此，断裂构造对于山区找水具有重要意义。

# 第三节 水资源规划知识

## 一、规划类型

水资源开发规划是跨系统、跨地区、多学科和综合性较强的前期工作，按区域、范围、规模、目的、专业等可以有多种分类或类型。

水资源开发规划，除在我国《水法》上有明确的类别划分外，当前尚未形成共识。不少文献针对规划的范围、目的、对象、水体类别等的不同而有多种分类。

### （一）按水体划分

按不同水体可分为地表水开发规划、地下水开发规划、污水资源化规划、雨水资源利用规划和海咸水淡化利用规划等。

### （二）按目的划分

按不同目的可分为供水水资源规划、水资源综合利用规划、水资源保护规划、水土保持规划、水资源养蓄规划、节水规划和水资源管理规划等。

### （三）按用水对象划分

按不同用水对象可分为人畜生活饮用水供水规划、工业用水供水规划和农业用水供水规划等。

### （四）按自然单元划分

按不同自然单元可分为独立平原的水资源开发规划、流域河系水资源梯级开发规划、小流域治理规划和局部河段水资源开发规划等。

### （五）按行政区域划分

按不同行政区域可分为以宏观控制为主的全国性水资源规划和包含特定内容的省、地（市）、县域水资源开发现划。乡镇因常常不是一个独立的自然单元或独立小流域，而水资源开发不仅受到地域且受到水资源条件的限制，所以按行政区划的水资源开发规划至少应是县以上行政区域。

### （六）按目标单一与否划分

按目标的单一与否可分为单目标水资源开发规划（经济或社会效益的单目标）和多目标水资源开发现划（经济、社会、环境等综合的多目标）。

### （七）按内容和含义划分

按不同内容和含义可分为综合规划和专业规划。

各种水资源开发现划编制的基础是相同的，相互间是不可分割的，但是各自的侧重点或主要目标不同，且各具特点。

## 二、规划的方法

进行水资源规划必须了解和搜集各种规划资料，并且掌握处理和分析这些资料的方法，使之为规划任务的总目标服务。

### （一）水资源系统分析的基本方法

水资源系统分析的常用方法包括：

1. 回归分析方法

它是处理水资源规划资料最常用的一种分析方法。在水资源规划中最常用的回归分析方法有一元线性回归分析、多元回归分析、非线性回归分析、拟合度量和显著性检验等。

2. 投入产出分析法

它在描述、预测、评价某项水资源工程对该地区经济作用时具有明显的效果。它不仅可以说明直接用水部门的经济效果，也能说明间接用水部门的经济效果。

3. 模拟分析方法

在水资源规划中多采用数值模拟分析。数值模拟分析又可分为两类：数学物理方法和统计技术。数值模拟技术中的数学物理方法在水资源规划的确定性模型中应用较为广泛。

4. 最优化方法

由于水资源规划过程中插入的信息和约束条件不断增加，处理和分析这些信息，以制订和筛选出最有希望的规划方案，使用最优化技术是行之有效的方法。在水资源规划中最常用的最优化方法有线性规划、网络技术动态规划与排队论等。

上述四类方法是水资源规划中常用的基本方法。

### （二）系统模型的分解与多级优化

在水资源规划中，系统模型的变量很多，模型结构较为复杂，完全采用一种方法求解是困难的。因此，在实际工作中，往往把一个规模较大的复杂系统分解成许多“独立”的子系统，分别建立子模型，然后根据子系统模型的性质以及子系统的目标和约束条件，采用不同的优化技术求解。这种分解和多级最优化的分析方法在求解大规模复杂的水资源规划问题时非常有用，它的突出优点是使系统的模型更为逼真，在一个系统模型内可以使用多种模拟技术和最优化技术。

### （三）规划的模型系统

在一个复杂的水资源规划中，可以有许多规划方案。因此，从加快方案筛选的观点出发，必须建立一套适宜的模型系统。对于一般的水资源规划问题可建立三种模型系统：筛选模型、模拟模型、序列模型。

系统分析的规划方法不同于“传统”的规划方法，它涉及社会、环境和经济方面的各种要求，并考虑多种目标。这种方法在实际使用中已显示出它们的优越性，是一种适合于复杂系统综合分析需要的方法。

强化节水约束性指标管理。严格落实水资源开发利用总量、用水效率和水功能区限制纳污总量“三条红线”，实施水资源消耗总量和强度双控行动，健全取水计量、水质监测和供用耗排监控体系。加快制定重要江河流域水量分配方案，细化落实覆盖流域和省市县三级行政区域的取用水总量控制指标，严格控制流域和区域取用水总量。实施引调水工程要先评估节水潜力，落实各项节水措施。健全节水技术标准体系。将水资源开发、利用、节约和保护的主要指标纳入地方经济社会发展综合评价体系，县级以上地方人民政府对本行政区域水资源管理和保护工作负总责。加强最严格水资源管理制度考核工作，把节水作为约束性指标纳入政绩考核，在严重缺水的地区率先推行。

强化水资源承载能力刚性约束。加强相关规划和项目建设布局水资源论证工作，国民经济和社会发展规划以及城市总体规划的编制、重大建设项目的布局，应当与当地水资源条件和防洪要求相适应。严格执行建设项目水资源论证和取水许可制度，对取用水总量已达到或超过控制指标的地区，暂停审批新增取水。强化用水定额管理，完善重点行业、区域用水定额标准。严格水功能区监督管理，从严核定水域纳污容量，严格控制入河湖排污总量。对排污量超出水功能区限排总量的地区，限制审批新增取水和入河湖排污口。强化水资源统一调度。

强化水资源安全风险监测预警。健全水资源安全风险评估机制，围绕经济安全、资源安全、生态安全，从水旱灾害、水供求态势、河湖生态需水、地下水开采、水功能区水质状况等方面，科学评估全国及区域水资源安全风险，加强水资源风险防控。以省、市、县三级行政区为单元，开展水资源承载能力评价，建立水资源安全风险识别和预警机制。抓紧建成国家水资源管理系统，健全水资源监控体系，完善水资源监测、用水计量与统计等管理制度和相关技术标准体系，加强省界等重要控制断面、水功能区和地下水的水质水量监测能力建设。

## 第四节 水利枢纽知识

为了综合利用和开发水资源，常需在河流适当地段集中修建几种不同类型和功能的水工建筑物，以控制水流，并便于协调运行和管理。这种由几种水工建筑物组成的综合体，称为水利枢纽。

### 一、水利枢纽的分类

水利枢纽的规划、设计、施工和运行管理应尽量遵循综合利用水资源的原则。

水利枢纽的类型很多。为实现多种目标而兴建的水利枢纽，建成后能满足国民经济不同部门的需要，称为综合利用水利枢纽。以某一单项目标为主而兴建的水利枢纽，常以主要目标命名，如防洪枢纽、水力发电枢纽、航运枢纽、取水枢纽等。在很多情况下水利枢纽是多目标的综合利用枢纽，如防洪—发电枢纽，防洪—发电—灌溉枢纽，发电—灌溉—航运枢纽等。按拦河坝的型式还可分为重力坝枢纽、拱坝枢纽、土石坝枢纽及水闸枢纽等。根据修建地点的地理条件不同，有山区、丘陵区水利枢纽和平原、滨海区水利枢纽之分。根据枢纽上下游水位差的不同，有高、中、低水头之分，世界各国对此无统一规定。我国一般水头 70m 以上的是高水头枢纽，水头 30~70m 的是中水头枢纽，水头为 30m 以下的是低水头枢纽。

## 二、水利枢纽工程基本建设程序及设计阶段划分

水利是国民经济的基础设施和基础产业。水利工程建设要严格按建设程序进行。水利工程建设程序一般分为项目建议书、可行性研究报告、初步设计、施工准备（包括招标设计）、建设实施、生产准备、竣工验收、后评价等阶段。建设前期根据国家总体规划以及流域综合规划，开展前期工作，包括提出项目建议书、可行性研究报告和初步设计（或扩大初步设计）。水利工程建设项目的实施，必须通过基本建设程序立项。水利工程建设项目的立项过程包括项目建议书和可行性研究报告阶段。根据目前管理现状，项目建议书、可行性研究报告、初步设计由水行政主管部门或项目法人组织编制。

项目建议书应根据国民经济和社会发展长远规划、流域综合规划、区域综合规划、专业规划，按照国家产业政策和国家有关投资建设方针进行编制，是对拟进行工程项目的初步说明。项目建议书编制一般由政府委托有相应资质的设计单位承担，并按国家现行规定权限向主管部门申报审批。

可行性研究应对项目进行方案比较，对项目在技术上是否可行和经济上是否合理进行科学的分析和论证。经过批准的可行性研究报告，是项目决策和进行初步设计的依据。可行性研究报告，由项目法人（或筹备机构）组织编制。可行性研究报告经批准后，不得随意修改和变更，在主要内容上有重要变动，应经原批准机关复审同意。项目可行性报告批准后，应正式成立项目法人，并按项目法人责任制实行项目管理。

初步设计是根据批准的可行性研究报告和必要而准确的设计资料，对设计对象进行全面研究，阐明拟建工程在技术上的可行性和经济上的合理性，规定项目的各项基本技术参数，编制项目的总概算。初步设计任务应择优选择有相应资质的设计单位承担，依照有关初步设计编制规定进行编制。

建设项目初步设计文件已批准，项目投资来源基本落实，可以进行主体工程招标设计和组织招标工作以及现场施工准备。项目的主体工程开工之前，必须完成各项施工准备工作，其主要内容包括：①施工现场的征地、拆迁；②完成施工用水、电、通信、路和场地平整等工程；③必需的生产、生活临时建筑工程；④组织招标设计、工程咨询、设备和物资采购等服务；⑤组织建设监理和主体工程招标投标，并择优选定建设监理单位和施工承包商。

建设实施阶段是指主体工程的建设实施，项目法人按照批准的建设文件，组织工程建设，保证项目建设目标的实现。项目法人或建设单位向主管部门提出主体工程开工申请报告，按审批权限，经批准后，方能正式开工。随着社会主义市场经济机制的建立，工程建设项目实行项目法人责任制后，主体工程开工，必须具备以下条件：①前期工程各阶段文件已按规定批准，施工详图设计可以满足初期主体工程施工需要；②建设项目已列入国家年度计划，年度建设资金已落实；③主体工程招标已经决标，工程承包合同已经签订，并得到主管部门同意；④现场施工准备和征地移民等建设外部条件能够满足

主体工程开工需要。

生产准备应根据不同类型的工程要求确定，一般应包括如下内容：①生产组织准备，建立生产经营的管理机构及相应管理制度；②招收和培训人员；③生产技术准备；④生产的物资准备；⑤正常的生活福利设施准备。

竣工验收是工程完成建设目标的标志，是全面考核基本建设成果、检验设计和工程质量的重要步骤。竣工验收合格的项目即从基本建设转入生产或使用。

工程项目竣工投产后，一般经过一至两年生产营运后，要进行一次系统的项目后评价，主要内容包括：①影响评价——项目投产后对各方面的影响进行评价；②经济效益评价——对项目投资、国民经济效益、财务效益、技术进步和规模效益、可行性研究深度等进行评价；③过程评价——对项目的立项、设计施工、建设管理、竣工投产、生产营运等全过程进行评价。项目后评价一般按三个层次组织实施，即项目法人的自我评价、项目行业的评价、计划部门（或主要投资方）的评价。

设计工作应遵循分阶段、循序渐进、逐步深入的原则进行。以往大中型枢纽工程常按三个阶段进行设计，即可行性研究、初步设计和施工详图设计。对于工程规模大，技术上复杂而又缺乏设计经验的工程，经主管部门指定，可在初步设计和施工详图设计之间，增加技术设计阶段。20 世纪 80 年代以来，为适应招标投标合同管理体制的需要，初步设计之后又有招标设计阶段。例如，三峡工程设计包括可行性研究、初步设计、单项工程技术设计、招标设计和施工详图设计五个阶段。

20 世纪 90 年代对水电工程设计阶段的划分做如下调整：

### （一）增加预可行性研究报告阶段

在江河流域综合利用规划及河流（河段）水电规划选定的开发方案基础上，根据国家与地区电力发展规划的要求，编制水电工程预可行性研究报告。预可行性研究报告经主管部门审批后，即可编报项目建议书。预可行性研究是在江河流域综合利用规划或河流（河段）水电规划以及电网电源规划基础上进行的设计阶段。其任务是论证拟建工程在国民经济发展中的必要性、技术可行性、经济合理性。本阶段的主要工作内容包括：河流概况及水文气象等基本资料的分析；工程地质与建筑材料的评价；工程规模、综合利用及环境影响的论证；初拟坝址、厂址和引水系统线路；初步选择坝型、电站、泄洪、通航等主要建筑物的基本形式与枢纽布置方案；初拟主体工程的施工方法，进行施工总体布置、估算工程总投资、工程效益的分析和经济评价等。预可行性研究阶段的成果，为国家和有关部门做出投资决策及筹措资金提供基本依据。

### （二）将原有可行性研究与初步设计两阶段合并

统称为可行性研究报告阶段。加深原有可行性研究报告深度，使其达到原有初步设计编制规程的要求，并编制可行性研究报告。可行性研究阶段的设计任务在于进一步论证拟建工程在技术上的可行性和经济上的合理性，并要解决工程建设中重要的技术经济问题。主要设计内容包括：对水文、气象、工程地质以及天然建筑材料等基本资料做进一步分析与评价；论证本工程及主要建筑物的等级；进行水文水利计算，确定水库的各种特征水位及流量，选择电站的装机容量、机组机型和电气主结线以及主要机电设备；论证并选定坝址、坝轴线、坝型、枢纽总体布置及其他主要建筑物的型式和控制性尺寸；选择施工导流方案，进行施工方法、施工进度和总体布置的设计，提出主要建筑材料、施工机械设备、劳动力、供水、供电的数量和供应计划；提出水库移民安置规划；提出工程总概算，进行技术经济分析，阐明工程效益。最后提交可行性研究报告文件，包括文字说明和设计图纸及有关附件。

### （三）招标设计阶段

暂按原技术设计要求进行勘测设计工作，在此基础上编制招标文件。招标文件分三类：主体工程、永久设备和业主委托的其他工程的招标文件。招标设计是在批准的可行性研究报告的基础上，将确定的工程设计方案进一步具体化，详细定出总体布置和各建筑物的轮廓尺寸、材料类型、工艺要求和技术要求等。其设计深度要求做到可以根据招标设计图较准确地计算出各种建筑材料的规格、品种和数量，混凝土浇筑、土石方填筑和各类开挖、回填的工程量，各类机械电气和永久设备的安装工程量等。根据招标设计图所确定的各类工程量和技术要求，以及施工进度计划，监理工程师可以进行施工规划并编制出工程概算，作为编制标底的依据。编标单位则可以据此编制招标文件，包括合同的一般条款、特殊条款、技术规程和各项工程的工程量表，满足以固定单价合同形式进行招标的需要。施工投标单位，也可据此进行投标报价和编制施工方案及技术保证措施。

### （四）施工详图阶段

配合工程进度编制施工详图。施工详图设计是在招标设计的基础上，对各建筑物进行结构和细部构造设计；最后确定地基处理方案，进行处理措施设计；确定施工总体布置及施工方法，编制施工进度计划和施工预算等；提出整个工程分项分部的施工、制造、安装详图。施工详图是工程施工的依据，也是工程承包或工程结算的依据。

## 三、水利工程的影响

水利工程是防洪、除涝、灌溉、发电、供水、围垦、水土保持、移民、水资源保护等工程及其配套和附属工程的统称，是人类改造自然、利用自然的工程。修建水利工程，是为了控制水流、防止洪涝灾害，并进行水量的调节和分配，从而满足人民生活和生产对水资源的需要。因此，大型水利工程往往显现出显著的社会效益和经济效益，带动地区经济发展，促进流域以至整个中国经济社会的全面可持续发展。

但是也必须注意到，水利工程的建设可能会破坏河流或河段及其周围地区在天然状态下的相对平衡。特别是具有高坝大库的河川水利枢纽的建成运行，对周围的自然和社会环境都将产生重大影响。

修建水利工程对生态环境的不利影响是：河流中筑坝建库后，上下游水文状态将发生变化。可能出现泥沙淤积、水库水质下降、淹没部分文物古迹和自然景观，还可能会改变库区及河流中下游水生生态系统的结构和功能，对一些鱼类和植物的生存和繁殖产生不利影响；水库的“沉沙池”作用，使过坝的水流成为“清水”，冲刷能力加大，由于水势和含沙量的变化，还可能改变下游河段的河水流向和冲积程度，造成河床被冲刷侵蚀，也可能影响到河势变化乃至河岸稳定；大面积的水库还会引起小气候的变化，库区蓄水后，水域面积扩大，水的蒸发量上升，因此会造成附近地区日夜温差缩小，改变库区的气候环境，例如可能增加雾天的出现频率；兴建水库可能会增加库区地质灾害发生的频率，例如，兴建水库可能会诱发地震，增加库区及附近地区地震发生的频率；山区的水库由于两岸山体下部未来长期处于浸泡之中，发生山体滑坡、塌方和泥石流的频率可能会有所增加；深水库底孔下放的水，水温会较原天然状态有所变化，可能不如原来情况更适合农作物生长，此外，库水化学成分改变、营养物质浓集导致水的异味或缺氧等，也会对生物带来不利影响。

修建水利工程对生态环境的有利影响是：防洪工程可有效地控制上游洪水，提高河段甚至流域的防洪能力，从而有效地减免洪涝灾害带来的生态环境破坏；水力发电工程利用清洁的水能发电，与燃煤发电相比，可以少排放大量的二氧化碳、二氧化硫等有害气体，减轻酸雨、温室效应等大气危害以及燃煤开采、洗选、运输、废渣处理所导致的严重环境污染；能调节工程中下游的枯水期流量，有利于改善枯水期水质；有些水利工程可为调水工程提供水源条件；高坝大库的建设较天然河流大大增加了的水库面积与容积，可以养鱼，对渔业有利；水库调蓄的水量增加了农作物灌溉的机会。

此外，由于水位上升使库区被淹没，需要进行移民，并且由于兴建水库导致库区的风景名胜和文物古迹被淹没，需要进行搬迁、复原等。在国际河流上兴建水利工程，等于重新分配了水资源，间接地影响了水库所在国家与下游国家的关系，还可能会造成外交上的影响。

上述这些水利工程在经济、社会、生态方面的影响，有利有弊，因此兴建水利工程，必须充分考虑其影响，精心研究，针对不利影响应采取有效的对策及措施，促进水利工程所在地区经济、社会和环境的协调发展。

## 第五节 水库知识

### 一、水库的概念

水库是指在山沟或河流的狭口处建造拦河坝形成的人工湖泊。水库建成后，可发挥防洪、蓄水、灌溉、供水、发电、养鱼等效益。有时天然湖泊也称为水库（天然水库）。

水库规模通常按总库容大小划分，水库总库容≥ $10\times10^8m^3$ 的为大（1）型水库，水库总库容为（1.0~10）$\times10^8m^3$ 的是大（2）型水库，水库总库容为（0.10~1.0）$\times10^8m^3$ 的是中型水库，水库总库容为（0.01~0.10）$\times10^8m^3$ 的是小（1）型水库，水库总库容为（0.001~0.01）$\times10^8m^3$ 的是小（2）型水库。

### 二、水库的作用

河流天然来水在一年间及各年间一般都会有所变化，这种变化与社会工农业生产及人们生活用水在时间和水量分配上往往存在矛盾。兴建水库是解决这类矛盾的主要措施之一。兴建水库也是综合利用水资源的有效措施。水库不仅可以使水量在时间上重新分配，满足灌溉、防洪、供水的要求，还可以利用大量的蓄水和抬高了的水头来满足发电、航运及渔业等其他用水部门的需要。水库在来水多时把水存蓄在水库中，然后根据灌溉、供水、发电、防洪等综合利用要求适时适量地进行分配。这种把来水按用水要求在时间和数量上重新分配的作用，称为水库的调节作用。水库的径流调节是指利用水库的蓄泄功能有计划地对河川径流在时间上和数量上进行控制和分配。

径流调节通常按水库调节周期分类，根据调节周期的长短，水库也可分为无调节、日调节、周调节、年调节和多年调节水库。无调节水库没有调节库容，按天然流量供水；日调节水库按用水部门一天内的需水过程进行调节；周调节水库按用水部门一周内的需水过程进行调节；年调节水库将一年中的多余水量存蓄起来，用以提高缺水期的供水量；多年调节水库将丰水年的多余水量存蓄起来，用以提高枯水年的供水量，调节周期超过一年。水库径流调节的工程措施是修建大坝（水库）和设置调节流量的闸门。

水库还可按水库所承担的任务，划分为单一任务水库及综合利用水库；按水库供水方式，可分为固定供水调节及变动供水调节水库；按水库的作用，可分为反调节、补偿调节、水库群调节及跨流域引水调节等。补偿调节是指两个或两个以上水库联合工作，利用各库水文特性、调节性能及地理位置等条件的差别，在供水量、发电出力、泄洪量上相互协调补偿。通常，将其中调节性能高的、规模大的、任务单纯的水库作为补偿调节水库，而以调节性能差、用水部门多的水库作为被补偿水库（电站），考虑不同水文特性和库容进行补偿。一般是上游水库作为补偿调节水库补充放水，以满足下游电站或给水、灌溉引水的用水需要。反调节水库又称再调节水库，是指同一河段相邻较近的两个水库，下一级反调节水库在发电、航运、流量等方面利用上一级水库下泄的水流。例如，葛洲坝水库是三峡水库的反调节水库；西霞院水库是小浪底水库的反调节水库，位于小浪底水利枢纽下游 16km，当小浪底水电站执行频繁的电调指令时，其下泄流量不稳定，会对大坝下游至花园口间河流生命指标以及两岸人民生活、生产用水和河道工程产生不利影响，通过西霞院水库的再调节作用，既保证发电调峰，又能效保护下游河道。

## 三、水量平衡原理

水量平衡是水量收支平衡的简称。对于水库而言，水量平衡原理是指任意时刻，水库（群）区域收入（或输入）的水量和支出（或输出）的水量之差，等于该时段内该区域储水量的变化。如果不考虑水库蒸发等因素的影响，某一时段 Z 内存蓄在水库中的水量（体积）AV 可用式（4–1）表达

$$\Delta V = \frac{Q_1+Q_2}{2}\Delta t - \frac{q_1+q_2}{2}\Delta t \quad (4\text{-}1)$$

式中 $Q_1$、$Q_2$——时段 $\Delta t$ 始、末的天然来水流量，$m^3/s$；

$q_1$、$q_2$——时段 $\Delta t$ 始、末的泄水流量，$m^3/s$。

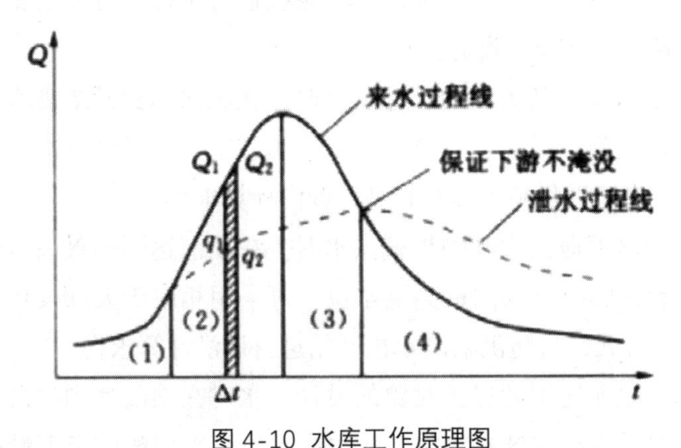


图 4-10 水库工作原理图

如图 4–10 所示，（1）当来水流量等于泄水流量时，水库不蓄水，水库水位不升高，库容不增加；（2）、（3）当来水流量大于泄水流量时，水库蓄水，库水位升高，库容增加；（4）当来水流量小于泄水流量时，水库放水，库水位下降。

## 四、水库的特征水位和特征库容

水库的库容大小决定着水库调节径流的能力和它所能提供的效益。因此，确定水库特征水位及其相应库容是水利水电工程规划、设计的主要任务之一。水库工程为完成不同任务，在不同时期和各种水文情况下，需控制达到或允许消落的各种库水位称为水库的特征水位。相应于水库的特征水位以下或两特征水位之间的水库容积称为水库的特征库容。水库的特征水位主要有正常蓄水位、死水位、防洪限制水位、防洪高水位、设计洪水位、校核洪水位等；主要特征库容有兴利库容、死库容、重叠库容、防洪库容、调洪库容、总库容等。

### （一）水库的特征水位

正常蓄水位是指水库在正常运用情况下，为满足兴利要求在开始供水时应该蓄到的水位，又称正常水位、兴利水位，或设计蓄水位。它是决定水工建筑物的尺寸、投资、淹没、水电站出力等指标的重要依据。选择正常蓄水位时，应根据电力系统和其他部门的要求及水库淹没、坝址地形、地质、水工建筑物布置、施工条件、梯级影响、生态与环境保护等因素，拟订不同方案，通过技术经济论证及综合分析比较确定。

防洪限制水位是指水库在汛期允许兴利蓄水的上限水位，又称汛前限制水位。防洪限制水位也是水库在汛期防洪运用时的起调水位。选择防洪限制水位，要兼顾防洪和兴利的需要，应根据洪水及泥沙特性，研究对防洪、发电及其他部门和对水库淹没、泥沙冲淤及淤积部位、水库寿命、枢纽布置以及水轮机运行条件等方面的影响，通过对不同方案的技术经济比较，综合分析确定。

设计洪水位是指水库遇到大坝的设计洪水时，在坝前达到的最高水位。它是水库在正常运用情况下允许达到的最高洪水位，可采用相应于大坝设计标准的各种典型洪水，按拟定的调度方式，自防洪限制水位开始进行调洪计算求得。

校核洪水位是指水库遇到大坝的校核洪水时，在坝前达到的最高水位。它是水库在非常运用情况下，允许临时达到的最高洪水位，可采用相应于大坝校核标准的各种典型洪水，按拟定的调洪方式，自防洪限制水位开始进行调洪计算求得。

防洪高水位是指水库遇下游保护对象的设计洪水时在坝前达到的最高水位。当水库承担下游防洪任务时，需确定这一水位。防洪高水位可采用相应于下游防洪标准的各种典型洪水，按拟定的防洪调度方式，自防洪限制水位开始进行水库调洪计算求得。

死水位是指水库在正常运用情况下，允许消落到的最低水位。选择死水位，应比较不同方案的电力、电量效益和费用，并应考虑灌溉、航运等部门对水位、流量的要求和泥沙冲淤、水轮机运行工况以及闸门制造技术对进水口高程的制约等条件，经综合分析比较确定。正常蓄水位到死水位间的水库深度称为消落深度或工作深度。

### （二）水库的特征库容

最高水位以下的水库静库容，称为总库容，一般指校核洪水位以下的水库容积，它是表示水库工程规模的代表性指标，可作为划分水库等级、确定工程安全标准的重要依据。

防洪高水位至防洪限制水位之间的水库容积，称为防洪库容。它用以控制洪水，满足水库下游防护对象的防洪要求。

校核洪水位至防洪限制水位之间的水库容积，称为调洪库容。

正常蓄水位至死水位之间的水库容积，称为兴利库容或有效库容。

当防洪限制水位低于正常蓄水位时，正常蓄水位至防洪限制水位之间汛期用于蓄洪、非汛期用于兴利的水库容积，称为共用库容或重复利用库容。

死水位以下的水库容积，称为死库容。除特殊情况外，死库容不参与径流调节。

## 第六节 水电站知识

水电站是将水能转换为电能的综合工程设施，又称水电厂。它包括为利用水能生产电能而兴建的一系列水电站建筑物及装设的各种水电站设备。利用这些建筑物集中天然水流的落差形成水头，汇集、调节天然水流的流量，并将它输向水轮机，经水轮机与发电机的联合运转，将集中的水能转换为电能，再经变压器、开关站和输电线路等将电能输入电网。

在通常情况下，水电站的水头是通过适当的工程措施，将分散在一定河段上的自然落差集中起来而构成的。就集中落差形成水头的措施而言，水能资源的开发方式可分为坝式、引水式和混合式三种基本方式。根据三种不同的开发方式，水电站也可分为坝式、引水式和混合式三种基本类型。

### 一、坝式水电站

在河流峡谷处拦河筑坝、坝前壅水，形成水库，在坝址处形成集中落差，这种开发方式称为坝式开发。用坝集中落差的水电站称为坝式水电站。其特点为：

坝式水电站的水头取决于坝高。坝越高，水电站的水头越大，但坝高往往受地形、地质、水库淹没、工程投资、技术水平等条件的限制，因此与其他开发方式相比，坝式水电站的水头相对较小。目前坝式水电站的最大水头不超过300m。

拦河筑坝形成水库，可用来调节流量。坝式水电站的引用流量较大，电站的规模也大，水能利用比较充分。目前世界上装机容量超过2000MW的巨型水电站大都是坝式水电站。此外坝式水电站水库的综合利用效益高，可同时满足防洪、发电、供水等兴利要求。

要求工程规模大，水库造成的淹没范围大，迁移人口多，因此坝式水电站的投资大，工期长。

坝式开发适用于河道坡降较缓，流量较大，有筑坝建库条件的河段。

坝式水电站按大坝和发电厂的相对位置的不同又可分为河床式、坝后式、闸墩式、坝内式、溢流式等。在实际工程中，较常用的坝式水电站是河床式和坝后式水电站。

### （一）河床式水电站

河床式水电站一般修建在河流中下游河道纵坡平缓的河段上，为避免大量淹没，坝建得较低，故水头较小。大中型河床式水电站水头一般为 25m 以下，不超过 30~40m；中小型水电站水头一般为 10m 以下。河床式电站的引用流量一般都较大，属于低水头大流量型水电站，其特点是：厂房与坝（或闸）一起建在河床上，厂房本身承受上游水压力，并成为挡水建筑物的一部分，一般不设专门的引水管道，水流直接从厂房上游进水口进入水轮机。我国湖北葛洲坝、浙江富春江、广西大化等水电站，均为河床式水电站。

### （二）坝后式水电站

坝后式水电站一般修建在河流中上游的山区峡谷地段，受水库淹没限制相对较小，所以坝可建得较高，水头也较大，在坝的上游形成了可调节天然径流的水库，有利于发挥防洪、灌溉、航运及水产等综合效益，并给水电站运行创造了十分有利的条件。由于水头较高，厂房不能承受上游过大水压力而建在坝后（坝下游）。其特点是：水电站厂房布置在坝后，厂坝之间常用缝分开，上游水压力全部由坝承受。三峡水电站、福建水口水电站等，均属坝后式水电站。

坝后式水电站厂房的布置型式很多，当厂房布置在坝体内时，称为坝内式水电站；当厂房布置在溢流坝段之后时，通常称为溢流式水电站。当水电站的拦河坝为土坝或堆石坝等当地材料坝时，水电站厂房可采用河岸式布置。

## 二、引水式开发和引水式水电站

在河流坡降较陡的河段上游，通过人工建造的引入道（渠道、隧洞、管道等）引水到河段下游，集中落差，这种开发方式称为引水式开发。用引水道集中水头的水电站，称为引水式水电站。

引水式开发的特点是：由于引水道的坡降（一般取 1/1000~1/3000）小于原河道的坡降，因而随着引水道的增长，逐渐集中水头；与坝式水电站相比，引水式水电站由于不存在淹没和筑坝技术上的限制，水头相对较高，目前最大水头已达 2000m 以上；引水式水电站的引用流量较小，没有水库调节径流，水量利用率较低，综合利用价值较差，电站规模相对较小，工程量较小，单位造价较低。

引水式开发适用于河道坡降较陡且流量较小的山区河段。根据引水建筑物中的水流状态不同，可分为无压引水式水电站和有压引水式水电站。

### （一）无压引水式水电站

无压引水式水电站的主要特点是具有较长的无压引水水道，水电站引水建筑物中的水流是无压流。无压引水式水电站的主要建筑物有低坝、无压进水口、沉沙池、引水渠道（或无压隧洞）、日调节池、压力前池、溢水道、压力管道、厂房和尾水渠等。

### （二）有压引水式水电站

有压引水式水电站的主要特点是有较长的有压引水道，如有压隧洞或压力管道，引水建筑物中的水流是有压流。有压引水式水电站的主要建筑物有拦河坝、有压进水口、有压引水隧洞、调压室、压力管道、厂房和尾水渠等。

## 三、混合式开发和混合式水电站

在一个河段上，同时采用筑坝和有压引水道共同集中落差的开发方式称为混合式开发。坝集中一部分落差后，再通过有压引水道集中坝后河段上另一部分落差，形成了电站的总水头。用坝和引水道集中水头的水电站称为混合式水电站。

混合式水电站适用于上游有良好坝址，适宜建库，而紧邻水库的下游河道突然变陡或河流有较大转弯的情况。这种水电站同时兼有坝式水电站和引水式水电站的优点。

混合式水电站和引水式水电站之间没有明确的分界线。严格说来，混合式水电站的水头是由坝和引水建筑物共同形成的，且坝一般构成水库。而引水式水电站的水头，只由引水建筑物形成，坝只起抬高上游水位的作用。但在工程实际中常将具有一定长度引水建筑物的混合式水电站统称为引水式水电站，而较少采用混合式水电站这个名称。

## 四、抽水蓄能电站

随着国民经济的迅速发展以及人民生活水平的不断提高，电力负荷和电网日益扩大，电力系统负荷的峰谷差越来越大。

在电力系统中，核电站和火电站不能适应电力系统负荷的急剧变化，且受到技术最小出力的限制，调峰能力有限，而且火电机组调峰煤耗多，运行维护费用高。而水电站启动与停机迅速，运行灵活，适宜担任调峰、调频和事故备用负荷。

抽水蓄能电站不是为了开发水能资源向系统提供电能，而是以水体为储能介质，起调节作用。抽水蓄能电站包括抽水蓄能和放水发电两个过程，它有上下两个水库，用引水建筑物相连，蓄能电站厂房建在下水库处。在系统负荷低谷时，利用系统多余的电能带动泵站机组（电动机 + 水泵）将下库的水抽到上库，以水的势能形式储存起来；当系统负荷高峰时，将上库的水放下来推动水轮发电机组（水轮机 + 发电机）发电，以补充系统中电能的不足。

随着电力行业的改革，实行负荷高峰高电价、负荷低谷低电价后，抽水蓄能电站的经济效益将是显著的。抽水蓄能电站除了产生调峰填谷的静态效益外，还由于其特有的灵活性而产生动态效益，包括同步备用、调频、负荷调整、满足系统负荷急剧爬坡的需要、同步调相运行等。

## 五、潮汐水电站

海洋水面在太阳和月球引力的作用下，发生一种周期性涨落的现象，称为潮汐。从涨潮到涨潮（或落潮到落潮）之间间隔的时间，即潮汐运动的周期（亦称潮期），约为 12h 又 25min。在一个潮汐周期内，相邻高潮位与低潮位间的差值，称为潮差，其大小受引潮力、地形和其他条件的影响因时因地而异，一般为数米。有了这样的潮差，就可以在沿海的港湾或河口建坝，构成水库，利用潮差所形成的水头来发电，这就是潮汐能的开发。据计算，世界海洋潮汐能蕴藏量约为 $27 \times 10^6$MW，若全部转换成电能，每年发电量大约为 1.2 万亿 kW·h。

利用潮汐能发电的水电站称为潮汐水电站。潮汐电站多修建于海湾。其工作原理是修建海堤，将海湾与海洋隔开，并设泄水闸和电站厂房，然后利用潮汐涨落时海水位的升降，使海水流经水轮机，通过水轮机的转动带动发电机组发电。涨潮时外海水位高于内库水位，形成水头，这时引海水入湾发电；退潮时外海水位下降，低于内库水位，可放库中的水入海发电。海潮昼夜涨落两次，因此海湾每昼夜充水和放水也是两次。潮汐水电站可利用的水头为潮差的一部分，水头较小，但引用的海水流量可以很大，是一种低水头大流量的水电站。

潮汐能与一般水能资源不同，是取之不尽，用之不竭的。潮差较稳定，且不存在枯水年与丰水年的差别，因此潮汐能的年发电量稳定，但由于发电的开发成本较高和技术上的原因，所以发展较慢。

## 六、无调节水电站和有调节水电站

水电站除按开发方式进行分类外，还可以按其是否有调节天然径流的能力而分为无调节水电站和有调节水电站两种类型。

无调节水电站没有水库，或虽有水库却不能用来调节天然径流。当天然流量小于电

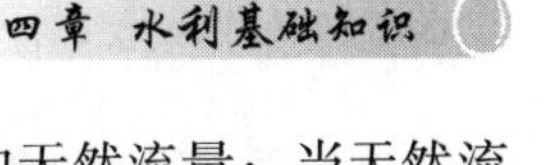

站能够引用的最大流量时，电站的引用流量就等于或小于该时刻的天然流量；当天然流量超过电站能够引用的最大流量时，电站最多也只能利用它所能引用的最大流量，超出的那部分天然流量只好弃水。

凡是具有水库，能在一定限度内按照负荷的需要对天然径流进行调节的水电站，统称为有调节水电站。根据调节周期的长短，有调节水电站又可分为日调节水电站、年调节水电站及多年调节水电站等，视水库的调节库容与河流多年平均年径流量的比值（称为库容系数）而定。无调节和日调节水电站又称径流式水电站。具有比日调节能力大的水库的水电站又称蓄水式水电站。

在前述的水电站中，坝后式水电站和混合式水电站一般都是有调节的；河床式水电站和引水式水电站则常是无调节的，或者只具有较小的调节能力，例如日调节。

# 第七节 泵站知识

## 一、泵站的主要建筑物

### （一）进水建筑物

包括引水渠道、前池、进水池等。其主要作用是衔接水源地与泵房，其体型应有利于改善水泵进水流态，减少水力损失，为主泵创造良好的引水条件。

### （二）出水建筑物

有出水池和压力水箱两种主要形式。出水池是连接压力管道和灌排干渠的衔接建筑物，起消能稳流作用。压力水箱是连接压力管道和压力涵管的衔接建筑物，起消能稳流作用。压力水箱是连接压力管道和压力涵管的衔接建筑物，起汇流排水的作用，这种结构形式适用于排水泵站。

### （三）泵房

安装水泵、动力机和辅助设备的建筑物，是泵站的主体工程，其主要作用是为主机组和运行人员提供良好的工作条件。泵房结构形式的确定，主要根据主机组结构性能、水源水位变幅、地基条件及枢纽布置，通过技术经济比较，择优选定。泵房结构形式较多，常用的有固定式和移动式两种。

## 二、泵房的结构型式

### （一）固定式泵房

固定式泵房按基础型式的特点又可分为分基型、干室型、湿室型和块基型四种。

1. 分基型泵房

泵房基础与水泵机组基础分开建筑的泵房。这种泵房的地面高于进水池的最高水位，通风、采光和防潮条件都比较好，施工容易，是中小型泵站最常采用的结构型式。

分基型泵房适用于安装卧式机组，且水源的水位变化幅度小于水泵的有效吸程，以保证机组不出现被淹没的情况。要求水源岸边比较稳定，地质和水文条件都比较好。

2. 干室型泵房

泵房及其底部均用钢筋混凝土浇筑成封闭的整体，在泵房下部形成一个无水的地下室。这种结构型式比分基型复杂，造价高，但可以防止高水位时，水通过泵房四周和底部渗入。

干室型泵房不论是卧式机组还是立式机组都可以采用，其平面形状有矩形和圆形两种，其立面上的布置可以是一层的或者多层的，视需要而定。这种型式的泵房适用于以下场合：水源的水位变幅大于泵的有效吸程；采用分基型泵房在技术和经济上不合理；地基承载能力较低和地下水位较高。设计中要校核其整体稳定性和地基应力。

3. 湿室型泵房

其下部有一个与前池相通并充满水的地下室的泵房。一般分两层，下层是湿室，上层安装水泵的动力机和配电设备，水泵的吸水管或者泵体淹没在湿室的水面以下。湿室可以起着进水池的作用，湿室中的水体重量可平衡一部分地下水的浮托力，湿室中的水体重量可平衡一部分地下水的浮托力，增强了泵房的稳定性。口径 1m 以下的立式或者卧式轴流泵及立式离心泵都可以采用湿室型泵房。这种泵房一般都建在软弱地基上，因此对其整体稳定性应予以足够的重视。

4. 块基型泵房

用钢筋混凝土把水泵的进水流道与泵房的底板浇成一块整体，并作为泵房的基础的泵房。安装立式机组的这种泵房立面上按照从高到低的顺序可分为电机层、连轴层、水泵层和进水流道层。水泵层以上的空间相当于干室型泵房的干室，可安装主机组、电气设备、辅助设备和管道等；水泵层以下进水流道和排水廊道，相当于湿室型泵房的进水池。进水流道设计成钟形或者弯肘形，以改善水泵的进水条件。从结构上看，块基型泵房是干室型和湿室型系房的发展。由于这种泵房结构的整体性好，自身的重量大、抗浮和抗滑稳定性较好，它适用于以下情况：口径大于 1.2m 的大型水泵；需要泵房直接抵挡外河水压力；适用于各种地基条件。根据水力设计和设备布置确定这种泵房的尺寸之后，

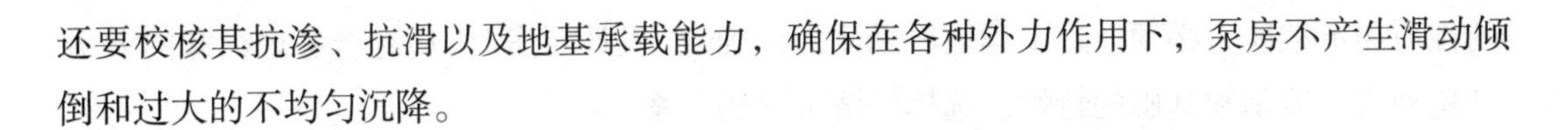


还要校核其抗渗、抗滑以及地基承载能力，确保在各种外力作用下，泵房不产生滑动倾倒和过大的不均匀沉降。

### （二）移动式泵房

在水源的水位变化幅度较大，建固定式泵站投资大、工期长、施工困难的地方，应优先考虑建移动式泵房。移动式泵房具有较大的灵活性和适应性，没有复杂的水下建筑结构，但其运行管理比固定式泵房复杂。这种泵房可以分为泵船和泵车两种。

承载水泵机组及其控制设备的泵船可以用木材、钢材或钢丝网水泥制造。木制泵船的优点是一次性投资少、施工快，基本不受地域限制；缺点是强度低、易腐烂、防火效果差、使用期短、养护费高，且消耗木材多。钢船强度高，使用年限长，维护保养好的钢船使用寿命可达几十年，它没有木船的缺点；但建造费用较高，使用钢材较多。钢丝网水泥船具有强度高，耐久性好，节省钢材和木材，造船施工技术并不复杂，维修费用少，重心低，稳定性好，使用年限长等优点。

根据设备在船上的布置方式，泵船可以分为两种型式：将水泵机组安装在船甲板上面的上承式和将水泵机组安装在船舱底骨架上的下承式。泵船的尺寸和船身形状根据最大排水量条件确定，设计方法和原则应按内河航运船舶的设计规定进行。

选择泵船的取水位置应注意以下几点：河面较宽，水足够深，水流较平稳；洪水期不会漫坡，枯水期不出现浅滩；河岸稳定，岸边有合适的坡度；在通航和放筏的河道中，泵船与主河道有足够的距离防止撞船；应避开大回流区，以免漂浮物聚集在进水口，影响取水；泵船附近有平坦的河岸，作为泵船检修的场地。

泵车是将水泵机组安装在河岸边轨道上的车子内，根据水位涨落，靠绞车沿轨道升降小车改变水泵的工作高程的提水装置。其优点是不受河道内水流的冲击和风浪运动的影响，稳定性较泵船好，缺点是受绞车工作容量的限制，泵车不能做得太大，因而其抽水量较小。其使用条件如下：水源的水位变化幅度为10~35m，涨落速度不大于2m/h；河岸比较稳定，岸坡地质条件较好，且有适宜的倾角，一般以10° ~30° 为宜；河流漂浮物少，没有浮冰，不易受漂木、浮筏、船只的撞击；河段顺直，靠近主流；单车流量在 $1m^3/s$ 以下。

## 三、泵房的基础

基础是泵房的地下部分，其功能是将泵房的自重、房顶屋盖面积、积雪重量、泵房内设备重量及其荷载和人的重量等传给地基。基础和地基必须具备足够的强度和稳定性，以防止泵房或设备因沉降过大或不均匀沉降而引起厂房开裂和倾斜，设备不能正常运转。

基础的强度和稳定性既取决于其形状和选用的材料，又依赖于地基的性质，而地基的性质和承载能力必须通过工程地质勘测加以确定。设计泵房时，应综合考虑荷载的大小、结构型式、地基和基础的特性，选择经济可靠的方案。

### （一）基础的埋置深度

基础的底面应该设置在承载能力较大的老土层上，填土层太厚时，可通过打桩、换土等措施加强地基承载能力。基础的底面应该在冰冻线以下，以防止水的结冰和融化。在地下水位较高的地区，基础的底面要设在最低地下水位以下，以避免因地下水位的上升和下降而增加泵房的沉降量和引起不均匀沉陷。

### （二）基础的型式和结构

基础的型式和大小取决于其上部的荷载和地基的性质，需通过计算确定。泵房常用的基础有以下几种：

1. 砖基础

用于荷载不大、基础宽度较小、土质较好及地下水位较低的地基上，分基型泵房多采用这种基础。由墙和大方脚组成，一般砌成台阶形，由于埋在土中比较潮湿，需采用不低于 75 号的黏土砖和不低于 50 号的水泥砂浆砌筑。

2. 灰土基础

当基础宽度和埋深较大时，采用这种型式，以节省大方脚用砖。这种基础不宜做在地下水和潮湿的土中。由砖基础、大方脚和灰土垫层组成。

3. 混凝土基础

适合于地下水位较高，泵房荷载较大的情况。可以根据需要做成任何形式，其总高度小于 0.35m 时，截面长做成矩形；总高度在 0.35~1.0m 之间，用踏步形；基础宽度大于 2.0m，高度大于 1.0m 时，如果施工方便常做成梯形。

4. 钢筋混凝土基础

适用于泵房荷载较大，而地基承载力又较差和采用以上基础不经济的情况。由于这种基础底面有钢筋，抗拉强度较高，故其高宽比较前述基础小。

# 第五章 防汛抢险

## 第一节 洪涝灾害

由于我国幅员辽阔，水资源时空分布不均匀，水土资源的不合理开发，国民经济的快速发展，人们生活质量的不断提高，江河的自然演变，我国水利的未来形势仍很严峻，特别是随着全球气候变暖，极端天气事件带来的水害将更加频繁和严重，因此防洪抢险工作任重而道远。

我国水资源所面临的三大问题是：洪涝灾害、干旱缺水和环境恶化。我国是世界上洪水危害最为严重的国家之一。我国水害的基本特点如下：

### 一、洪涝、干旱集中

我国位于亚欧大陆的东南部，东临太平洋，西北深入亚欧大陆腹地，西南与南亚次大陆接壤。全国降水随着距海洋的远近和地势的高低而有着显著的变化。按照年降水量400mm等值线，从东北到西南，经大兴安岭、呼和浩特、兰州，绕祁连山，过拉萨，到日喀则，斜贯大陆，将国土分为东西相等的两部分。在此线以西为集中干旱地区，年降水量200~400mm，有的不足100mm，年蒸发量大，常年干旱；在此线以东为洪涝多发地区，东南季风直达区内，年降水量由西向东递增，大多为800~1600mm，沿海一带可达2000mm。

我国绝大多数河流分布在东部多雨地区，随着地势降低自西向东汇集，径流洪水自西向东递增，我国长江、黄河、淮河、海河、辽河、松花江、珠江等七大江河大多数分布在这个地带，各大江河中下游100多万$km^2$的国土面积，集中了全国半数以上的人口和70%的工农业产值，这些地区地面高程有不少处于江河洪水位以下，易发生洪涝灾害，历来是防御洪水的重点地区。

### 二、洪涝灾害频发

我国大部分属于北温带季风区，随着季风的进退，降水量具有明显的季节性变化。

全国各地雨季由南向北变化，如华南地区雨季始于每年 4 月，长江中下游雨季始于 6 月，而淮河以北地区则始于 7 月。到 8 月下旬以后，雨季又逐渐返回南方，雨季自北向南先后结束。我国东部沿海地区在每年夏、秋季常受发生于西太平洋的热带气候影响，引发暴雨洪水。

全国多年平均水资源总量约 $2.8\times10^{12}m^3$，多年平均降水量 648mm，而年降水量的 70% 以上集中在汛期。新中国成立以来，虽经过大量修建水库、堤防及江河整治，使江河的防洪标准有很大提高，但由于降水量在年际分配、年内分配和地区分配的不均匀性，相当部分江河的防洪工程还不能抵御较大洪水的侵袭，防洪减灾体系尚不够完善和健全，洪水灾害在今后长时期内仍将是中华民族的心腹大患。

## 三、抗洪能力脆弱

目前，尚有部分病险水库没有得到治理，还有 3.1 万多座水库没有在规定期限内开展安全鉴定。大江大河部分干流没有得到有效治理，蓄滞洪区安全建设还未全面实施，中小河流治理严重滞后，部分江河缺少控制性骨干工程，很多城市防洪排涝标准偏低。如一旦遭遇超过防御标准的洪水，人力则无法抵御，洪水灾害难以幸免。

大江大河能否安澜，直接影响着人民生命财产的安全，直接关系着中华民族的兴亡，人们已达成高度统一的共识。同时，由于强对流天气等极端天气事件造成的区域性山洪同样不能忽视，其引发的泥石流、山体滑坡和溪河洪水，给局部地区带来的洪灾往往是毁灭性的。由于山洪具有强度大、历时短、范围小的特点，通常都是突发性的，往往难以预报和抵御。

## 四、人类活动影响严重

地面植被起着拦截雨水、调蓄地面径流的作用，由于人类滥伐森林，盲目开垦山地，地面植被不断遭到破坏，加剧了水土流失。据统计，2020 年全国水土流失面积为 269.27 万 $km^2$，较 2019 年减少 1.81 万 $km^2$，减幅 0.67%。与 20 世纪 80 年代监测的我国水土流失面积最高值相比，水土流失面积减少了 97.76 万 $km^2$，但水土流失面积仍然较大。水土流失改变了江河的产流、汇流条件，增加了洪峰流量和洪水总量，导致江河、湖泊严重淤积，降低了湖泊的天然滞（蓄）洪能力和江河防洪能力，给中下游的防洪带来很大的困难。

我国随着社会经济高速发展和人口不断增长，城市化进程快速推进，人们不断与湖争地，我国湖泊的水面积不断缩小，很多湖泊已经消失。据统计，1949 年长江中下游地区共有湖泊面积 25828$km^2$，到 1977 年仅剩 14073$km^2$，减少了 45.5%。1949 年长江中下游通江湖泊面积 17198$km^2$，目前只剩下洞庭湖、鄱阳湖仍与长江相遇，面积仅 6000 多

$km^2$。由于围湖造田，湖泊调蓄径流能力降低，增加了堤防的防洪负担。此外，河道违法设障，围垦河道滩地的情况也相当普遍。

由于人类不按客观规律办事，必将遭受大自然的报复，人类也将为之付出惨痛的教训。以长江1998年洪水为例，长江荆江段以上洪峰流量和洪水总量均小于长江1954年的洪水，但汉口、沙市等众多水文站实测水位均超过1954年的洪水位。加上长江下游盲目围垦、设障，行洪断面缩小，致使长江中上游河段堤防较长时间处于高水位，加大了抗洪救灾的难度。

在1998年长江洪水之后，国务院下发了《关于灾后重建、整治江河、兴建水利的若干意见》做出了“平垸行洪、退田还湖、移民建镇、疏浚河湖”的果断决策，我国迈出了与洪水和谐相处、与自然和谐相处的坚实一步。

## 第二节 洪水概述

### 一、洪水概念

洪水是指江湖在较短时间内发生的流量急剧增加、水位明显上升的水流现象。洪水来势凶猛，具有很大的自然破坏力，淹没河中滩地，毁坏两岸堤防等水利工程设施。因此，研究洪水特性，掌握其变化规律，积极采取防御措施，尽量减轻洪灾损失，是研究洪水的主要目的。

#### （一）洪水的分类和特征

洪水按成因和地理位置的不同，可分为暴雨洪水、融雪洪水、冰凌洪水以及溃坝洪水等。海啸、风暴潮等也可能引起洪水灾害，各类洪水都具有明显的季节性和地区性特点。我国大部分地区以暴雨洪水为主，但对我国沿海的海南、广东、福建、浙江等而言，热带气旋引发的洪水较常见，而对于黄河流域、东北地区而言，冰凌洪水经常发生。

#### （二）洪水三要素

洪水三要素为洪峰流量 $Q_m$、洪水总量 W 和洪水历时 T，如图 5-1 所示。

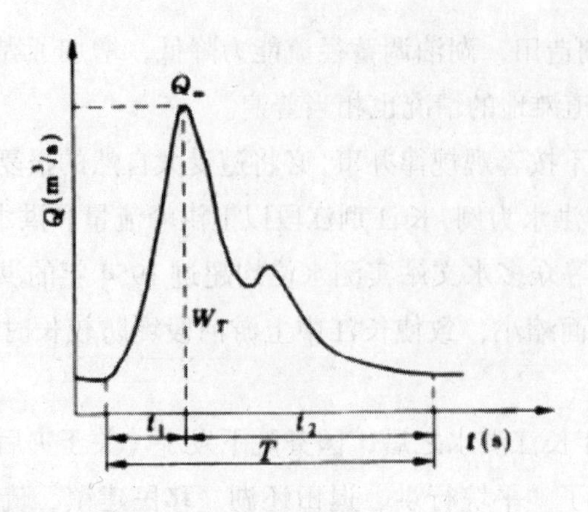


图 5-1 洪水三要素示意图

1. 洪峰流量

在一次洪水过程中，通过河道的流量由小到大，再由大到小，其中最大的流量称为洪峰流量 $Q_m$。在岩石河床或比较稳定的河床，最高洪水位出现时间一般与洪峰流量出现的时间相同。

2. 洪水总量

洪水总量是指一次洪水通过河道某一断面的总水量。洪水总量按时间长度进行统计，如 1d 洪水总量、3d 洪水总量、5d 洪水总量等。

3. 洪水历时

洪水历时是指在河道的某一断面上，一次洪水从开始涨水到洪峰，再到落平所经历的时间。洪水历时与暴雨持续时间和空间特性、流域特性有关。

洪峰传播时间是指自河段上游某断面洪峰出现到河段下游某断面洪峰出现所经历的时间。在调洪中，常利用洪峰传播时间进行错峰调洪，也可以进行洪水预报。

（三）洪水等级

洪水等级按洪峰流量重现期划分为以下四级：

一般洪水：5~10 年一遇；

较大洪水：10~20 年一遇；

大洪水：20~50 年一遇；

特大洪水：大于 50 年一遇。

## 二、洪水类型

### （一）暴雨洪水

暴雨洪水是指由暴雨通过产流、汇流在河道中形成的洪水。暴雨洪水在我国发生很频繁。

1. 暴雨洪水的成因

暴雨洪水历时长短视流域大小、下垫面情况与河道坡降等因素而定。洪水大小不仅同暴雨量级关系密切，还与流域面积、土壤干湿程度、植被、河网密度、河道坡降以及水利工程设施有关。在相同的暴雨条件下，河道坡度愈陡，承受的雨水愈多，洪水愈大；在相同暴雨和相同流域面积条件下，河道坡度愈陡、河网愈密，雨水汇流愈快，洪水愈大。如暴雨发生前土壤干旱，吸水较多，形成的洪水较小。

2. 暴雨洪水的特性

在我国，暴雨具有明显的季节性和地区性特点，年际变化也很大。对于全流域的大洪水，主要由东南季风和热带气旋带来的集中降雨产生；对于区域性的洪水，主要由强对流天气引发的短历时降雨产生。

对于一次暴雨引发的洪水而言，其洪水过程一般有起涨、洪峰出现和落平三个阶段。山区河流河道坡度陡，流速大，洪水易暴涨暴落；平原河流河道坡度缓，流速小，洪峰不明显，退水也慢。大江大河流域面积大，接纳支流众多，洪水往往出现多峰，而中小流域常为单峰。持续降雨往往出现多峰，单次降雨则为单峰。

### （二）融雪洪水

融雪洪水是指流域内积雪（冰）融化形成的洪水。高寒积雪地区，当气温回升至0℃以上，积雪融化，形成融雪洪水。若此时有降雨发生，则形成雨雪混合洪水。融雪洪水主要发生在大量积雪或冰川发育的地区，如我国的新疆与黑龙江等地区。

### （三）冰凌洪水

冰凌洪水是河流中因冰凌阻塞、水位壅高或槽蓄水量迅速下泄而引起显著的涨水现象。黄河宁夏内蒙古河段、山东河段，以及松花江等江河，进入冬季后，河道下游封冻早于上游。按洪水成因，冰凌洪水分为冰塞洪水、冰坝洪水和融冰洪水。河道封冻后，冰盖下冰花、碎冻大量堆积形成冰塞堵塞部分河道断面，致使上游水位显著壅高，此为冰塞洪水；在开河期，大量流冰在河道内受阻，冰块上爬下插，堆积成横跨过水断面的坝状冰体，造成上游水位壅高，当冰坝承受不了上游冰、水压力时便突然破坏，迅速下泄，此为冰坝洪水；封冻河段因气温升高使冰盖逐渐融解时，河槽蓄水缓慢下泄形成洪水，此为融冰洪水。

### （四）山洪

山洪是指流速大，过程短暂，往往挟带大量泥沙、石块，突然破坏力很大的小面积山区洪水。山洪一般由强对流天气引发暴雨，在一定地形、地质、地貌条件下形成。在相同条件下，地面坡度愈陡，表层土质愈疏松，植被愈差，愈易于形成。由于山洪具有强度大、分布广，且有着很大突发性、多发性、随机性特点，所以会对人民生命财产造成极大的危害，甚至造成毁灭性的破坏。

山洪灾害可分为溪河洪水、泥石流和山体滑坡等三类。

### （五）泥石流

泥石流是指含饱和固体物质（泥沙、石块）的高黏性流体。泥石流一般发生在山区，暴发突然，历时短暂，洪流挟带大量泥沙、石块，来势汹涌，所到之处往往造成毁灭性破坏。

1. 泥石流形成的基本条件

（1）两岸谷坡陡峻，沟床坡降较大，并具有利于水流汇集的小流域地形。

（2）沟谷和沿程斜坡地带分布有足够数量的松散固体物质。

（3）沟谷上中游有充沛的突发性洪水水源，如瞬时极强暴雨、气温骤高冰雪消融、湖堰溃决等产生强大的水动力。

在我国，泥石流的分布具有明显的地域特点。在西部山区，断裂发育、新构造运动强烈、地震活动性强、岩体风化破碎、植被不良、水土流失严重的地区，常是泥石流的多发区。

2. 泥石流的组成

典型的泥石流一般由以下三个地段组成：

（1）形成区（含清水区、固体物质补给区）

大多为高山环抱的扇状山间洼地，植被不良，岩土体破碎疏松，滑坡、崩塌发育。

（2）流通区

位于沟谷中游段，往往成峡谷地形，谷底纵坡陡峻，是泥石流冲出的通道。

（3）堆积区

位于沟谷出口处，地形开阔，纵坡平缓，流速骤减，形成大小不等的扇形、锥形及垄岗地形。

3. 泥石流的分类

（1）泥石流按流体性质分为黏性泥石流、稀性泥石流、过渡性泥石流。

（2）泥石流按物质补给方式分为坡面泥石流、崩塌泥石流、滑坡泥石流、沟床泥石

流、溃决泥石流。

（3）泥石流按流体中固体物质的组成分为泥石流、泥流、碎石流、水石流。

（4）泥石流按发育阶段分为发展期泥石流、活跃期泥石流、衰退期泥石流、间歇（中止）期泥石流。

（5）泥石流按暴发规格（一次泥石流最大可冲出的松散固体物质总量）分特大型泥石流（大于 50 万 $m^3$）、大型泥石流（10 万 ~50 万 $m^3$）、中型泥石流（1 万 ~10 万 $m^3$）和小型泥石流（小于 1 万 $m^3$）等。

### （六）山体滑坡

山体滑坡是指由于山体破碎，存在裂隙，节理发育，整体性差，或强风化层和覆盖层堆积较厚，浸水饱和后抗剪强度降低，在外力（洪水冲刷、地震）作用下，部分山体向下坍滑的现象。山体滑坡虽影响范围小，但具有突发性，对倚山而建的居民而言，具有很大的破坏力。

### （七）溃坝洪水

溃坝洪水是指水库大坝、堤防、海塘等挡水建筑物遭遇超标准洪水或发生重大险情，突然溃决发生的洪水。溃坝洪水具有突发性和破坏性大的特点，对洪水防御范围内的工农业生产和人民生命财产安全构成很大威胁。

## 三、洪水标准

### （一）频率与重现期

频率概念抽象，常用重现期来代替。所谓重现期，是指大于或等于某随机变量（如降雨、洪水）在长时期内平均多少年出现一次（即多少年一遇）。这个平均重现间隔期即重现期，用 N 表示。

在防洪、排涝研究暴雨洪水时，频率 P（%）和重现期 N（年）存在下列关系：

$$N=\frac{1}{P}$$

$$P=\frac{1}{N}\times100\%$$

例如，某水库大坝校核标准洪水的频率 P=0.1%，由上式得 N=1000 年，称 1000 年一遇洪水。即出现大于或等于 P=0.1% 的洪水，在长时期内平均 1000 年遇到一次。若遇到大于该校核标准的洪水，则不能保证大坝安全。

### （二）洪水标准和防洪标准

防洪标准是指防护对象防御相应洪水能力的标准，常用洪水的重现期表示，如 50 年一遇、100 年一遇等。

在我国，在 1961 年以前基本上等同采用苏联洪水标准，1961 年我国颁布了自己制定的洪水标准，1964 年进行了修订，1978 年颁布了《水利水电枢纽工程等级划分及设计标准（山区、丘陵区部分）》（试行）（SDJ 12–78），1987 年颁布了《水利水电枢纽工程等级划分及设计标准（平原、滨海部分）》（试行）（SDJ 217–87）。现行的洪水标准是国家标准《防洪标准》（GB 50201–2014）和部颁标准《水利水电工程等级划分及洪水标准》（SL 252–2017）。

水利水电工程按其工程规模、效益及在国民经济中的重要性划分为五个等别，所属水工建筑物划分五个级别。

### （三）堤防防洪标准

堤防是为了保护防护对象的防洪安全而修建的，它本身并无特殊的防洪要求，它的防洪标准应根据防护对象的要求确定：

保护大片农田：10~20 年一遇；

保护一般集镇：20~50 年一遇；

保护城市：50~100 年一遇；

保护特别重要城市：300~500 年一遇；

保护重要交通干线：50~100 年一遇。

## 四、黄河下游洪水

### （一）黄河四汛

黄河下游洪水按照出现时段划分为桃、伏、秋、凌四汛。12 月至次年 2 月为凌汛期；3 至 4 月份桃花盛开之时，上中游冰雪融化，形成洪峰，称为“桃汛”；7 至 8 月暴雨集中，量大峰高，谓“伏汛”，是黄河大洪水多发及易成灾时段；9 至 10 月流域多普降大雨，形成洪峰，谓“秋汛”。伏汛、秋汛习惯上统称伏秋大汛，亦即我们常说的汛期。伏秋大汛的洪水多由黄河中游暴雨形成，发生时间短，含沙量高，水量大。黄河决口成灾主要发生在伏秋大汛和凌汛期。

### （二）黄河下游洪水来源

黄河下游洪水来源有五个地区，即上游的兰州以上地区，中游的河口镇至龙门区间、龙门至三门峡区间、三门峡至花园口区间（简称河龙间、龙三间、三花间），以及下游的汶河流域。其中，中游的三个地区是黄河洪水的主要来源区，它们一般不同时遭遇，来水主要有以下三种情况：一是三门峡以上来水为主形成的大洪水，简称“上大型洪水”。其特点是洪峰高、洪量大，沙量也大，对黄河下游威胁严重；二是三花间来水为主形成的大洪水，简称“下大型洪水”。其特点是洪水涨势猛、洪峰高、含沙量小、预见期短，对黄河下游防洪威胁最为严重；三是以三门峡以上的龙三间和三门峡以下的三花间共同来水造成，简称“上下较大型洪水”。其特点是洪峰较低，历时较长，对黄河下游防洪也有相当威胁。上游地区洪水洪峰小、历时长、含沙最小，与黄河中游和下游的大洪水均不遭遇。汶河大洪水与黄河大洪水一般不会相遇，但黄河的大洪水与汶河的中等洪水有遭遇的可能。汶河洪峰形状尖瘦、含沙量小，除威胁大清河及东平湖堤防安全外，当与黄河洪水相遇时，影响东平湖对黄河洪水的分滞洪量，从而增加山东黄河窄河段的防洪压力。

### （三）冰凌洪水

冰凌洪水只有上游的宁夏内蒙古河段和下游的花园口以下河段出现，它主要发生在河道解冰开河期间。冰凌洪水有两个特点：一是峰低、量小、历时短、水位高。凌峰流量一般为 1000~2000$m^3$/s，全河最大实测值不超过 4000$m^3$/s；洪水总量上游一般为 5 亿 ~8 亿 $m^3$，下游为 6 亿 ~10 亿 $m^3$；洪水历时，上游一般为 6~9 天，下游一般为 7~10 天。由于河道中存在着冰凌，易卡冰结坝壅水，导致河道水位迅猛上涨，在相同流量下比无冰期高得多。二是流量沿程递增。因为在河道封冻以后，沿程拦蓄部分上游来水，使河槽蓄水量不断增加，“武开河”时这部分水量被急剧释放出来，向下游推移，沿程冰水越积越多，形成越来越大的凌峰流量。

自三门峡水库防凌蓄水运用以来，黄河下游凌汛“武开河”大大减少，减轻了下游防凌负担。进入 20 世纪 90 年代以后，通过科学调度下游冬季引蓄水，也在客观上为减轻凌汛威胁提供了有利条件。

### （四）泥沙特点

黄河是举世闻名的多沙河流，三门峡站进入下游的泥沙多年平均约 16 亿 t，平均含沙量 35kg/$m^3$。在大量泥沙排泄入海的同时，约有四分之一的泥沙淤在河道内，使河床不断抬高，形成地上“悬河”。黄河水沙有以下主要特点：一是水少沙多，其年输沙量之多、含沙量之高居世界河流之冠。二是水沙异源。黄河泥沙 90% 来自中游的黄土高原。

上游的来水量占全流域的54%，而来沙量仅占9%；三门峡以下的支流伊、洛、沁河的来水量占10%，来沙量占2%左右。这两个地区水多沙少，是黄河的清水来源区。中游河口镇至龙门区间来水量占14%，来沙量占56%；龙门至潼关区间来水量占22%，来沙量占34%。这两个地区水少沙多，是黄河泥沙主要来源区。三是年际变化大，分布不均。年内分布亦很不均衡，汛期来沙量在天然情况下占全年的80%以上，且又集中于几场暴雨洪水。三门峡水库“蓄清排浑”运用以来，汛期下泄沙量占全年沙量的97%。四是含沙量变幅大，同一流量下的含沙量可相差10倍左右。

## 第三节 防汛组织工作

### 一、防汛组织机构

防汛抢险工作是一项综合性很强的工作，牵涉面广，责任重大，不能简单理解是水利部门的事情，必须动员全社会各方面的力量参与。防汛机构担负着发动群众，组织各方面的社会力量，从事防汛指挥决策等重大任务，并且在组织防汛工作中，还需进行多方面的联系和协调。因此，需要建立强有力的组织机构，做到统一指挥、统一行动、分工合作、同心协力共同完成。

防汛组织机构是各级政府的一个工作职能部门。我国政府的防汛组织机构是国家防汛抗旱总指挥部，下属有与之相关的工作协调部门。

防汛工作实行各级人民政府行政首长负责制，实行统一指挥，分级、分部门负责，各有关部门实行防汛岗位责任制。国务院设立国家防汛抗旱总指挥部，负责组织领导全国的防汛抗旱工作，其办事机构设在国务院水行政主管部门（水利部）。在国家确定的重要江河、湖泊可以设立由有关省、自治区、直辖市人民政府和该江河、湖泊的流域管理机构负责人等组成的防汛指挥机构，指挥所管辖范围内的防汛抗洪工作，其办事机构设在各流域管理机构。

除国务院、流域管理机构成立防汛指挥机构外，有防汛任务的各省、自治区及市、县（区）人民政府也要相应设立防汛指挥机构，负责本行政区域的防汛突发事件的应对工作。其办事机构设在当地政府水行政主管部门的水利（水务）局，负责管辖范围内的日常防汛工作。有防汛任务的乡（镇）也应成立防汛组织，负责所辖范围内防洪工程的防汛工作。有关部门、单位可根据需要设立行业防汛指挥机构，负责本行业、单位防汛突发事件的应对工作。

地方防汛指挥机构是由省、市、县（区）政府有关部门，当地驻军和人民武装部队负责人组成，由当地政府主要负责人〔副省长、副市长、县（区）长〕任总指挥。指挥机构成员各地稍有不同，以市级防汛指挥机构为例，指挥部成员包括各级政府、当地驻军（武警）、水利（水务）局、市委宣传部、市发展和改革委员会（局）、市对外贸易经济合作局、市公安局、市民政局、市财政局、市国土资源局、市住房和城乡建设局、市交通运输局、市农业局、市安全生产监督管理局、市卫生局、市气象局、广播电视局等部门的主要负责人。此外，根据各地实际情况，成员还有供销社、林业局、水文局（站）、环境保护局、城市综合管理局、海事局、供电局、电信局、保险公司、石油（化）公司等部门的主要负责人。

我国海岸线很长，沿海各省、市、县（区）每年因强热带风暴、台风而引起的洪涝灾害损失极其严重。因此，相关省、市、县（区）将防台风的工作同样放在重要位置，除防汛、抗旱工作外，还要做好防台风的工作。由此机构设置的名称为防汛防风抗旱总指挥部，简称三防总指挥部，而下设的日常办事机构，则称为三防办公室。

防汛工作按照统一领导、分级分部门负责的原则，建立健全各级、各部门的防汛机构，发挥有机的协作配合，形成完整的防汛组织体系。防汛机构要做到正规化、专业化，并在实际工作中，不断加强机构的自身建设，提高防汛人员的素质，引用先进设备和技术，充分发挥防汛机构的指挥战斗作用。

## 二、防汛责任制

防汛工作是关系全社会各行业和千家万户的大事，是一项责任重大而复杂的工作，它直接涉及国民经济的发展和城乡人民生命财产的安全。洪水到来时，工程一旦出现险情，防汛抢险是压倒一切工作的大事，防汛工作责任重于泰山，必须建立和健全各种防汛责任制，实现防汛工作正规化和规范化，做到各项工作有章可循，所有工作各负其责。

根据《中华人民共和国防洪法》第三十八条，“防汛抗洪工作实行各级人民政府行政首长负责制，统一指挥、分级分部门负责”。因此，各级防汛指挥部门要建立健全切合本地实际的防汛管理责任制度。防汛责任制包括：①行政首长负责制；②分级管理责任制；③部门责任制；④包干责任制；⑤岗位责任制；⑥技术责任制；⑦值班工作责任制。

### （一）行政首长负责制

行政首长负责制是指由各级政府及其所属部门的首长对本政府或本部门的工作负全面责任的制度，这是一种适合于中国行政管理的政府工作责任制。其指地方各级人民政府实行省长、市长、县长（区长）、乡长、镇长负责制。各省的防汛工作，由省长（副省长）负责，地（市）、县（区）的防汛工作，由各级市长、县（区）长（或副职）负责。

行政首长负责制是各种防汛责任制的核心，是取得防汛抢险胜利的重要保证，也是历来防汛抢险中最行之有效的措施。防汛抢险需要动员和调动各部门各方面的力量，党、政、军、民全力以赴，发挥各自的职能优势，同心协力共同完成。因此，防汛指挥机构需要政府主要负责人亲自主持，全面领导和指挥防汛抢险工作。防汛工作实行各级人民政府行政首长负责制，各级地方人民政府行政首长防汛工作职责如下：

1. 负责组织制定本地区有关防洪的法规、政策；组织做好防汛宣传和思想动员工作，增强各级干部和广大群众的水患意识。

2. 根据流域总体规划，动员全社会的力量，广泛筹集资金，加快本地区防洪工程建设，不断提高抗御洪水的能力，负责督促本地区重大清障项目的完成。

3. 负责组建本地区常设防汛办事机构，协调解决防汛抗洪经费和物资等问题，确保防汛工作顺利开展。

4. 组织有关部门制订本地区主要江河、重要防洪工程、城镇及居民点的防御洪水和台风的各项措施预案（包括运用蓄滞洪区），并督促各项措施的落实。

5. 掌握本地区汛情，及时做出部署，组织指挥当地群众参加抗洪抢险，坚决贯彻执行上级的防汛调度命令。在防御洪水设计标准内，要确保防洪工程的安全；遇超标准洪水要采取一切必要措施，尽量减少洪水灾害，切实防止因洪水而造成大量人员伤亡事故。重大情况及时向上级报告。

6. 洪灾发生后，组织各方面力量迅速开展救灾工作，安排好群众生活，尽快恢复生产，修复水毁防洪工程，保持社会稳定。

7. 各级行政首长对所分管的防汛工作必须切实负起责任，确保安全度汛，防止发生重大灾害损失。因思想麻痹、工作疏忽或处置失当而造成重大灾害后果的，要追究领导责任，情节严重的要绳之以法。

### （二）分级管理责任制

根据水系及水库、堤防、水闸等防洪工程所处的行政区域、工程等级、重要程度和防洪标准等，确定省、地（市）、县、乡、镇分级管理运用、指挥调度的权限责任。在统一领导下，对所管辖区域的防洪工程实行分级管理、分级调度、分级负责。

### （三）部门责任制

防汛抢险工作牵涉面广，需要调动全社会各部门的力量参与，防汛指挥机构各部门（成员）单位，应按照分工情况，各司其职，责任制层层落实到位，做好防汛抗洪工作。

### （四）包干责任制

为确保重点地区的水库、堤坝、水网等防洪工程和下游保护对象的汛期安全，省、地（市）、县、乡各级政府行政负责人和防汛指挥部领导成员实行分包工程责任制，将水库、

河道堤段、蓄滞洪区等工程的安全度汛责任分包，责任到人，有利于防汛抢险工作的开展。

### （五）岗位责任制

汛期管好用好水利工程，特别是防洪工程，对做好防汛减少灾害至关重要。工程管理单位的业务处室和管理人员以及护堤员、巡逻人员、防汛工、抢险队等要制定岗位责任制。明确任务和要求，定岗定责，落实到人。岗位责任制的范围、项目、安全程度、责任时间等，要做出相关职责的条文规定，严格考核。在实行岗位责任制的过程中，要调动职工的积极性，强调严格遵守纪律。要加强管理，落实检查制度，发现问题及时纠正。

### （六）技术责任制

在防汛抢险工作中，为充分发挥技术人员的专长，实现科学抢险、优化调度以及提高防汛指挥的准确性和可靠性，凡是评价工程抗洪能力、确定预报数字、制订调度方案、采取的抢险措施等有关技术问题，均应由专业技术人员负责，建立技术责任制。关系重大的技术决策，要组织相当技术级别的人员进行咨询，以防失误。县、乡（镇）的技术人员也要实行技术责任制，对所包的水库、堤防、闸坝等工程安全做到技术负责。

### （七）值班工作责任制

为了随时掌握汛情，减少灾害损失，在汛期，各级防汛指挥机构应建立防汛值班制度，汛期值班室 24 小时不离人。值班人员必须坚守岗位，忠于职守，熟悉业务，及时处理日常事务，以便防汛机构及时掌握和传递汛情。要及时加强上下联系，多方协调，充分发挥水利工程的防汛减灾作用。汛期值班人员的主要责任如下：

1. 及时掌握汛情。汛情一般包括水情、工情和灾情。①水情。按时了解雨情、水情实况和水文、气象预报。②工情。当雨情、水情达到某一数量值时，要主动向所辖单位了解水库、河道堤防和水闸等防洪工程的运行及防守情况。③灾情。主动了解受灾地区的范围和人员伤亡情况以及抢救的措施。

2. 按时报告、请示、传达。按照报告制度，对于重大汛情及灾情要及时向上级汇报；对需要采取的防洪措施要及时请示批准执行；对授权传达的指挥调度命令及意见，要及时准确传达。做到不延时、不误报、不漏报，并随时落实和登记处理结果。

3. 熟悉所辖地区的防汛基本资料和主要防洪工程的防御洪水方案的调度计划，对所发生的各种类型洪水要根据有关资料进行分析研究，掌握各地水库、堤防、水闸发生的险情及处理情况。

4. 积极主动抓好情况收集和整理，对发生的重大汛情要整理好值班记录，以备查阅，并归档保存。

5. 严格执行交接班制度，认真履行交接班手续。

6. 做好保密工作，严守国家机密。

## 三、防汛队伍

为做好防汛抢险工作，取得防汛斗争的胜利，除充分发挥工程的防洪能力外，更主要的一条是在当地防汛指挥部门领导下，在每年汛前必须组织好防汛队伍。多年的防汛抢险实践证明，防汛抢险采取专业队伍与群众队伍相结合，军民联防是行之有效的。各地防汛队伍名称不同，主要由专业防汛队、群众防汛抢险队、军（警）抢险队组成。

### （一）专业防汛队

专业防汛队是懂专业技术和管理的队伍，是防汛抢险的技术骨干力量，由水库、堤防、水闸管理单位的管理人员、护堤员等组成，平时根据管理中掌握的工程情况分析工程的抗洪能力，做好出险时抢险准备。进入汛期，要上岗到位，密切注视汛情，加强检查观测，及时分析险情。专业防汛队要不断学习养护修理知识，学习江河、水库调度和巡视检查知识以及防汛抢险技术，必要时进行实战演习。

### （二）群众防汛抢险队

群众防汛抢险队是防汛抢险的基础力量。它是以当地青壮年劳力为主，吸收有防汛抢险经验的人员参加，组成不同类别的防汛抢险队伍，可分为常备队、预备队、抢险队、机动抢险队等。

1. 常备队

常备队是防汛抢险的基本力量，是群众性防汛队伍，人数比较多，由水库、堤防、水闸等防洪工程周围的乡（镇）居民中的民兵或青壮年组成。常备队组织要健全，汛前登记造册编成班、组，要做到思想、工具、料物、抢险技术四落实。汛期按规定到达各防守位置，分批组织巡逻。另外，在库区、滩区、滞洪区也要成立群众性的转移救护组织，如救护组、转移组和留守组等。

2. 预备队

预备队是防汛的后备力量，当防御较大洪水或紧急抢险时，为补充加强常备队的力量而组建的。人员条件和距离范围更宽一些。必要时可以扩大到距离水库、堤防、水闸较远的县、乡（镇），要落实到户到人。

3. 抢险队

抢险队是为防洪工程在汛期出险而专门组织的抢护队伍，是在汛前从群众防汛队伍中选拔有抢险经验的人员组成。当水库、堤防、水闸工程发生突发性险情时，立即抽调

组成的抢险队员，配合专业队投入抢险。这种突击性抢险关系到防汛的成败，既要迅速及时，又要组织严密，指挥统一。所有参加人员必须服从命令听指挥。

4. 机动抢险队

为了提高抢险效果，在一些主要江河堤段和重点水库工程可建立训练有素、技术熟练、反应迅速、战斗力强的机动抢险队，承担重大险情的紧急抢险任务。机动抢险队要与管理单位结合，人员相对稳定。平时结合管理养护，学习提高技术，参加培训和实践演习。机动抢险队应配备必要的交通运输和施工机械设备。

### （三）军（警）抢险队

我国颁布的《军队参加抢险救灾条例》明确了中国人民解放军和中国人民武装警察部队是抢险救灾的突击力量，执行国家赋予的抢险救灾任务是军队的重要使命。解放军和武警部队历来在关键时刻承担急、难、险、重的抢险任务，每当发生大洪水和紧急抢险时，他们总是不惧艰险，承担着重大险情抢护和救生任务。防汛队伍要实行军民联防，各级防汛指挥部应主动与当地驻军联系，及时通报汛情、险情和防御方案，明确部队防守任务和联络部署制度，组织交流防汛抢险经验。当遇大洪水和紧急险情时，立即请求解放军和武警部队参加抗洪抢险。

## 四、防汛抢险技术培训

### （一）防汛抢险技术的培训

防汛抢险技术的培训是防汛准备的一项重要内容，除利用广播、电视、报纸和互联网等媒体普及抢险常识外，对各类人员应分层次、有计划、有组织地进行技术培训。其主要包括专业防汛队伍的培训、群防队伍的技术培训、防汛指挥人员的培训等。

1. 培训的方式

（1）采取分级负责的原则，由各级防汛指挥机构统一组织培训。

（2）培训工作应做到合理规范课程、考核严格、分类指导，保证培训工作质量。

（3）培训工作应结合实际，采取多种组织形式，定期与不定期相结合，每年汛前至少组织一次培训。

2. 专业防汛队伍的培训

对专业技术人员应举办一些抢险技术研讨班，请有实践经验的专家传授抢险技术，并通过实战演习和抢险实践提高抢险技术水平。对专业抢险队的干部和队员，每年汛前要举办抢险技术学习班，进行轮训，集中学习防汛抢险知识，并进行模拟演习，利用旧堤、旧坝或其他适合的地形条件进行实际操作，增强抗洪抢险能力。

3. 群防队伍的技术培训

对群防队伍一般采取两种办法：一是举办短期培训班，进入汛期后，在地方（县）防汛指挥部的组织领导下，由地方（县）人民武装部和水利管理部门召集常备队队长、抢险队队长集中培训，时间一般为3~5天，也可采用实地演习的办法进行培训；二是群众性的学习，一般基层管理单位的工程技术人员和常备队队长、抢险队队长分别到各村向群众宣讲防汛抢险常识，并辅以抢险挂图和模型、幻灯片、看录像等方式进行直观教学，便于群众领会掌握。

4. 防汛指挥人员的培训

应举办由防汛指挥人员、防汛指挥成员单位负责人参加的防汛抢险技术研讨班，重点学习和研讨防汛责任制、水文气象知识、防汛抢险预案、防洪工程基本情况、抗洪抢险技术知识等，使防汛抢险指挥人员能够科学决策，指挥得当。

### （二）防汛抢险演习

为贯彻“以防为主，全力抢险”的防汛工作方针，强化防汛抢险队伍建设，各级防汛抗旱指挥机构应定期举行不同类型的应急演习，以检验、改善和强化应急准备和应急响应能力；专业抢险队伍必须针对当地易发生的各类险情有针对性地每年进行抗洪抢险演习；多个部门联合进行的专业演习，一般2~3年举行一次，由省级防汛指挥机构负责组织。

防汛抢险演习主要包括现场演练、岗位练兵、模拟演练等，是根据各地方的防汛需要和实际情况进行，一般内容如下：

1. 现场模拟堤防漫溢、管涌、裂缝等险情，以及供电系统故障、落水人员遇险等。

2. 险情识别、抢护办法、报险、巡堤查险、抢险组织、各种打桩方法。

3. 进行水上队列操练、冲锋舟水流湍急救援、游船紧急避风演练、某村群众遇险施救、个别群众遇险施救、群众转移等项目演习。

4. 水库正常洪水调度、非常洪水预报调度、超标准洪水应急响应、提闸泄洪演练。

5. 泵站紧急强排水演练、供电故障排除演练。

6. 堤防工程的水下险情探测、抛石护坡、管涌抢护、裂缝处理、决口堵复抢险等。

通过各种仿真联合演习，进一步加强地方防汛抢险队伍互动配合能力，提高抢险队员们的娴熟的技巧，积累应急抢险救灾的经验，增强抢险救灾人员的快速反应和防汛抢险救灾技能，提高抗洪抢险的实战能力。

## 第四节 防汛工作流程

防汛工作是一项常年的任务，当年防汛工作的结束，就是次年防汛工作的开始。防汛工作大体可分为汛前准备、汛期工作和汛后工作三个部分。

### 一、汛前准备

每年汛前，在各级防汛指挥部门领导下做好各项防汛准备是夺取防汛抗洪斗争胜利的基础。主要的准备工作有以下几项：

#### （一）思想准备

通过召开防汛工作会议，新闻媒体广泛宣传防汛抗洪的有关方针政策，以及本地区特殊的多灾自然条件特点，充分强调做好防汛工作的重要性和必要性，克服麻痹侥幸心理，树立“防重于抢”的思想，做好防大汛、抢大险、抗大灾的思想准备。

#### （二）组织准备

建立健全防汛指挥机构和常设办事机构，实行以行政首长负责制为核心的分级管理责任制、分包工程责任制、岗位责任制、技术责任制、值班工作责任制等。落实专业性和群众性的防汛抢险队伍。

#### （三）防御洪水方案准备

各级防汛指挥部门应根据上级防汛指挥机构制订的洪水调度方案，按照确保重点、兼顾一般的原则，结合水利工程规划及实际情况，制订出本地区水利工程调度方案及防御洪水方案，并报上级批准执行。所有水利工程管理单位也都要根据本地区水利工程调度方案，结合工程规划设计和实际情况，在兴利服从防洪、确保安全的前提下，由管理单位制订工程调度运用方案，并报上级批准执行。有防洪任务的城镇、工矿、交通以及其他企业，也应根据流域或地方的防御洪水方案，制订本部门或本单位的防御洪水方案，并报上级批准执行。

#### （四）工程准备

各类水利工程设施是防汛抗洪的重要物质基础。由于受大自然和人类活动的影响，水利工程的工作状况会发生变化，抗洪能力会有所削弱，如汛前未能及时发现和处理，一旦汛期情况突变，往往会造成大的损失。因此，每年汛前要对各类防洪工程进行全面的检查，以便及时发现薄弱环节，采取措施，消除隐患。对影响安全的问题，要及时加以处理，使工程保持良好状态；对一时难以处理的问题，要制订安全度汛方案，确保水利工程安全度汛。

### （五）气象与水文工作准备

气象部门和水文部门应按防汛部门要求提供气象信息和水文情报。水文部门要检查各报汛站点的测报设施和通信设施，确保测得准、报得出、报得及时。

### （六）防汛通信设施准备

通信联络是防汛工作的生命线，通信部门要保证在汛期能及时传递防汛信息和防汛指令。各级防汛部门间的专用通信网络要畅通，并要完善与主要堤段、水库、滞蓄洪区及有关重点防汛地区的通信联络。

### （七）防汛物资和器材准备

防汛物资实行分级负担、分级储备、分级使用、分级管理、统筹调度的原则。省级储备物资主要用于补助流域性防洪工程的防汛抢险，市、县级储备物资主要用于本行政区域内防洪工程的防汛抢险。有防汛抗洪任务的乡镇和单位应储备必要的防汛物资，主要用于本地和本单位防汛抢险，并服从当地防汛指挥部的统一调度。常用的防汛物资和器材有：块石、编织袋、麻袋、土工布、土、砂、碎石、块石、水泥、木材、钢材、铅丝、油布、绳索、炸药、挖抬工具、照明设备、备用电源、运输工具、报警设备等。应根据工程的规模以及可能发生的险情和抢护方法对上述物资器材做一定数量的储备，以备急用。

### （八）行蓄滞洪区运用准备

对已确定的行蓄滞洪区，各级防汛指挥部门要对区内的安全建设，通信、道路、预警、救生设施和居民撤离安置方案等进行检查并落实。

## 二、防汛责任制度

各级防汛指挥部门要建立健全分级管理责任制、分包工程责任制、岗位责任制、技术责任制、值班工作责任制。

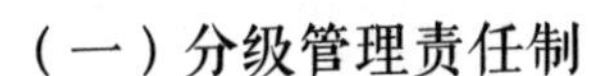



（一）分级管理责任制

根据水系以及堤防、闸坝、水库等防洪工程所处的行政区域、工程等级和重要程度以及防洪标准等，确定省、市、县各级管理运用、指挥调度的权限责任，实行分级管理、分级负责、分级调度。

（二）分包工程责任制

为确保重点地区和主要防洪工程的度汛安全，各级政府行政负责人和防汛指挥部领导成员实行分包工程责任制。例如分包水库、分包河道堤段、分包蓄滞洪区、分包地区等。

（三）岗位责任制

汛期管好用好水利工程，特别是防洪工程，对减少灾害损失至关重要。工程管理单位的业务部门和管理人员以及护堤员、巡逻人员、抢险人员等要制定岗位责任制，明确任务和要求，定岗定责，落实到人。岗位责任制的范围、内容、责任等，都要做出明文规定，严格考核。

（四）技术责任制

在防汛抢险中要充分发挥技术人员的技术专长，实现优化调度，科学抢险，提高防汛指挥的准确性和可行性。预测预报、制定调度方案、评价工程抗洪能力、采取抢险措施等有关防汛技术问题，应由各专业技术人员负责，建立技术责任制。

（五）值班工作责任制

汛期容易突然发生暴雨洪水、台风等灾害，而且防洪工程设施在自然环境下运行，也会出现异常现象。为预防不测，各级防汛机构均应建立防汛值班制度，使防汛机构及时掌握和传递汛情，加强上下联系，多方协调，充分发挥枢纽作用。汛期值班人员的主要责任如下：

1. 了解掌握汛情。汛情一般包括雨情、水情、工情、灾情。具体要求是：①雨情、水情：按时了解实时雨情、水情实况和气象、水文预报；②工情：当雨情、水情达到某一量值时，要主动向所辖单位了解河道堤防、水库、闸坝等防洪工程的运用、防守、是否发生险情及处理情况；③灾情：主动了解受灾地区的范围和人员伤亡情况以及抢救措施。

2. 按时报告、请示、传达。按照报告制度，对于重大汛情及灾情要及时向上级汇报；对需要采取的防洪措施要及时请示批准执行；对授权传达的指挥调度命令及意见，要及时准确传达。

3. 熟悉所辖地区的防汛基本资料和主要防洪工程的防御洪水方案的调度计划，对所发生的各种类型洪水要根据有关资料进行分析研究。

4. 对发生的重大汛情等要整理好值班记录，以备查阅并归档保存。

5. 严格执行交接班制度，认真履行交接班手续。

6. 做好保密工作，严守机密。

## 三、汛期巡查

汛前对防洪工程进行全面仔细的检查，对险工、险段、险点部位进行登记；汛期或水位较高时，要加强巡检查险工作，必须实行昼夜值班制度。检查一般分为日常巡查和重点检查。

### （一）日常巡查

日常巡查即要对可能发生险情的区域进行普遍的查看，做到“徒步拉网式”巡查，不漏疑点。要把对工程的定时检查与不定时巡查结合起来，做到“三加强、三统一”，即加强责任心，统一领导，任务落实到人；加强技术指导，统一填写检查记录的格式，如记述出现险情的时间、地点、类别，绘制草图，同时记录水位和天气情况等有关资料，必要时应进行测图、摄影和录像，甚至立即采取应急措施，并同时报上一级防汛指挥部；加强抢险意识，统一巡查范围、内容和报警方法。

### （二）重点检查

重点检查即重点对汛前调查资料中所反映出来的险工、险段，以及水毁工程修复情况进行检查。重点检查要认真细致，特别注意发生的异常现象，科学分析和判断。若为险情，要及时采取措施，组织抢险，并按程序及时上报。

### （三）检查的范围

检查的范围包括堤坝主体工程、堤（河）岸，背水面工程压浸台，距背水坡脚一定范围内的水塘、洼地和水井，以及与工程相接的各种交叉建筑物。检查的主要内容包括是否有裂缝、滑坡、跌窝、洞穴、渗水、塌岸、管涌（泡泉）、漏洞等险情发生。

### （四）检查的要求

检查必须注意“五时”，做到“四勤”“三清”“三快”。

1. 五时

即黎明时、吃饭时、换班时、黑夜时、狂风暴雨交加时。这些时候往往最容易疏忽忙乱，注意力不集中，险情不易判察，容易被遗漏，特别是对已经处理过的险情和隐患，更要注意复查，提高警惕。

2. 四勤

即勤看、勤听、勤走、勤做。

3. 三清

即险情要查清、信号要记清、报告要说清。

4. 三快

即发现险情要快，处理险情要快，报告险情要快。

以上几点即要求及时发现险情，分析原因，小险迅速处理，防止发展扩大，重大险情立即报告，尽快处理，避免溃决失事，造成严重灾害。

### （五）巡查的基本方法

巡查的主要目的是发现险情，巡查人必须做到认真、细致。巡查时的主要方法也很简单，可概括为“看、听、摸、问”四个字。

1. 看

主要查看工程外观是否与正常状态出现差异。要查看工程表面是否出现有缝隙，是否发生塌陷坑洞、坡面是否出现滑挫等现象；要查看迎水面是否有漩涡产生，迎水坡是否有垮塌；要查看背水坡是否有较大面积湿润、背水坡和背水面地表是否有水流出，背水面渠道、洼地、水塘里是否有翻水现象，水面是否变浑浊。

2. 听

仔细辨析工程周围的声音，如迎水面是否有形成漩涡产生的嗡嗡声，背水坡脚是否有水流的潺潺声，穿堤建筑物下是否有射流形成的哗哗声。

3. 摸

当发现背水坡有渗水、冒水现象时，用手感觉水温，如果水温明显低于常温，则表示该水来自外江水，此处必为险情；用手感觉穿堤建筑物闸门启闭机是否存在震动，如果是，则闸门下可能存在漏水等险情。

4. 问

因地质条件等原因，有时险情发生的范围远超出一般检查区域，因此，要问询附近居民，农田中是否发生冒水现象，水井是否出现浑浊等。

## 四、汛后工作

汛期高水位时水利工程局部特别是险工、险段处或多或少会发生一些损坏，这些损坏处在水下时不易被发现，经历一个汛期，汛后退水期间，这些水毁处将逐渐暴露出来。有时因退水较快，还可能出现临水坡岸崩塌等新的险情。为全面摸清水利工程险工隐患，调查水利工程的薄弱环节，必须开展汛后检查工作。汛后检查工作，应包括以下几个方面的内容：

### （一）工程检查

一是要重点检查汛期出险部位的状况；二是要对水利工程进行一次全面的普查，特别是重点险工和险段处；三是要做好通信及水文设施的检查工作。详细记录险情部位的相关资料，分析险情产生的原因，形成险情处置建议方案。

### （二）防汛预案和调度方案修订

比对实施的防汛预案和调度方案，结合汛期实际操作情况，完善和修订下年度的防汛预案和调度方案。

### （三）汛情总结

全面总结汛期各方面工作，包括当年洪水特征、洪涝灾害情况、形成原因、发生与发展过程等，发生险情情况、应急抢护措施、洪水调度情况、救灾中的成功经验与教训等。

### （四）工程修复

结合秋冬水利建设项目制订水毁工程整险修复方案，安排或申报整险修复工程计划，在翌年汛前完成整险修复工程任务。

### （五）其他工作

其他各方面的工作，如清点核查防汛物资，对防汛抢险所耗用和过期变质失效的物料、器材及时办理核销手续，并增储补足。

# 第五节 黄河防汛措施

## 一、工程措施

在党的领导下，水利部门依靠群众修建了大量的防洪工程，培修堤防，加固险工，整治河道，在中游干支流上先后建设了三门峡、陆浑、故县和小浪底水库，同时修建了北金堤、东平湖、齐河北展、垦利南展等分滞洪工程，初步建成了“上拦下排，两岸分滞”的防洪工程体系，为处理洪水提供了调（水库调节）、排（河道排泄）、分（分洪滞洪）的多种措施，改变了过去历史上单纯依靠堤防工程防洪的局面，为战胜洪水奠定了较好的基础。

上拦工程主要有干流的三门峡、小浪底水库和支流的陆浑、故县水库。

### （一）三门峡水库

三门峡水库是为根治黄河水害、开发黄河水利修建的第一个大型关键性工程，位于河南省三门峡市与山西省平陆县交界的黄河干流上，控制黄河流域面积 68.8 万 $km^2$。大坝为混凝土重力坝，最大坝高 106m，主坝长 713m，坝顶宽 6.5~22.6m，顶高程 353m。现防洪运用水位 335m 以下，库容约 56 亿 $m^3$。发电装机容量（5 台机组）25 万 kW，年发电量 13 亿 kWh。其运用原则是：当上游发生特大洪水时，根据上、下游来水情况，关闭部分或全部闸门，增建的泄水孔原则上应提前关闭，以防增加下游负担。冬季承担下游防凌任务。

### （二）小浪底水库

1. 工程概况

小浪底水库位于黄河干流中游末端最后一个峡谷的出口，上距三门峡水库大坝 130km，下距郑州京广铁路桥 115km，控制流域面积 69.4 万 $km^2$。小浪底水库是一座以防洪、防凌、减淤为主，兼顾供水、灌溉和发电的综合枢纽工程。总库容 126.5 亿 $m^3$，其中，防洪库容 51 亿防凌和兴利库容 41 亿 $m^3$，调沙库容 10 亿 $m^3$，淤积库容 72.5 亿 $m^3$。水库正常蓄水位 275m，最大坝高 154m，回水到三门峡水库坝下。小浪底水库安装 6 台发电机组，装机容量 156 万 kW，多年发电量 51 亿 kWh。据初步设计，小浪底水库第一阶段蓄水拦沙期估计约 15 年，拦沙库容淤满后，水库进入正常运用。即每年 7 月到 9 月水库敞泄洪水泥沙，10 月到次年 6 月拦水拦沙，抬高水位发电。

2. 小浪底水库建成后对山东黄河的影响

（1）对防洪的影响

首先从对黄河下游构成洪灾威胁的暴雨洪水来看，三门峡以上为“上大型洪水”，以下为“下大型洪水”。小浪底和三门峡水库联合运用，可有效防御“上大型洪水”，而对“下大型洪水”，因水库控制的流域面积为 5730km$^2$，仅占三门峡至花园口无控制区面积 4.6 万 km$^2$ 的 13.7%，因此，控制“下大型洪水”的作用是有限的。

其次，从小浪底水库对下游的防洪效益来看，水库兴建后，花园口站防御标准由六十年一遇提高到千年一遇，遇大洪水、特大洪水不使用北金堤滞洪区，主要受益河段是高村以上；而艾山以下河段，防洪任务未变。就是说，无论小浪底水库兴建与否，艾山以下的防洪标准均为 10000m$^3$/s，百年一遇、千年一遇洪水仍需运用东平湖分洪，东平湖水库分洪运用机遇及艾山发生 10000m$^3$/s 流量的机遇仍将达百分之十几。因此，小浪底水库防洪运用后，艾山以下河道的防洪任务并没有减轻。对于超 10000m$^3$/s 洪水，由于干流水库蓄积洪水，延长了洪水历时，反而使艾山以下河道防洪任务加重。

（2）对防凌的影响

小浪底水库建成后，增加了 20 亿 m$^3$ 防凌调蓄库容，与三门峡水库联合调度运用，两库库容共计 35 亿 m$^3$，根据以往黄河下游严重凌汛且来水量较多的年份进行测算，这个库容基本可以满足防凌要求。再加上利用山东省的展宽工程，可以基本解除山东黄河凌汛的威胁。但是，由于下游凌汛期间，气温变化无常，凌情影响因素很多，主河槽逐年淤积，河槽蓄水量相对减少，仍有发生不测凌灾的可能，要保持警惕，以防万一。

（3）对河道减淤的影响

小浪底水库设计拦沙库容 100 亿 t，可减少下游河道淤积约 77 亿 t，相当于正常来水年份下游河道 20 年不淤。这说明水库的减淤作用从总量来说是明显的，但从已建成的三门峡水库多年运用的实践来看，对不同的河段，减淤作用各不相同，即近冲远淤。高村以上河段因紧接小浪底水库，减淤作用最大，高村至艾山河段也有一定的减淤作用，艾山以下河道因距小浪底水库较远，水库拦沙下泄清水，经过长距离的河槽冲刷调整，水流含沙量增大，把宽河道的泥沙挟移至窄河道，而水量经过沿程的引用又逐渐减少，加之艾山以下河道比降较缓，水流挟沙能力减弱，因此对艾山以下河段是否减淤值得研究。甚至还有可能加重山东河段的淤积。

### （三）陆浑水库

陆浑水库位于黄河支流伊河中游的河南省嵩县田湖附近，控制流域面积 3492km$^2$，占该河流域面积的 57.9%，设计防洪水位 327.10m，总库容 12.9 亿 m$^3$，防洪库容 6.46 亿 m$^3$，坝顶高程 333.0m，最大坝高 55m，坝长 710m。该库以防洪为主，灌溉、发电、供水和养鱼等综合利用，是下游重要的拦洪工程。

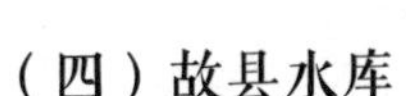

### （四）故县水库

故县水库位于黄河支流洛河中游的河南省洛宁县故县村附近，控制流域面积 5370km$^2$，占三门峡至花园口间流域面积的 13%，设计防洪水位为 548.55m，总库容 12 亿 m$^3$，防洪库容初期为 7 亿 m$^3$，后期为 5 亿 m$^3$。该水库是防洪、灌溉、发电、供水综合利用的水库，主要作用是减轻黄河下游洪水威胁。当预报花园口站流量达 12000m$^3$/s 且有上涨趋势时，要求故县水库提前 8h 关闸停止泄洪，但库水位达到 20 年一遇洪水位时，应启闸泄洪保坝。发电装机 3 台机组 6 万 kW，年发电量 1.76 亿 kWh。

## 二、非工程措施

### （一）防汛队伍

黄河抗洪抢险队伍主要有黄河专业队伍、群众队伍、中国人民解放军和武装警察部队三支力量组成。

1. 黄河专业队伍

主要负责防洪工程的建设、管理和维护，水情、工情测报，通信联络，是工程防守和紧急抢险的骨干力量。除各单位固定防守堤段安排的防守力量外，另组建抢险队，担负着黄河机动抢险任务。

2. 群众防汛队伍

一线队伍由沿黄河乡（镇）的群众组成；二线队伍由沿黄河县的后方乡（镇）群众组成；三线队伍由沿黄河市（地）的部分后方县（市、区）群众组成；沿黄城市还组织部分工人预备队。

3. 解放军和武装警察部队

中国人民解放军和武装警察部队是抗洪抢险的突击力量，担负着急、难、险、重任务，主要承担大堤防守、重点河段的险情抢护、分洪闸闸前围堰和行洪障碍的爆破以及滩区（蓄滞洪区）群众紧急迁安救护等任务。

### （二）水情测报

1. 黄河水情站网布设

为了满足黄河防洪的需要，黄河流域设立了水文站网，由水文站、水位站、水库站、雨信站组成，并严格按照规范，及时准确地测报水雨情，为防洪提供可靠信息。站网中的各站分属黄河流域各省、区及沿黄业务部门管理。

2. 水文情报、预报

水文情报主要指雨情和水文观测站的流量、水位、含沙量等，是防洪决策的重要依据。水文预报是根据洪水的形成、特点和在河道中的运行规律，利用过去和实时水情资料，对未来一定时段内的洪水情况进行的预测。黄河下游洪水预报发布中心设在黄河防汛总指挥部。

## （三）黄河防汛通信

黄河专用通信网，初步形成了以交换程控自动化、传输数字微波化为主，辅以一点多址通信、无线接入通信、集群通信、预警通信等多种通信手段相结合的比较完整的现代化通信专用网，基本上满足了黄河防汛指挥、调度和日常治黄工作的需要。

## （四）防汛自动化建设

先后建立了水情译电系统、气象卫星云图接收系统、计算机网络系统、办公自动化系统和大屏幕指挥系统等，省、市（地）局基本实现了办公自动化，保证了各种信息、指令的及时传递，从而保证了抗洪、抢险、救灾等工作的顺利进行。

1. 水情译电系统。主要用于接收翻译黄河上、中游实时水雨情信息。

2. 气象卫星云图接收系统。可以定时自动接收日本 GMS 气象卫星图片信息，主要用于监视灾害性天气变化过程。

3. 黄河下游防洪减灾计算机局域网络系统。该系统是黄委与芬兰合作建设的。

4. 办公自动化系统。通过网络系统能够及时地将水、雨情、卫星云图及有关防汛信息传递到 8 个市（地）局，实现了防汛信息的共享。目前省、市（地）局基本实现了办公自动化，使公文传递、传真电报及其他材料、信息的传输更加迅速、及时，提高了办事效率。

5. 大屏幕防汛指挥系统。该系统能够将水情、云图、工程图等声像资料从大屏幕上播放出来，便于防汛指挥、技术人员及时了解汛情和进行防汛指挥调度。

## （五）防洪预案

防洪预案是根据国务院规定的防汛任务和《水法》《防洪法》《防汛条例》的要求，结合山东省黄河防汛实际而预先制订的洪水防御计划，主要内容包括：洪水及河道排洪能力分析，防洪任务和存在的主要问题，洪水处理原则和防洪重点，组织指挥和防汛责任划分，防汛队伍、料物的组成和作用，各级洪水的防御措施，以及各种保障等。

（六）防汛物资

黄河防汛物资的储备由黄河河务部门防汛常备物资、机关团体和群众备料、中央防汛物资储备等部分组成。

1. 防汛常备物资，指黄河河务部门常年储备的防汛机械设备、料物、器材、工具等。主要物资由省黄河防汛办公室按照规定的储备定额和需要，结合防汛经费情况，统一储备。零星器材、料物、工具等由各市（地）黄河防办按定额自行储备。仓库设置按照“保证重点，合理布局，管理安全，调用及时”的原则，分布于黄河沿线，是山东省黄河抢险应急和先期投入使用的物资来源。

2. 机关团体和群众备料。指生产及经营可用于防汛的物资的企业、政府机关、社会团体和群众所能掌握及自有的可用于防汛的物资，这是抗洪抢险物资的重要储源。汛前由各级政府根据防汛需要下达储备任务，防汛指挥机构汛前进行检查、落实，按照“备而不集、用后付款”的原则，汛前逐单位、逐户进行登记造册、挂牌号料、落实地点、数量和运输方案措施，视水情、工情及防守抢险需要由当地防汛指挥部调用。

3. 中央防汛物资指由国家防办在全国各地设立的中央防汛物资储备定点仓库所备的物资，主要满足防御大江大河大湖的特大洪水抢险需要。在紧急防汛期，这部分物资将是重要后续供应来源。根据急需，由防汛抗旱指挥部逐级向国家防办申请。

## 第六节 主要抢险方法

### 一、渗水险情抢护

（一）险情

堤坝在汛期持续高水位情况下，浸润线较高，而浸润线出逸点以下的背水坡及堤坝脚附近易出现土壤湿润或发软，并有水渗出的现象，称为渗水或散浸、洇水。如不及时处理，可能发展成管涌、流土、滑坡等险情。渗水是堤坝常见险情。

（二）产生原因

1. 高水位持续时间长。
2. 堤坝断面不足或缺乏有效防渗、排水措施。
3. 堤坝土料透水性大、杂质多或夯压不实。

4. 堤坝本身有隐患，如白蚁、鼠、蛇巢穴等。

### （三）抢护原则

堤坝渗水抢护的原则是“临水截渗，背水导渗”。临水截渗，就是在临水面采取防渗措施，以减少进入堤坝坝体的渗水。背水导渗，就是在背水坡采取导渗沟、反滤层、透水后戗等反滤导渗措施，以降低浸润线，保护渗流出逸区。

当堤坝发生险情后，应当查明出险原因和险情严重程度。如渗水时间不长且渗出的是清水，水情预报水位不再大幅上涨时，只要加强观察，监视险情变化，可暂不处理；如渗水严重，则必须迅速处理，防止险情扩大。

### （四）抢护方法

1. 临水截渗

通过加强迎水坡防渗能力，减小进入堤坝内的渗流量，以降低浸润线，达到控制渗水险情的目的。

（1）黏土前戗截渗

当堤坝前水不太深，流速不大，附近有丰富黏性土料时，可采用此法。

具体做法是：根据堤坝前水深和渗水范围确定前戗修筑尺寸。一般顶宽 3~5m，戗顶高出水位约 1m，长度至少超过渗水段两端各 5m 左右。抛填黏土时，可先在迎水坡肩准备好黏土，然后将土沿迎水坡由上而下、由里而外，向水中慢慢推入。由于土料入水后的崩解、沉积和固结作用，即筑成黏土前戗。

（2）土工膜截渗

当堤坝前水不太深，附近缺少黏性土料时，可采用此法。

具体做法是：①先选择合适的防渗土工膜，并清理铺设范围内的坡面和坝基附近地面，以免损坏土工膜。②根据渗水严重程度，确定土工膜沿边坡的宽度，预先黏结好，满铺迎水坡面并伸到坡脚后外延 1m 以上为宜。土工膜长度不够时可以搭接，其搭接长度应大于 0.5m。③铺设前，一般将土工膜卷在 8~10m 的滚筒上，置于迎水坡肩上，每次滚铺前把土工膜的下边折叠粘牢形成卷筒，并插入直径 4~5cm 的钢管加重，使土工膜能沿坡紧贴展铺。④土工膜铺好后，应在上面满压一层土袋。从土工膜最下端压起，逐渐向上，平铺压重，不留空隙，以作为土工膜的保护层。

（3）土袋前戗截流

当堤坝前水不太深，流速较大，土料易被冲走时可采用此法。

具体做法是：在迎水坡坡脚以外用土袋筑一道防冲墙，其厚度与高度以能防止水流冲刷戗土为度，然后抛填黏土，即筑成截流戗体。

（4）桩柳前戗截渗

当堤坝前水较深，在水下用土袋筑防冲墙有困难时，可采用此法。

具体做法是：首先在迎水坡坡脚前 0.5~1.0m 处打木桩一排，排距 1 m，桩长以入土 1m，桩顶高出水面 1m 为度。其次用竹竿、木杆将木桩串联，上挂芦席或草帘，木桩顶端用 8 号铅丝或麻绳与堤坝上的木桩拴牢。最后在桩柳墙与堤坝迎水坡之间填土筑戗体。

2. 反滤导渗沟

当堤坝前水较深，背水坡大面积严重渗水时，可采用此法。导渗沟的作用是反滤导渗、保土排水，即在引导堤坝体内渗水排出的过程中不让土颗粒被带走，从而降低浸润线稳定险情。反滤导渗沟的形式，一般有纵横沟、Y 字形沟和人字形沟。

在导渗沟内铺垫滤料时，滤料的粒径应顺渗流方向由细到粗，即掌握下细上粗、边细中粗、分层排列的原则铺垫，严禁粗料与土体直接接触。根据铺垫的滤料不同，导渗沟做法有以下几种。

（1）沙石料导渗沟

顺堤坝边坡的竖沟一般每隔 6~10m 开挖一条，沟深和沟宽均不小于 0.5m。再顺坡脚开挖一条纵向排水沟，填好反滤料，纵沟应与附近地面原有排水沟渠相连，将渗水排至远离坡脚外。然后在背水坡上开挖与排水沟相连的导渗沟，逐段开挖，逐段按反滤层要求铺设滤料，一直铺设到浸润线出逸点以上。如开沟后仍排水不畅，可增加竖沟密度或开斜沟，以改善反滤导渗效果。为防止泥土掉入导渗沟，可在导渗沟沙石料上面覆盖草袋、席片等，然后压块石、沙袋保护。

（2）土工织物导渗沟

沟的开挖方法与沙石料导渗沟相同。导渗沟开挖后，将土工织物紧贴沟底和沟壁铺好，并在沟口边沿露出一定宽度，然后向沟内填满透水料，不必分层。填料时，要防止有棱角的滤料直接与土工织物接触，以免刺破。如土工织物尺寸不够，可采用搭接形式，搭接宽度不小于 20cm。在滤料铺好后，上面铺盖草帘、席片等，并压以沙袋、块石保护。纵向排水沟要求与沙石料导渗沟相同。

（3）梢料导渗沟

梢料导渗沟也称芦柴导渗沟。梢料是用稻糠、稻草、麦秸等当作细梢料，用芦苇、树枝等当作粗梢料。当缺乏沙石料和土工织物时，可用梢料替代反滤材料。其开沟方法与沙石料导渗沟相同。梢料铺垫后，上面再用席片、草帘等铺盖，最后用块石或砂袋压实。

3. 反滤层导渗

当堤坝背水坡渗水较严重，土体过于稀软，开挖反滤导渗沟有困难时，可采用此法。反滤层的作用和反滤导渗沟相同。虽然反滤层不能明显降低浸润线，但能对渗流出逸区起到保护作用，从而增强堤坝稳定性。根据铺垫的滤料不同，反滤层有以下几种：

（1）沙石料反滤层

筑砂石料反滤层时，先将表层的软泥、草皮、杂物等清除，清除深度 20~30cm，再按反滤要求将沙石料分层铺垫，上压块石。

（2）土工织物反滤层

按沙石料反滤层要求对背水坡渗水范围内进行清理后，先满铺一层合适土工织物，若宽度不够，可以搭接，搭接宽度应大于20cm。然后铺垫透水材料（不需分层）厚40~50cm，其上铺盖席片、草帘，最后用块石、沙袋压盖保护。

（3）梢料反滤层

梢料反滤层又称柴草反滤层。用梢料代替沙石料筑反滤层时，先将渗水范围按沙石料反滤进行清理，再按下细上粗反滤要求分层铺垫梢料，最后用块石、沙袋压盖保护。

## 二、管涌险情抢护

### （一）抢护原则

抢护管涌险情的原则应是制止涌水带砂，而留有渗水出路。这样既可使沙层不再被破坏，又可以降低附近渗水压力，使险情得以控制和稳定。

值得警惕的是，管涌虽然是堤防溃口的极为明显和常见的原因，但对它的危险性仍有认识不足，措施不当，或麻痹疏忽，贻误时机的。如大围井抢筑不及或高围井倒塌都曾造成决堤灾害。

### （二）抢护方法

1. 反滤围井

在管涌口处用编织袋或麻袋装土抢筑围井，井内同步铺设反滤料，从而制止涌水带砂，以防止险情进一步扩大，当管涌口非常小时，也可用无底水桶或汽油桶做围井。这种方法一般适用于发生在背河地面或洼地坑塘出现数目不多和面积较小的管涌，以及数目虽多但未连成大面积，可以分片处理的管涌群。对位于水下的管涌，当水深比较浅时，也可以采用这种方法。

围井面积应根据地面情况、险情程度、料物储备等来确定。围井高度应以能够控制涌水带砂为原则，但也不能过高，一般不超过1.5m，以免围井附近产生新的管涌。对管涌群，可以根据管涌口的间距选择单个或多个围井进行抢护。围井与地面应紧密接触，以防造成漏水，使围井水位无法抬高。

围井内必须用透水材料铺填，切忌用非透水材料。根据所用反滤料的不同，反滤围井可分为以下几种形式：

（1）沙石反滤围井

沙石反滤围井是抢护管涌险情的最常见形式之一。选用不同级配的反滤料，可用于

不同土层的管涌抢险。在围井抢筑时，首先应清理围井范围内的杂物，并用编织袋或麻袋装土填筑围井。然后根据管涌程度的不同，采用不同的方式铺设反滤料。对管涌口不大、涌水量较小的情况，采用由细到粗的顺序铺设反滤料，即先填入细料，再填过渡料，最后填粗料，每级滤料的厚度为20~30cm，反滤料的颗粒组成应根据被保护土的颗粒级配事先选定和储备；对管涌口直径和涌水量较大的情况，可先填入较大的块石或碎石，以减弱涌出的水势，再按前述方法铺设反滤料，以免较细颗粒的反滤料被水流带走。

反滤料填好后应注意观察，若发现反滤料下沉可补足滤料，若发现仍有少量浑水带出而不影响其骨架改变（即反滤料不产生下陷），可继续观察其发展，暂不处理或略抬高围井水位。管涌险情基本稳定后，在围井的适当高度插入排水管（塑料管、钢管和竹管），使围井水位适当降低，以免围井周围再次发生管涌或井壁倒塌。同时，必须持续不断地观察围井及周围情况的变化，及时调整排水口高度。

（2）土工织物反滤围井

首先对管涌口附近进行清理平整，清除尖锐杂物。管涌口用粗料（碎石、砾石）充填，以减小涌水压力。铺土工织物前，先铺一层砂，粗砂层厚30~50cm。然后选择合适的土工织物铺上。需要特别指出的是，土工织物的选择是相当重要的，并不是所有土工织物都适用。选择的方法可以将管涌口涌出的水和沙子放在土工织物上，从上向下渗透几次，看土工织物是否淤堵。若管涌带出的土为粉沙时，一定要慎重选用土工织物（针刺型）；若为较粗的砂，一般的土工织物均可选用。

最后要注意的是，土工织物铺设一定要形成封闭的反滤层土工织物周围应嵌入土中，土工织物之间用线缝合。然后在土工织物上面用块石等强透水材料压盖，加压顺序为先四周后中间，最终中间高、四周低，最后在管涌区四周用土袋修筑围井。围井修筑方法和井内水位控制与沙石反滤围井相同。

（3）梢料反滤围井

“梢料”反滤围井用“梢料”代替沙石反滤料做围井，适用于沙石料缺少的地方。下层选用麦秸、稻草，铺设厚度20~30cm。上层铺设粗梢料，如柳枝、芦苇等，铺设厚度30~40cm。梢料填好后，为防止梢料上浮，梢料上面压块石等透水材料。围井修筑方法及井内水位控制与沙石反滤围井相同。

2. 反滤压盖

在堤内出现大面积管涌或管涌群时，如果料源充足，可采用滤层压盖的方法，以降低涌水流速，制止地基泥沙流失，稳定险情。反滤层压盖必须用透水性好的材料，切忌使用不透水材料。根据所用反滤料不同，可分为以下几种。

（1）沙石滤料铺盖

在抢筑前，先清理铺设范围内的杂物和软泥，同时对其中涌水和涌砂子较严重的出口，可用块石或砖块抛填，以削弱其水势，然后在已清理好的管涌范围内，铺粗砂一层，厚约20cm，再铺小石子和大石子各一层，厚度均为20cm，最后铺盖块石一层，予以保护。

（2）土工织物滤层铺盖

在抢筑前，先清理铺设范围内的杂物和软泥，然后在其上面满铺一层土工织物滤料，再在上面铺一层厚度为40~50cm的透水料，最后在透水料层上满压一层厚度为20~30cm的片石或块石。

（3）梢料反滤铺盖

当缺乏沙石料时，可用梢料作铺盖。其清基和减弱水势措施与沙石滤料压盖相同。在铺筑时，先铺细梢料，如麦秸、稻草等，厚10~15cm，再铺粗梢料，如柳枝、秫秸和芦苇等，厚15~20cm，粗细梢料共厚约30cm，然后再铺席片、草垫或苇席等，组成一层。视情况可只铺一层或连铺数层，然后用块石或沙袋压盖，以免梢料漂浮。梢料总的厚度以能够制止涌水携带泥沙、变浑水为清水、稳定险情为原则。

3. 背水月牙堤抢护

背水月牙堤抢护又称背水围堰。当背水堤脚附近出现分布范围较大的管涌群险情时，可在堤背出险情的范围外抢筑月牙堤，拦截涌出的水，抬高下游堤脚处的水位，使堤坝两侧的水位平衡。

月牙堤的抢护可随着水位的升高而加高，直到险情稳定为止，但月牙堤高度一般不超过2m，然后安设排水管将余水排出。背水月牙堤的修筑必须保证质量标准，同时要慎重考虑月牙堤填筑工作与完工时间是否能适应管涌险情的发展。

4. 水下反滤的抢护

当水较深，做反滤围井困难时，可采用水下抛填反滤层的办法。如管涌严重，可先填块石以减弱涌水的水势，然后从水上向管涌口处分层倾倒沙石料，使管涌处形成反滤堆，使砂粒不再带出，以控制险情的发展，从而达到控制管涌险情的目的。但这种方法使用沙石料较多，也可用土袋做成水下围井，以节省沙石滤料。

5. “牛皮包”的处理

当地表土层在草根或其他胶结体作用下凝结成一片时，渗透水压把表土层顶起而形成的鼓包，俗称为“牛皮包”。一般可在隆起的部位，铺麦秸或稻草一层，厚10~20cm，其上再铺柳枝、秫秸或芦苇一层，厚20~30cm。如厚度超过30cm时，可分横竖两层铺放，然后再压土袋或块石。

## 三、裂缝险情抢护

土质工程受温度、干湿性、不均匀受力、基础沉降、震动等外界影响发生土体分裂的现象，形成裂缝。裂缝是水利工程常见的险情，裂缝形成后，工程的整体性受到破坏，洪水或雨水易于渗入水利工程内部，降低工程挡水能力。

裂缝按成因可分为不均匀沉陷裂缝、滑坡裂缝、干缩裂缝、冰冻裂缝、振动裂缝；按出现的部位可分为表面裂缝、内部裂缝；按走向可分为横向、纵向和龟纹裂缝；按发

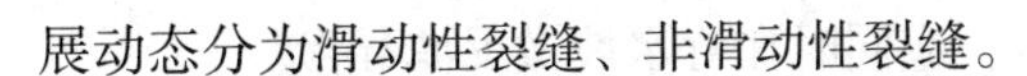

展动态分为滑动性裂缝、非滑动性裂缝。

引起裂缝的主要原因有：基础不均匀沉降；施工质量差。填筑土料中夹有淤土块、冻土块、硬土块；碾压不实，新老接合面未处理好；土质工程与其他建筑物接合部处理不好；工程内部存在隐患。比如白蚁、蛇、狐、鼠等的洞穴，人类活动造成的洞穴如坟墓、藏物洞、军沟战壕等；在高水位渗流作用下，浸润线抬高，干湿土体分界明显，背水坡抗剪强度降低或迎水坡水位骤降等；振动及其他原因，如地震或附近爆破造成工程或基础砂土液化，引起裂缝，工程顶部存在不均匀荷载或动荷载。

### （一）抢护原则

判明原因，先急后缓，隔断水源，开挖回填。

### （二）抢护方法

裂缝险情的抢护方法，一般有开挖回填、横墙隔断、封堵缝口等。

1. 开挖回填

这种方法适用于经过观察和检查确定已经稳定，缝宽大于 3cm，深度超过 1m 的非滑坡性纵向裂缝。

（1）开挖

沿裂缝开挖一条沟槽，挖到裂缝以下 0.3~0.5m 深，底宽至少 0.5m，边坡的坡度应满足稳定及新旧填土能紧密结合的要求，两侧边坡可开挖成阶梯状，每级台阶高宽控制在 20cm 左右，以利稳定和新旧填土的结合。沟槽两端应超过裂缝 1m。

（2）回填

回填土料应和堤坝原土料相同，含水量相近，并控制含水量在适宜范围内。土料过干时应适当洒水。回填要分层填土夯实，每层厚度约 20cm，顶部高出 3~5cm，并做成拱弧形，以防雨水入侵。

需要强调的是，已经趋于稳定并不伴随有崩塌、滑坡等险情的裂缝，才能用上述方法进行处理。当发现伴随有崩塌、滑坡险情的裂缝，应先抢护崩塌、滑坡险情，待脱险并裂缝趋于稳定后，再按上述方法处理。

2. 横墙隔断

此法适用于横向裂缝，施工方法如下。

（1）沿裂缝方向，每隔 3~5m 开挖一条与裂缝垂直的沟槽，并重新回填夯实，形成梯形横墙，截断裂缝。墙体底边长度可按 2.5~3.0m 掌握，墙体厚度以便利施工为度，但不应小于 50cm。开挖和回填的其他要求与上述开挖回填法相同。

（2）如裂缝临水端已与河水相通，或有连通的可能，开挖沟槽前，应先在临水侧裂缝前筑前戗截流。沿裂缝在背水坡已有水渗出时，应同时在背水坡做反滤导渗。

（3）当裂缝漏水严重，或水位猛涨，来不及全面开挖裂缝时，可先沿裂缝每隔3~5m挖竖井，并回填黏土截堵，待险情缓和后，再伺机采取其他处理措施。

3. 封堵缝口

（1）灌堵缝口

裂缝宽度小于1 cm，深度小于1 m，不甚严重的纵向裂缝及不规则纵横交错的龟纹裂缝，经观察已经稳定时，可用灌堵缝口的方法：①用土粉细砂由缝口灌入，再用木条或竹片捣塞密实；②沿裂缝作宽5~10cm，高3~5cm的小土埂，压住缝口，以防雨水浸入。

裂缝无论是否采取封堵措施，均应注意观察、分析，研究其发展趋势，以便及时采取必要的措施。如灌堵以后，又有裂缝出现，说明裂缝仍在发展中，应仔细判明原因，另选适宜方法进行处理。

（2）裂缝灌浆

缝宽较大、深度较小的裂缝，可以用自流灌浆法处理。即在缝顶开宽、深各0.2m的沟槽，先用清水灌下，再灌水土重量比为1∶0.15的稀泥浆，然后再灌水土重量比为1∶0.25的稠泥浆，泥浆土料可采用壤土或砂壤土，灌满后封堵沟槽。

如裂缝较深，采用开挖回填困难时，可采用压力灌浆处理。先逐段封堵缝口，然后将灌浆管直接插入缝内灌浆，或封堵全部缝口，由缝侧打孔灌浆，反复灌实。灌浆压力一般控制在50~120kPa，具体取值由灌浆试验确定。

## （三）注意事项

1. 发现裂缝后，应尽快用土工薄膜、雨布等加以覆盖保护，阻止雨水流入缝中。对于横缝，要在迎水坡采取隔水措施，阻止水流入缝。

2. 发现伴随崩塌、滑坡险情的裂缝，应先抢护崩塌、滑坡险情，待脱险并趋于稳定后，必要时再按上述方法处理裂缝本身。

3. 做横墙隔断是否需要做前戗、反滤导渗，或者只做前戗或只做反滤导渗而不做隔断墙，应根据具体情况决定。

4. 压力灌浆的方法适用于已稳定的纵横裂缝，效果也较好。但是对于滑动性裂缝，可能促使裂缝继续发展，甚至引发更为严重的险情。

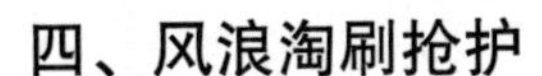

## 四、风浪淘刷抢护

### （一）险情说明

汛期涨水后，堤前水深增大，风浪也随之增大。堤坡在风浪淘刷下，易受破坏。轻者把临水堤坡冲刷成陡坎，重者造成坍塌、滑坡、漫水等险情，使堤身遭受严重破坏，甚至有决口的危险。

### （二）原因分析

风浪造成堤防险情的原因可归纳为两方面：一是堤防本身存在的问题，如高度不足、断面不足、土质不好等；二是与风浪有关的问题，如堤前吹程、水深风速大、风向与吹程一致等。

进一步分析风浪可能引起堤防破坏的原因有三：一是风浪直接冲击堤坡，形成陡坎，侵蚀堤身；二是抬高了水位，引起堤顶漫水冲刷；三是增加了水面以上堤身的饱和范围，减小土壤的抗剪强度，造成崩塌破坏。

### （三）抢护原则与方法

按消减风浪冲力，加强堤坡抗冲能力的原则进行，一般是利用漂浮物来消减风浪冲力，在堤坡受冲刷的范围内做好防浪护坡工程，以加强堤坡的抗冲能力。常用的抢护方法主要有挂柳防浪、挂枕防浪、土袋防浪、柳箔防浪、木排防浪、湖草排防浪、桩柳防浪土工膜防浪等。

### （四）注意事项

1. 抢护风浪险情尽量不要在堤坡上打桩，必须打桩时，桩距要疏，以免破坏土体结构，影响堤防防洪能力。

2. 防风浪一定要坚持“预防为主，防重于抢”的原则，平时要加强管理养护，备足防汛料物，避免或减少出现抢险被动局面。

3. 汛期抢做临时防浪措施，使用材料较多效果较差，容易发生问题。因此，在风浪袭击严重的堤段，如堤前有滩地，应及早种植防浪林并应种好草皮护坡，这是一种行之有效的防风浪生物措施。

## 五、漏洞险情抢护

在高水位的情况下，堤坝背水坡及坡脚附近出现横贯堤坝本身或基础的流水孔洞，称为漏洞，漏洞是常见的危险性险情之一。

漏洞视出水是否带砂分为清水漏洞和浑水漏洞两种。如果渗流量小，土粒未被带动，流出的水是清水，称为清水漏洞。清水洞持续发展，或者堤坝内有通道，水流直接贯通，挟带泥沙，流出的水色浑浊，则称为浑水漏洞。

漏洞产生的主要原因有：

1. 由于历史原因，工程内部遗留有屋基、墓穴、阴沟、暗道、腐朽树根等。

2. 填土质量不好，未夯实，有硬块或架空结构，在高水位作用下，土块间部分细料流失。

3. 填筑材料中夹有砂层等，在高水位作用下，砂粒流失。

4. 工程有白蚁、蛇、鼠、獾等动物洞穴。

5. 高水位持续时间长，工程土体变软，易促成漏洞的生成，故有“久浸成漏”之说。

6. 位于老口门和老险工部位在修复时结合部位处理不好或产生过的贯穿裂缝处理不彻底。

### （一）抢护原则

抢护原则是：“前截后导，临重于背，抢早抢小，一气呵成。”抢护时，先在迎水面找到漏洞进水口，及时堵塞，截断漏水来源；不能截断水源时，应在背水坡漏洞出水口采用反滤导渗，或筑围井降低洞内水流流速，延缓并制止土料流失，防止险情扩大，切忌在漏洞出口处用不透水料塞堵，以免造成险情扩大。

### （二）抢护方法

1. 漏洞进水口探摸

漏洞进水口探摸准确，是漏洞抢险成功的重要前提。漏洞进水口探摸有以下几种方法：

（1）查看漩涡

在无风浪时漏洞进水口附近的水体易出现漩涡，一般可直接看到；漩涡不明显时可利用麦糠、锯末、碎草、纸屑等漂浮物撒于水面，如发现打旋或集中一处时，即表明此处水下有进水口；夜间可用柴草扎成小船，插上耐久燃料串，点燃后，将小船放入水中，发现小船有旋转现象，即表明此处水下有进水口。

（2）观察水色

在出现漏洞水域，分段分期撒放石灰、墨水、颜料等不同带色物质，并设专人在背水坡漏洞出水口处观测，如发现出洞水色改变，即可判断漏洞进水口的大体位置，然后

进一步缩小投放范围，改变带色微粒，漏洞进水口便能准确找出。

（3）布幕、席片探漏

将布幕或席片连成一体，用绳索拴好，并适当坠以重物，使其沉没水中并贴紧坡面移动，如感到拉拖突然费劲，辨明不是有石块、木桩或树根等物阻挡，且出水口水流减弱，就说明这里有漏洞。

（4）探听声音

夜晚无法观察时，可以耳伏地探听声音，如果发现声音异常，有可能是漏洞；也可用手、足摸探出水口水温，若出水水温与迎水坡水温一致，可判断为漏洞出水。

（5）其他方法探漏

①十字形漏控探漏器

用两片薄铁片对口卡十字形铁翅，固定于麻秆一端，另一端扎有鸡翎或小旗及绳索，称为“漏控”，当漂浮到进水口时就会旋转下沉，由所系线绳即可探明洞口位置。

②水轮报警型探洞器

参照旋杯式流速仪原理，用可接长的玻璃钢管作控水杆，高强磁水轮作探头制成新型探洞器。当水轮接近漏洞进水口时，水轮旋转，接通电路，启动报警器，即可探明洞口位置。

③竹竿钓球探洞法

在长竹竿上系线绳，线绳中间系一小网兜装球，线绳下端系一小铁片。探测时，一人持竿，另一人持绳，沿堤顺水流方向前进，如遇漏洞口，小铁片将被吸到洞口附近，水上面的皮球被吸入水面以下，借此寻找洞口。

（6）水下探摸

有的洞口位于水深流急之处，水面看不到漩涡，可下水探摸。其方法是：一人站在迎水坡或水中，将长杆（一般 5~6m）插入坡面，插牢并保持稳定，另派水性好的 1~2 人扶杆摸探。一处不得，可移位探摸，如杆多人多，也可分组进行。此法危险性大，摸探人有可能被吸入漏洞的，下水的人必须腰系安全绳，还应手持短杆左右摸探并缓慢前进。要规定拉放安全绳信号，安全绳应套在预打的木桩上，设专人负责拉放安全绳，以策安全。此外，在流缓的情况下，还可以采用数人并排探摸的办法查找洞口，即由熟悉水性的人排成横排，个子高水性好的在下边，手臂相挽，用脚踩探，凭感觉寻找洞口，同时还应备好长杆、梯子及绳索等，供下水的人把扶，以策安全。

2. 进水口抢堵主要方法

（1）塞堵法

在水浅、流速较小，人可下水接近洞门的地方，塞堵漏洞进口是最有效、最常用的方法，尤其是在地形起伏复杂，洞口周围有灌木杂物时更适用。一般可用软性材料塞堵，如针刺无纺布、棉被、棉絮、草包、编织袋包、网包、棉衣及草把等，也可用预先准备的一些软楔、草捆塞堵。在有效控制漏洞险情的发展后，还需用黏性土封堵闭气，或用大块土工膜、篷布盖堵，然后再压土袋或土枕，直到完全断流为止。在抢堵漏洞进口时，切忌乱抛砖石等块状物料，以免架空，致使漏洞继续发展扩大。

①软楔作法

用绳结成网格约10cm见方的圆锥形网罩。网内填麦秸、稻草等。为防止入水后漂浮，软料中可填黏土。软楔大头直径一般40~60cm，长1.0~1.5m。为了抢护方便，可事先结成大小不同的网罩，届时根据洞口大小选用，在抢堵漏洞时再充填物料。

②草捆作法

把谷草、麦秸或稻草等用绳捆成锥体，大头直径一般40~60cm，长1.0~1.5m，务必捆扎牢固。为防止入水后漂浮，软料中可裹填黏土。

（2）盖堵法

①复合土工膜或篷布盖堵

当洞口较多且较为集中，附近无树木杂物，逐个堵塞费时且易扩展成大洞时，采用大面积复合土工膜排体或篷布盖堵，沿迎水坡肩部位从上往下，顺坡铺盖洞口，或从船上铺放，盖堵离坡肩较远处的漏洞进口，然后抛压土袋或土枕，并抛填黏土，形成前戗截漏。

②就地取材盖堵

A. 软帘盖堵法

当洞口附近流速较小、土质松软或洞口周围已有许多裂缝时，可就地取材用草帘、苇箔等重叠数层编扎软帘，也可临时用柳枝、秸料、芦苇等编扎软帘。软帘的大小也应根据洞口具体情况和需要盖堵的范围决定。在盖堵前，先将软帘卷起，置放在洞口的上部。软帘的上边可根据受力大小用绳索或铅丝系牢于坡顶的木桩上，下边附以重物，利于软帘下沉时紧贴边坡，然后用长杆顶推，顺坡下滚，把洞口盖堵严密，再盖压土袋，抛填黏土，封堵闭气。也可用不透水土工布铺盖于漏洞进水口，其上再压防滑纺织布土袋使其闭气。

B. 铁锅盖堵法

此法适用于洞口小、周围土质坚实的情况，一般用直径比洞口大的铁锅，正扣或反扣在漏洞进口上，周围用胶泥封闭；如果锅径略小于洞径，用棉衣、棉被将铁锅包住再扣。铁锅盖紧后抛压土袋并填筑黏性土，封堵闭气，至不再漏水为止。

C. 篷布盖堵法

在洞口以上坡顶相距5m打两根木桩，选结实篷布在其两端置套圈，上端套圈穿一根直径30cm的钢管，将篷布卷在此钢管上，放在木桩外沿坡面推滚入水中盖住洞口，再抛纺织布土袋闭气。

D. 网兜盖堵法

在洞口较大的情况下，可用预制长方形网兜在进水口盖堵。网兜一般采用直径1.0cm左右的麻绳，织成网眼为20cm$^2$的绳网，周围再用直径3cm的麻绳作网框。网宽2~3m，

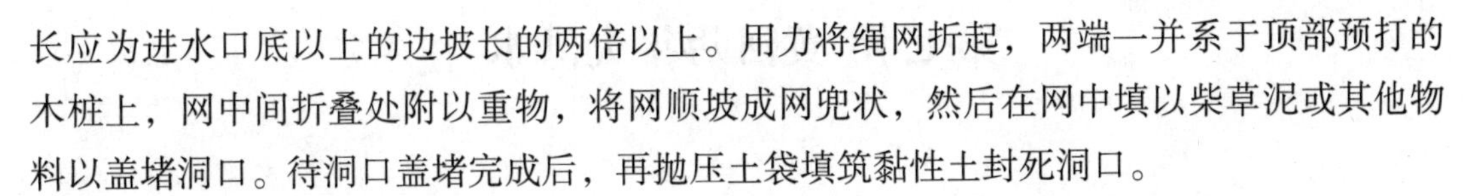

长应为进水口底以上的边坡长的两倍以上。用力将绳网折起，两端一并系于顶部预打的木桩上，网中间折叠处附以重物，将网顺坡成网兜状，然后在网中填以柴草泥或其他物料以盖堵洞口。待洞口盖堵完成后，再抛压土袋填筑黏性土封死洞口。

E. 门板盖堵法

在水大流急，洞口较大的地方，可随时采用此法。把门板上先抹一层胶泥盖在洞口上，再用席片、油布、棉被或棉絮等盖严，然后抛压土袋并填筑黏性土封死洞口。

采用盖堵法抢护漏洞进口，需防止盖堵初始时，由于洞内断流，外部水压力增大，洞口覆盖物的四周进水。因此洞口覆盖后必须立即封严四周，同时迅速用充足的黏土料封堵闭气。

3. 辅助措施

（1）反滤围井

有些漏洞出水凶急，按反滤抛填物料有困难，为了消杀水势，可改填瓜米或卵石，甚至块石，先按反级配填料，然后再按正级配填料，做反滤围井，滤料一般厚 0.6~0.8m。反滤围井建成后，如断续冒浑水，可将滤料表层粗骨料清除，再按上述级配要求重新施作。

（2）土工织物反滤导渗体

将反滤土工织物覆盖在漏洞出口上，其上加压反滤料进行导滤。由于漏洞险情危急，且土工织物导滤易淤堵，若处置不当，可能导致险情迅速恶化，应慎用之。

（3）抽槽截洞

对于漏洞进口部位较高、出口部位较低，且堤坝顶面较宽，断面较大时，可在堤坝顶部抽槽，再在槽内填筑黏土或土袋，截断漏洞。槽深 2m 范围内能截断漏洞，可使用此法；槽深 2m 范围内不能截断漏洞，不得使用此法。

## （三）注意事项

1. 无论对漏洞进水口采取哪种办法探找和盖堵，都应注意探漏抢堵人员的人身安全，落实切实可行的安全措施。

2. 漏洞抢堵闭气后，还应有专人看守观察，以防再次出现漏洞。

3. 要正确判断险情是堤身漏洞还是堤基管涌。如是前者，则应寻找进水口并以外帮堵截为主，辅以内导；否则按管涌抢护方法来处理。

# 第七节 黄河历年大洪水

## 一、1958 年黄河洪水

1958 年 7 月中旬黄河三门峡至花园口之间（简称三花区间）发生了一场自 1919 年黄河有实测水文资料以来的最大的一场洪水。此次洪峰流量达 22300 立方米 / 秒，横贯黄河的京广铁路桥因受到洪水威胁而中断交通 14 天。仅山东、河南两省的黄河滩区和东平湖湖区，淹没村庄 1708 个，灾民 74.08 万人，淹没耕地 304 万亩，房屋倒塌 30 万间。此次洪水主要是由于 7 月 14 日至 19 日在黄河三花区间的干流区间以及伊河、洛河、沁河流域持续暴雨所造成。暴雨笼罩面积达 8.6 万 $km^2$，其中 200 毫米以上的强暴雨区面积有 16000$km^2$，300 毫米以上的有 6500$km^2$，400 毫米以上的有 2000$km^2$；平均最大 1 天雨量 69.4 毫米，最大 3 天雨量 119.1 毫米；在这 5 天中大部分雨量是集中在 16 日 20 时至 17 日 8 时的 12 小时内。如垣曲站 12 个小时的降雨量为 249 毫米，为五天降水总量 499.6 毫米的 50%。

受暴雨影响，7 月 17 日 10 时至 18 日 0 时，沿程次第出现最大流量，从而形成干支流洪水在花园口同时遭遇的不利情况。三门峡站 18 日 16 时出现洪峰流量 8890 立方米每秒，支流伊洛河黑石关站 17 日 13 时半出现洪峰流量 9450 立方米每秒，沁河小董站 17 日 20 时出现洪峰流量 1050 立方米每秒，由于洛河白马寺上游决口和伊洛河夹滩地区的滞洪作用，使花园口的洪峰流量受到一定程度的削减。黄河花园口站 7 月 18 日出现洪峰流量 22300 立方米每秒，洪峰水位 93.82 米，峰顶持续 2.5 个小时，花园口站大于 10000 立方米每秒的流量持续 79 小时。此次洪水来势猛、峰值高，三花区间各支流及区间洪水过程陡涨陡落，从最大暴雨结束到花园口出现洪峰，历时不足一天，沙量小，花园口站 5 天沙量 4.6 亿吨。三门峡相应 5 天沙量 4.3 亿吨，有利于淤滩刷槽，增加河道的行洪能力。黄河下游河道上宽下窄，花园口站 22300 立方米每秒的大洪水推进到下游河段后，东坝头以下全部漫滩，大堤临水，堤根水深一般 2~4 米，个别水深达 5~6 米，同时高水位持续时间长，高村至洛口河段洪水在保证水位持续 34~76 小时。孙口至艾山段由于东平湖的滞洪作用，使孙口的流量从 15900 立方米每秒削减至 12600 立方米每秒。东平湖 1958 年最大面积为 208$km^2$，尚未修建分洪闸和泄洪闸，大洪水时自然分洪，分洪前湖水位为 41.28 米，对分蓄（滞）黄河洪水十分有利。据调查，7 月 19 日午后洪水冲破东平湖的马山、银山、铁山黄河闸间的民埝分洪入湖，当湖水位抬高后再经清河门回归黄河。根据孙口、艾山、位山、团山各流量站及艾山水位站实测资料分析，在铁马山头一带最大进湖流量达 10300 立方米每秒，进湖洪水总量 26.19 亿立方米，湖区最大滞洪量约 14.25 亿立方米，削减艾山站洪峰流量 2900 立方米每秒，洪峰推退 24 小时，对削减东平湖以下河道洪水

起到很大作用。

1958 年大水来临的时候，中央与河南、山东省政府立即召开了防汛紧急会议，进行全民动员，全力以赴，组织动员了 200 多万军民上堤防汛，有的每公里上堤人数达 300~500 人。广大军民在“人在堤在，水涨堤高，保证不决口”的战斗口号。仅一夜之间就加修子埝 600 多公里，防止洪水漫溢，保住了大堤安全。

当花园口出现 22300 立方米每秒流量时，按规定应启用北金堤滞洪区和东平湖滞蓄洪水，但考虑到花园口站洪峰已经出现，花园口以上各站水位也已回落，伊、洛、沁河和三门峡以干流区间雨势减弱，只要加强防守，充分利用高村以上宽河道和东平湖滞蓄洪水，可以不使用北金堤滞洪区，以减少分洪损失。此意见经黄河防汛总指挥部征得河南、山东两省同意后，并向国务院、中央防汛总指挥部、水利电力部发了请示电报，经周恩来总理批准，决定依靠群众，固守大堤，不使用北金堤滞洪区，只开放东平湖滞洪区，坚决战胜洪水，确保安全。

## 二、1982 年黄河洪水

1982 年 8 月 2 日黄河花园口站出现 15300 立方米每秒的洪峰，这次洪水主要来自三门峡至花园口干支流区间。从 7 月 29 日开始，上述地区普降大雨到暴雨、大暴雨，局部地区降特大暴雨，到 8 月 2 日，共计 5 日累计雨量伊河陆浑 782 毫米，畛水仓头 423 毫米。造成伊、洛、沁河和黄河洪峰并涨，洛河黑石关站洪峰流量 4110 立方米每秒，沁河小董站发生了 4130 立方米每秒的超标准洪水，沁河大堤偎水长度 150 千米，其中五车口上下数千米，洪水位超过堤顶 0.1~0.2 米。在沁河杨庄改道工程的配合下，经组织 3 万人抢险，共抢修子垛 21.23 千米，战胜了洪水。花园口 7 日洪量达 49.7 亿立方米，最大含沙量 63.4 公斤每立方米，平均含沙量 32.1 公斤每立方米。花园口至孙口河段洪水位普遍较 1958 年高 1 米左右，造成全线防洪紧张局面。洪水出现后，党中央、国务院十分关心，中央防汛总指挥部分别向河南、山东发了电报，要求河南立即彻底铲除长垣生产堤，建议山东启用东平湖水库，控制泳口站流量不超过 8000 立方米每秒。8 月 6 日东平湖林辛进湖闸开启分洪，7 日十里堡进湖闸开启，9 日晚两闸先后关闭。这次洪水期间河南、山东两省组织 19 万多军民上堤防守，抗洪抢险共用石料 8.25 万立方米，软料 531.4 万千克，同时采取破除生产堤清除行洪障碍（滞洪 17.5 亿立方米）、运用东平湖老湖区分洪（滞洪 4 亿立方米）等有效措施，使洪水顺利泄入大海。

## 三、1996 年洪水

1996 年 8 月 5 日黄河下游花园口站相继出现了两个编号洪峰。一号洪峰发生于 8 月 5 日 14 时，流量 7600 立方米每秒，相应水位 94.73 米。这场洪水主要来源于晋陕区间和三花区间的降雨。据计算这次洪水小花区间干支流洪水占花园口站一号洪峰的47%。花园口站5000立方米每秒以上的洪水持续53小时，其洪量为11.6亿立方米。二号洪峰发生于8月13日4时30分，流信5520立方米每秒，相应水位94.09米。这场洪水的形成主要为黄河龙门以上的降雨所致。一号洪峰和二号洪峰尽管流量属于中常洪水，与以往相比，特别是一号洪峰呈现出一些新特点：一是黄河铁谢以下河段全线水位表现偏高。除高村、艾山、利津三站略低于历史最高水位外，其余各站水位均突破有记载以来的最高值。花园口站最高水位94.73米，超过了1992年8月该站的高含沙洪水所创下的94.33米的历史纪录，比1958年22300立方米每秒的洪水位高0.91米，比1982年15300立方米每秒的洪水位高0.74米。二是洪水传播速度慢。由于一号洪峰水位表现高，黄河下游滩区发生大范围的漫滩，洪峰传播速度异常缓慢。据计算，一号洪峰从花园口传至利津站历经369.3个小时，是正常漫滩洪水传播时间的2倍。三是工程险情多。黄河下游临黄大堤有近1000千米偎水，平均水深2~4米，深的达6米以上，多处出现渗水、塌坡，许多背河潭坑、水井水位明显上涨，堤防发生各类险情211处，控导工程有96处1223道坝垛漫顶过流，河道工程有2960道坝出险5279坝次。洪水期间，抢险用石料70.2万立方米，用土料49.3万立方米，耗资1.41亿元。四是洪灾大，损失较重。1855年以来未曾上过水的原阳、封丘、开封等地的高滩这次也大面积漫水。黄河下游滩区淹没面积343万亩，直接经济损失近40亿元。

# 第六章 水利工程施工组织

## 第一节 概述

### 一、建设项目管理发展历程

#### （一）古代的建设工程项目管理

建设工程项目的历史悠久，相应的项目管理工作也源远流长。早期的建设工程项目主要包括：房屋建筑（如皇宫、庙宇、住宅等）、水利工程（如运河、沟渠等）、道路桥梁工程、陵墓工程、军事工程（如城墙、兵站）等。古人用自己的智慧与才能，运用当时的工程材料、工程技术和管理方法，创造了一个又一个令后人瞩目的宏伟建筑工程，如我国的万里长城、都江堰水利工程、京杭大运河、北京紫禁城、拉萨的布达拉宫等。这些工程项目至今还发挥着巨大的经济效益和社会效益。从这些宝贵的文化遗产中可以反映出我国早期经济、政治、社会、宗教以及工程技术的发展水平，也体现了当时的工程建设管理水平。虽然我们对当时的工程项目管理情况了解甚少，但是它一定具有严密的组织管理体系，具有详细的工期和费用方面的计划和控制，也一定具有严格的质量检验标准和控制手段。由于我国早期科学技术水平和人们认识能力的限制，历史上的建设工程项目管理是经验型的、非系统的，不可能有现代意义上的工程项目管理。因此，古人在建设工程项目组织实施上的做法只能称为"项目管理"的思想雏形。

#### （二）现代的建设工程项目管理

现代的建设工程项目管理产生于20世纪中叶。20世纪50年代以后，国际社会出现了一个和平环境，世界各国的科学技术与经济社会都得到了快速的发展。各国的科学研究项目、国防工程项目和民用工程项目的规模越来越大，应用技术也越来越复杂，所需资源种类越来越多，耗费时间也越来越长，所有这些工程项目的开展势必对建设工程项目管理提出了新的要求。

早在20世纪40年代美国的原子弹计划，50年代美国海军的“北极星”导弹计划以及60年代的阿波罗登月计划都应用了网络计划技术，以确保工期目标和成本目标的实现。与此同时，系统论、信息论、控制论的思想得到了较快的发展，这些理论和方法被人们应用于建设工程项目管理中，极大地促进了建设工程项目管理理论与实践的发展。但是在70年代以前，建设工程项目管理的重点是对项目的范围、费用、质量和采购等方面的管理，管理对象主要是“创造独特的工程产品和服务”的项目。

20世纪70年代以后，计算机技术逐渐普及，网络计划优化的功能得以发挥，人们开始利用计算机对工期和资源、工期和费用进行优化，以求最佳的管理效果。此外，管理学的成熟理论与方法在建设工程项目管理中也得到了大量的应用，拓宽了建设项目管理的研究领域。

总之，现代建设工程项目管理是在20世纪50年代以后发展起来的，在将近60年的发展过程中，建设工程项目管理经历了以下几个阶段。

1. 网络计划应用阶段

20世纪50年代，网络技术应用于工程项目（主要是美国的军事工程项目）的工期计划和控制中，并取得了很大的成功。最著名的两个实例是美国1957年的“北极星”导弹研制和后来的登月计划。

2. 计算机应用初级阶段

20世纪60年代，大型计算机用于网络计划的分析中。当时大型计算机的网络计划分析计算日趋成熟，但因当时的计算机尚未普及且上机费用较高，一般的项目不可能使用计算机进行管理。所以这一时期的计算机在项目管理中尚不十分普及。

3. 信息系统方法应用阶段

20世纪70年代，人们开始将信息系统的方法引入建设项目管理，提出了项目管理信息系统。这个时期计算机网络分析程序已经十分成熟，项目管理信息系统的提出扩大了项目管理的研究深度和广度，同时扩大了网络技术的作用和应用范围，在工期计划的基础上实现了用计算机进行资源和成本的计划、优化和控制。整个70年代，人们对项目管理过程和各种管理职能进行了全面的、系统的研究，项目管理的职能不断扩展。同时人们研究了在企业职能组织中对项目组织的应用，使项目管理在企业管理方面得以推广。

4. 普及计算机阶段

20世纪70年代末80年代初，计算机的普及使项目管理理论和方法的应用走向了更广阔的领域。这个时期的项目管理工作致力于简化、高效，使一般的项目管理公司和中小企业在中小型项目中都可以使用现代化的项目管理方法和手段，并取得了很大的成功，经济效益显著。

5. 管理领域扩大阶段

20世纪80年代以后，建设项目管理的研究领域进一步扩大，包含了合同管理、界

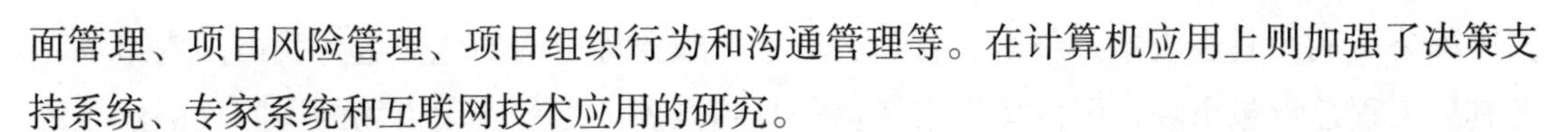


面管理、项目风险管理、项目组织行为和沟通管理等。在计算机应用上则加强了决策支持系统、专家系统和互联网技术应用的研究。

作为现代管理科学的一个重要分支学科——建设工程项目管理，自1982年引进我国，经历了1988年在全国进行应用试点，在1993年正式推广等阶段，至今已有近40年的历史。在各级政府、建设主管部门的大力推动和全国工程界的努力实践下，到目前为止我国建设工程项目管理已经取得了较大的发展。

### （三）现代建设工程项目管理的特征

1. 内容更加丰富

现代建设工程项目管理内容由原来对项目范围、费用、质量和采购等方面的管理，扩展到对项目的合同管理、人力资源管理、项目组织管理、沟通协调管理、项目风险管理和信息管理等。

2. 强调整体管理

从前期的项目决策、项目计划、实施和变更控制到项目的竣工验收与运营，涵盖了建设工程项目寿命周期的全过程。

3. 管理技术更加科学

现代建设项目管理从管理技术手段上，更加依赖计算机技术和互联网技术，更加及时地吸收工程技术进步与管理方法创新的最新成果。

4. 应用范围更广泛

建设工程项目管理的应用，已经从传统的土木工程、军事方面扩展到航空航天、环境工程、公用工程、各类企业研发工程以及资源性开发项目和政府投资的文教、卫生、社会事业等工程项目管理领域。

## 二、建设项目管理趋势

随着人类社会在经济、技术、社会和文化等各方面的发展，建设工程项目管理理论与知识体系的逐渐完善，进入21世纪以后，在工程项目管理方面出现了以下新的发展趋势。

### （一）建设工程项目管理的国际化

随着经济全球化的逐步深入，工程项目管理的国际化已经形成潮流。工程项目的国际化要求项目按国际惯例进行管理。按国际惯例就是依照国际通用的项目管理程序、准则与方法以及统一的文件形式进行项目管理，使参与项目的各方（不同国家、不同种族、不同文化背景的人及组织）在项目实施中建立起统一的协调基础。

进入21世纪后，我国的行业壁垒下降、国内市场国际化、国内外市场全面融合，外国工程公司利用其在资本、技术、管理、人才、服务等方面的优势进入我国国内市场，尤其是工程总承包市场，国内建设市场竞争日趋激烈。工程建设市场的国际化必然导致工程项目管理的国际化，这对我国工程管理的发展既是机遇也是挑战。一方面，随着我国改革开放的步伐加快，我国经济日益深刻地融入全球市场，我国的跨国公司和跨国项目越来越多。许多大型项目要通过国际招标、国际咨询或 BOT 等方式运行。这样做不仅可以从国际市场上筹措到资金，加快国内基础设施、能源交通等重大项目的建设，而且可以从国际合作项目中学习到发达国家工程项目管理的先进管理制度与方法。另一方面，入世后根据最惠国待遇和国民待遇准则，我国将获得更多的机会，并能更加容易地进入国际市场。加入 WTO 后，作为一名成员国，我国的工程建设企业可以与其他成员国企业拥有同等的权利，并享有同等的关税减免待遇，将有更多的国内工程公司从事国际工程承包，并逐步过渡到工程项目自由经营。国内企业可以走出国门在海外投资和经营项目，也可在海外工程建设市场上竞争，锻炼队伍培养人才。

### （二）建设工程项目管理的信息化

伴随着计算机和互联网走进人们的工作与生活，以及知识经济时代的到来，工程项目管理的信息化已成必然趋势。作为当今更新速度最快的计算机技术和网络技术在企业经营管理中普及应用的速度迅猛，而且呈现加速发展的态势，这给项目管理带来很多新的生机。在信息高度膨胀的今天，工程项目管理越来越依赖于计算机和网络，无论是工程项目的预算、概算、工程的招标与投标、工程施工图设计、项目的进度与费用管理、工程的质量管理、施工过程的变更管理、合同管理，还是项目竣工决算都离不开计算机与互联网，工程项目的信息化已成为提高项目管理水平的重要手段。目前西方发达国家的一些项目管理公司已经在工程项目管理中运用了计算机与网络技术，开始实现了项目管理网络化、虚拟化。另外，许多项目管理公司也开始大量使用工程项目管理软件进行项目管理，同时还从事项目管理软件的开发研究工作。为此，21 世纪的工程项目管理将更多地依靠计算机技术和网络技术，新世纪的工程项目管理必将成为信息化管理。

### （三）建设工程项目全寿命周期管理

建设工程项目全寿命周期管理就是运用工程项目管理的系统方法、模型、工具等对工程项目相关资源进行系统的集成，对建设工程项目寿命期内各项工作进行有效的整合，并达成工程项目目标和实现投资效益最大化的过程。

建设工程项目全寿命周期管理是将项目决策阶段的开发管理，实施阶段的项目管理和使用阶段的设施管理集成为一个完整的项目全寿命周期管理系统，是对工程项目实施全过程的统一管理，使其在功能上满足设计需求，在经济上可行，达到业主和投资人的

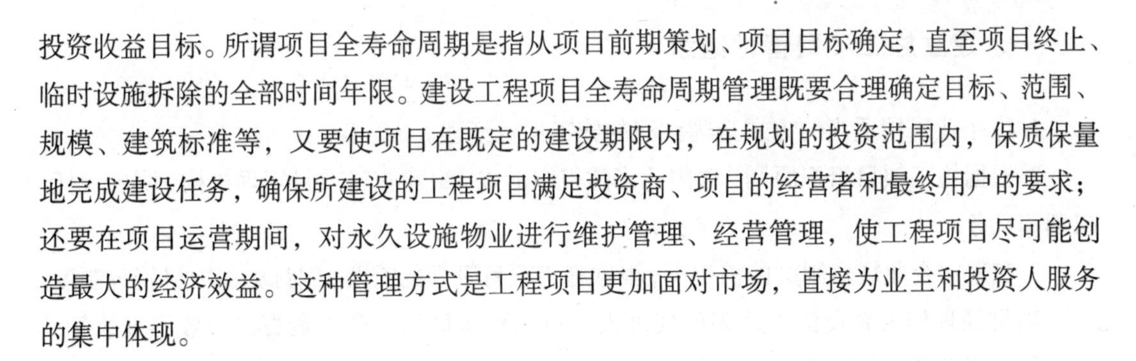

投资收益目标。所谓项目全寿命周期是指从项目前期策划、项目目标确定，直至项目终止、临时设施拆除的全部时间年限。建设工程项目全寿命周期管理既要合理确定目标、范围、规模、建筑标准等，又要使项目在既定的建设期限内，在规划的投资范围内，保质保量地完成建设任务，确保所建设的工程项目满足投资商、项目的经营者和最终用户的要求；还要在项目运营期间，对永久设施物业进行维护管理、经营管理，使工程项目尽可能创造最大的经济效益。这种管理方式是工程项目更加面对市场，直接为业主和投资人服务的集中体现。

### （四）建设工程项目管理专业化

现代工程项目投资规模大、应用技术复杂、涉及领域多、工程范围广泛的特点，带来了工程项目管理的复杂性和多变性，对工程项目管理过程提出了更新更高的要求。因此，专业化的项目管理者或管理组织应运而生。在项目管理专业人士方面，通过 IPMP（国际项目管理专业资质认证）和 PMP（国际资格认证）认证考试的专业人员就是一种形式。在我国工程项目领域的执业咨询工程师、监理工程师、造价工程师、建造师，以及在设计过程中的建设工程师、结构工程师等，都是工程项目管理人才专业化的形式。而专业化的项目管理组织——工程项目（管理）公司是国际工程建设界普遍采用的一种形式。除此之外，工程咨询公司、工程监理公司、工程设计公司等也是专业化组织的体现。可以预见，随着工程项目管理制度与方法的发展，工程管理的专业化水平还会有更大的提高。

## 第二节 施工项目管理

施工项目管理是施工企业对施工项目进行有效的掌握控制，主要特征包括：一是施工项目管理者是建筑施工企业，他们对施工项目全权负责；二是施工项目管理的对象是施工项目，具有时间控制性，也就是施工项目有运作周期（投标—竣工验收）；三是施工项目管理的内容是按阶段变化的。根据建设阶段及要求的变化，管理的内容具有很大的差异；四是施工项目管理要求强化组织协调工作，主要是强化项目管理班子，优选项目经理，科学地组织施工并运用现代化的管理方法。

在施工项目管理的全过程中，为了取得各阶段目标和最终目标的实现，在进行各项活动中，必须加强管理工作。

## 一、建立施工项目管理组织

1. 由企业采用适当的方式选聘称职的施工项目经理。

2. 根据施工项目组织原则，选用适当的组织形式，组建施工项目管理机构，明确责任、权利和义务。

3. 在遵守企业规章制度的前提下，根据施工项目管理的需要，制订施工项目管理制度。

项目经理作为企业法人代表的代理人，对工程项目施工全面负责，一般不准兼管其他工程。当其负责管理的施工项目临近竣工阶段且经建设单位同意，可以兼任另一项工程的项目管理工作。项目经理通常由企业法人代表委派或组织招聘等方式确定。项目经理与企业法人代表之间需要签订工程承包管理合同，明确工程的工期、质量、成本、利润等指标要求和双方的责、权、利以及合同中止处理、违约处罚等项内容。

项目经理以及各有关业务人员组成、人数根据工程规模大小而定。各成员由项目经理聘任或推荐确定，其中技术、经济、财务主要负责人需经企业法人代表或其授权部门同意。项目领导班子成员除了直接受项目经理领导，实施项目管理方案外，还要按照企业规章制度接受企业主管职能部门的业务监督和指导。

项目经理应有一定的职责，如贯彻执行国家和地方的法律、法规；严格遵守财经制度、加强成本核算；签订和履行“项目管理目标责任书”；对工程项目施工进行有效控制等。项目经理应有一定的权力，如参与投标和签订施工合同；用人决策权；财务决策权；进度计划控制权；技术质量决定权；物资采购管理权；现场管理协调权等。项目经理还应获得一定的利益，如物质奖励及表彰等。

## 二、项目经理的地位

项目经理是项目管理实施阶段全面负责的管理者，在整个施工活动中有举足轻重的地位。确定施工项目经理的地位是搞好施工项目管理的关键。

1. 从企业内部看，项目经理是施工项目实施过程中所有工作的总负责人，是项目管理的第一责任人。从对外方面来看，项目经理代表企业法定代表人在授权范围内对建设单位直接负责。由此可见，项目经理既要对有关建设单位的成果性目标负责，又要对建筑业企业的效益性目标负责。

2. 项目经理是协调各方面关系，使之相互紧密协作与配合的桥梁与纽带。要承担合同责任、履行合同义务、执行合同条款、处理合同纠纷、受法律的约束和保护。

3. 项目经理是各种信息的集散中心。通过各种方式和渠道收集有关的信息，并运用这些信息，达到控制的目的，使项目获得成功。

4. 项目经理是施工项目责、权、利的主体。这是因为项目经理是项目中人、财、物、技术、信息和管理等所有生产要素的管理人。项目经理首先是项目的责任主体，是实现项目目

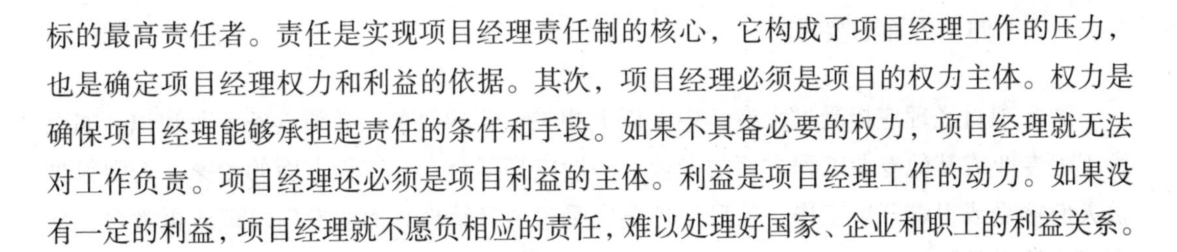
标的最高责任者。责任是实现项目经理责任制的核心，它构成了项目经理工作的压力，也是确定项目经理权力和利益的依据。其次，项目经理必须是项目的权力主体。权力是确保项目经理能够承担起责任的条件和手段。如果不具备必要的权力，项目经理就无法对工作负责。项目经理还必须是项目利益的主体。利益是项目经理工作的动力。如果没有一定的利益，项目经理就不愿负相应的责任，难以处理好国家、企业和职工的利益关系。

## 三、项目经理的任职要求

项目经理的任职要求包括执业资格的要求、知识方面的要求、能力方面的要求和素质方面的要求。

### （一）执业资格的要求

项目经理要经过有关部门培训、考核和注册，获得《全国建筑施工企业项目经理培训合格证》或《建筑施工企业项目经理资质证书》才能上岗。

项目经理的资质分为一、二、三、四级。其中：

1. 一级项目经理应担任过一个一级建筑施工企业资质标准要求的工程项目，或两个二级建筑施工企业资质标准要求的工程项目施工管理工作的主要负责人，并已取得国家认可的高级或者中级专业技术职称。

2. 二级项目经理应担任过两个工程项目，其中至少一个为二级建筑施工企业资质标准要求的工程项目施工管理工作的主要负责人，并已取得国家认可的中级或初级专业技术职称。

3. 三级项目经理应担任过两个工程项目，其中至少一个为三级建筑施工企业资质标准要求的工程项目施工管理工作的主要负责人，并已取得国家认可的中级或初级专业技术职称。

4. 四级项目经理应担任过两个工程项目，其中至少一个为四级建筑施工企业资质标准要求的工程项目施工管理工作的主要负责人，并已取得国家认可的初级专业技术职称。

项目经理承担的工程规模应符合相应的项目经理资质等级。一级项目经理可承担一级资质建筑施工企业营业范围内的工程项目管理；二级项目经理可承担二级以下（含二级）建筑施工企业营业范围内的工程项目管理；三级项目经理可承担三级以下（含三级）建筑企业营业范围内的工程项目管理；四级项目经理可承担四级建筑施工企业营业范围内的工程项目管理。

项目经理每两年接受一次项目资质管理部门的复查。项目经理达到上一个资质等级条件的，可随时提出升级的要求。

### （二）知识方面的要求

通常项目经理应接受过大专、中专以上相关专业的教育，必须具备专业知识，如土木工程专业或其他专业工程方面的专业，一般应是某个专业工程方面的专家，否则很难被人们接受或很难开展工作。项目经理还应受过项目管理方面的专门培训或再教育，掌握项目管理的知识。作为项目经理需要的广博的知识，能迅速解决工程项目实施过程中遇到的各种问题。

### （三）能力方面的要求

项目经理应具备以下几方面的能力：

1. 必须具有一定的施工实践经历和按规定经过一段实践锻炼，特别是对同类项目有成功的经历。对项目工作有成熟的判断能力、思维能力和随机应变的能力。

2. 具有很强的沟通能力、激励能力和处理人事关系的能力，项目经理要靠领导艺术、影响力和说服力而不是靠权力和命令行事。

3. 有较强的组织管理能力和协调能力。能协调好各方面的关系，能处理好与业主的关系。

4. 有较强的语言表达能力，有谈判技巧。

5. 在工作中能发现问题，提出问题，能够从容地处理紧急情况。

### （四）素质方面的要求

1. 项目经理应注重工程项目对社会的贡献和历史作用。在工作中能注重社会公德，保证社会的利益，严守法律和规章制度。

2. 项目经理必须具有良好的职业道德，将用户的利益放在第一位，不牟私利，必须有工作的积极性、热情和敬业精神。

3. 具有创新精神、务实的态度，勇于挑战，勇于决策，勇于承担责任和风险。

4. 敢于承担责任，特别是有敢于承担错误的勇气，言行一致，正直，办事公正、公平，实事求是。

5. 能承担艰苦的工作，任劳任怨，忠于职守。

6. 具有合作的精神，能与他人共事，具有较强的自我控制能力。

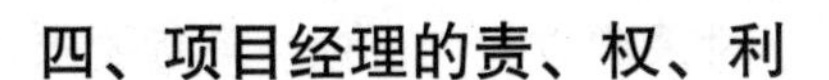

## 四、项目经理的责、权、利

（一）项目经理的职责

1. 贯彻执行国家和地方政府的法律制度，维护企业的整体利益和经济利益。法规和政策，执行建筑业企业的各项管理制度。

2. 严格遵守财经制度，加强成本核算，积极组织工程款回收，正确处理国家、企业和项目及单位个人的利益关系。

3. 签订和组织履行“项目管理目标责任书”，执行企业与业主签订的“项目承包合同”中由项目经理负责履行的各项条款。

4. 对工程项目施工进行有效控制，执行有关技术规范和标准，积极推广应用新技术、新工艺、新材料和项目管理软件集成系统，确保工程质量和工期，实现安全、文明生产，努力提高经济效益。

5. 组织编制施工管理规划及目标实施措施，组织编制施工组织设计并实施之。

6. 根据项目总工期的要求编制年度进度计划，组织编制施工季（月）度施工计划，包括劳动力、材料、构件及机械设备的使用计划，签订分包及租赁合同并严格执行。

7. 组织制定项目经理部各类管理人员的职责和权限、各项管理制度，并认真贯彻执行。

8. 科学地组织施工和加强各项管理工作。做好内、外各种关系的协调，为施工创造优越的施工条件。

9. 做好工程竣工结算，资料整理归档，接受企业审计并做好项目经理部解体与善后工作。

### （二）项目经理的权力

为了保证项目经理完成所担负的任务，必须授予相应的权力。项目经理应当有以下权力：

1. 参与企业进行施工项目的投标和签订施工合同。

2. 用人决策权。项目经理应有权决定项目管理机构班子的设置，选择、聘任班子内成员，对任职情况进行考核监督、奖惩，乃至辞退。

3. 财务决策权。在企业财务制度规定的范围内，根据企业法定代表人的授权和施工项目管理的需要，决定资金的投入和使用，决定项目经理部的计酬方法。

4. 进度计划控制权。根据项目进度总目标和阶段性目标的要求，对项目建设的进度进行检查、调整，并在资源上进行调配，从而对进度计划进行有效的控制。

5. 技术质量决策权。根据项目管理实施规划或施工组织设计，有权批准重大技术方案和重大技术措施，必要时召开技术方案论证会，把好技术决策关和质量关，防止技术上决策失误，主持处理重大质量事故。

6. 物资采购管理权。按照企业物资分类和分工，对采购方案、目标、到货要求，以及对供货单位的选择、项目现场存放策略等进行决策和管理。

7. 现场管理协调权。代表公司协调与施工项目有关的内外部关系，有权处理现场突发事件，事后及时报公司主管部门。

### （三）项目经理的利益

施工项目经理最终的利益是其行使权力和承担责任的结果，也是市场经济条件下责、权、利、效相互统一的具体体现。项目经理应享有以下的利益：

1. 获得基本工资、岗位工资和绩效工资。

2. 在全面完成“项目管理目标责任书”确定的各项责任目标，交工验收交结算后，接受企业考核和审计，可获得规定的物质奖励外，还可获得表彰、记功、优秀项目经理等荣誉称号和其他精神奖励。

3. 经考核和审计，未完成“项目管理目标责任书”确定的责任目标或造成亏损的，按有关条款承担责任，并接受经济或行政处罚。

项目经理责任制是指以项目经理为主体的施工项目管理目标责任制度，用以确保项目履约，用以确立项目经理部与企业、职工三者之间的责、权、利关系。项目经理开始工作之前由建筑业企业法人或其授权人与项目经理协商、编制“项目管理目标责任书”，双方签字后生效。

项目经理责任制是以施工项目为对象，以项目经理全面负责为前提，以“项目管理目标责任书”为依据，以创优质工程为目标，以求得项目的最佳经济效益为目的，实行的一次性、全过程的管理。

## 五、项目经理责任制的特点

### （一）项目经理责任制的作用

实行项目管理必须实现项目经理责任制。项目经理责任制是完成建设单位和国家对建筑业企业要求的最终落脚点。因此，必须规范项目管理，通过强化建立项目经理全面组织生产诸要素优化配置的责任、权力、利益和风险机制，更有利于对施工项目、工期、质量、成本、安全等各项目标实施强有力的管理，使项目经理有动力和压力，也有法律依据。

项目经理责任制的作用如下：

1. 明确项目经理与企业和职工三者之间的责、权、利、效关系。

2. 有利于运用经济手段强化对施工项目的法制管理。

3. 有利于项目规范化、科学化管理和提高产品质量。

4. 有利于促进和提高企业项目管理的经济效益和社会效益。

### （二）项目经理责任制的特点

1. 对象终一性。以工程施工项目为对象，实行施工全过程的全面一次性负责。

2. 主体直接性。在项目经理负责的前提下，实行全员管理，指标考核、标价分离、项目核算，确保上缴集约增效、超额奖励的复合型指标责任制。

3. 内容全面性。根据先进、合理、可行的原则，以保证工程质量、缩短工期、降低成本、保证安全和文明施工等各项指标为内容的全过程的目标责任制。

4. 责任风险性。项目经理责任制充分体现了“指标突出、责任明确、利益直接、考核严格”的基本要求。

## 六、项目经理责任制的原则和条件

### （一）项目经理责任制的原则

实行项目经理责任制有以下原则：

1. 实事求是

实事求是的原则就是从实际出发，做到具有先进性、合理性、可行性。不同的工程和不同的施工条件，其承担的技术经济指标不同，不同职称的人员实行不同的岗位责任，不追求形式。

2. 兼顾企业、责任者、职工三者的利益

企业的利益放在首位，维护责任者和职工个人的正当利益，避免人为的分配不公，切实贯彻按劳分配、多劳多得的原则。

3. 责、权、利、效统一

尽到责任是项目经理责任制的目标，以“责”授“权”、以“权”保“责”，以“利”激励尽“责”。“效”是经济效益和社会效益，是考核尽“责”水平的尺度。

4. 重在管理

项目经理责任制必须强调管理的重要性。因为承担责任是手段，效益是目的，管理是动力。没有强有力的管理，“效益”不易实现。

### （二）项目经理责任制的条件

实施项目经理责任制应具备下列条件：

1. 工程任务落实、开工手续齐全、有切实可行的施工组织设计。

2. 各种工程技术资料齐全、劳动力及施工设施已配备，主要原材料已落实并能按计划提供。

3. 有一个懂技术、会管理、敢负责的人才组成的精干、得力的高效的项目管理班子。

4. 赋予项目经理足够的权力，并明确其利益。

5. 企业的管理层与劳务作业层分开。

## 七、项目管理目标责任书

在项目经理开始工作之前，由建筑业企业法定代表人或其授权人与项目经理协商，制定“项目管理目标责任书”，双方签字后生效。

### （一）编制项目管理目标责任书的依据

1. 项目的合同文件。

2. 企业的项目管理制度。

3. 项目管理规划大纲。

4. 建筑业企业的经营方针和目标。

### （二）项目管理目标责任书的内容

1. 项目的进度、质量、成本、职业健康安全与环境目标。

2. 企业管理层与项目经理部之间的责任、权利和利益分配。

3. 项目需用的人力、材料、机械设备和其他资源的供应方式。

4. 法定代表人向项目经理委托的特殊事项。

5. 项目经理部应承担的风险。

6. 企业管理层对项目经理部进行奖惩的依据、标准和方法。

7. 项目经理解职和项目经理部解体的条件及办法。

## 八、项目经理部的作用

项目经理部是施工项目管理的工作班子，置于项目经理的领导之下。在施工项目管理中有以下作用：

1. 项目经理部在项目经理的领导下，作为项目管理的组织机构，负责施工项目从开工到竣工的全过程施工生产的管理，是企业在某一工程项目上的管理层，同时对作业层负有管理与服务的双重职能。

2. 项目经理部是项目经理的办事机构，为项目经理决策提供信息依据，当好参谋。

同时又要执行项目经理的决策意图，向项目经理负责。

3. 项目经理部是一个组织体，其作用包括：完成企业所赋予的基本任务——项目管理与专业管理等。要具有凝聚管理人员的力量并调动其积极性，促进管理人员的合作；协调部门之间、管理人员之间的关系，发挥每个人的岗位作用；贯彻项目经理责任制，搞好管理；做好项目与企业各部门之间、项目经理部与作业队之间、项目经理部与建设单位、分包单位、材料和构件供方等的信息沟通。

4. 项目经理部是代表企业履行工程承包合同的主体，对项目产品和业主全面、全过程负责；通过履行合同主体与管理实体地位的影响力，使每个项目经理部成为市场竞争的成员。

## 九、项目经理部建立原则

1. 要根据所选择的项目组织形式设置项目经理部。不同的组织形式对施工项目管理部的管理力量和管理职责提出了不同的要求，同时也提供了不同的管理环境。

2. 要根据施工项目的规模、复杂程度和专业特点设置项目经理部。项目经理部规模大、中、小的不同，职能部门的设置相应不同。

3. 项目经理部是一个弹性的、一次性的管理组织，应随工程任务的变化而进行调整。工程交工后项目经理部应解体，不应有固定的施工设备及固定的作业队伍。

4. 项目经理部的人员配置应面向施工现场，满足施工现场的计划与调度、技术与质量、成本与核算、劳务与物资、安全与文明施工的需要，而不应设置研究与发展、政工与人事等与项目施工关系较少的非生产性管理部门。

5. 应建立有益于组织运转的管理制度。

## 十、项目经理部的机构设置

项目经理部的部门设置和人员的配置与施工项目的规模和项目的类型有关，要能满足施工全过程的项目管理，成为全体履行合同的主体。

项目经理部一般应建立工程技术部、质量安全部、生产经营部、物资（采购）部及综合办公室等。复杂及大型的项目还可设机电部。项目经理部人员由项目经理、生产或经营副经理、总工程师及各部门负责人组成。管理人员持证上岗。一级项目部由 30~45 人组成，二级项目部由 20~30 人组成，三级项目部由 10~20 人组成，四级项目部由 5~10 人组成。

项目经理部的人员实行一职多岗、一专多能、全部岗位职责覆盖项目施工全过程的管理，不留死角，以避免职责重叠交叉，同时实行动态管理，根据工程的进展程度，调整项目的人员组成。

## 十一、项目经理部的管理制度

项目经理部管理制度应包括以下各项：

1. 项目管理人员岗位责任制度。

2. 项目技术管理制度。

3. 项目质量管理制度。

4. 项目安全管理制度。

5. 项目计划、统计与进度管理制度。

6. 项目成本核算制度。

7. 项目材料、机械设备管理制度。

8. 项目现场管理制度。

9. 项目分配与奖励制度。

10. 项目例会及施工日志制度。

11. 项目分包及劳务管理制度。

12. 项目组织协调制度。

13. 项目信息管理制度。

项目经理部自行制定的管理制度应与企业现行的有关规定保持一致。如项目部根据工程的特点、环境等实际内容，在明确适用条件、范围和时间后自行制定的管理制度，有利于项目目标的完成，可作为例外批准执行。项目经理部自行制定的管理制度与企业现行的有关规定不一致时，应报送企业或其授权的职能部门批准。

## 十二、项目经理部的建立步骤和运行

### （一）项目经理部设立的步骤

1. 根据企业批准的“项目管理规划大纲”，确定项目经理部的管理任务和组织形式。

2. 确定项目经理部的层次；设立职能部门与工作岗位。

3. 确定人员、职责、权限。

4. 由项目经理根据“项目管理目标责任书”进行目标分解。

5. 组织有关人员制定规章制度和目标责任考核、奖惩制度。

### （二）项目经理部的运行

1. 项目经理应组织项目经理部成员学习项目的规章制度，检查执行情况和效果，并应根据反馈信息改进管理。

2. 项目经理应根据项目管理人员岗位责任制度对管理人员的责任目标进行检查、考核和奖惩。

3. 项目经理部应对作业队伍和分包人实行合同管理，并应加强控制与协调。

4. 项目经理部解体应具备下列条件：

（1）工程已竣工验收。

（2）与各分包单位已经结算完毕。

（3）已协助企业管理层与发包人签订了“工程质量保修书”。

（4）“项目管理目标责任书”已经履行完成，经企业管理层审计合格。

（5）已与企业管理层办理了有关手续。

（6）现场最后清理完毕。

## 十三、编制施工项目管理规划

施工项目管理规划是对施工项目管理目标、组织、内容、方法、步骤、重点进行预测和决策，做出具体安排的纲领性文件。施工项目管理规划的内容主要如下：

1. 进行工程项目分解，形成施工对象分解体系，以便确定阶段控制目标，从局部到整体地进行施工活动和进行施工项目管理。

2. 建立施工项目管理工作体系，绘制施工项目管理工作体系图和施工项目管理工作信息流程图。

3. 编制施工管理规划，确定管理点，形成文件，以利于执行。现阶段这个文件便以施工组织设计代替。

## 十四、进行施工项目的目标控制

施工项目的目标有阶段性目标和最终目标。实现各项目标是施工项目管理的目的所在，因此应当坚持以控制论理论为指导，进行全过程的科学控制。施工项目的控制目标包括进度控制目标、质量控制目标、成本控制目标、安全控制目标和施工现场控制目标。

在施工项目目标控制的过程中，会不断受到各种客观因素的干扰，各种风险因素随时可能发生，故应通过组织协调和风险管理，对施工项目目标进行动态控制。

## 十五、对施工项目的生产要素进行优化配置和动态管理

施工项目的生产要素是施工项目目标得以实现的保证，主要包括劳动力资源、材料、设备、资金和技术（即5M）。生产要素管理的内容如下：

1. 分析各项生产要素的特点。

2. 按照一定的原则、方法对施工项目生产要素进行优化配置，并对配置状况进行评价。

3. 对施工项目各项生产要素进行动态管理。

## 十六、施工项目的合同管理

由于施工项目管理是在市场条件下进行的特殊交易活动的管理，这种交易活动从投标开始，持续于项目实施的全过程，因此必须依法签订合同。合同管理的好坏直接关系到项目管理及工程施工技术经济效果和目标的实现，因此要严格执行合同条款约定，进行履约经营，保证工程项目顺利进行。合同管理势必涉及国内和国际上有关法规和合同文本、合同条件，在合同管理中应予以高度重视。为了取得更多的经济效益，还必须重视索赔，研究索赔方法、策略和技巧。

## 十七、施工项目的信息管理

项目信息管理旨在适应项目管理的需要，为预测未来和正确决策提供依据，提高管理水平。项目经理部应建立项目信息管理系统，优化信息结构，实现项目管理信息化。项目信息包括项目经理部在项目管理过程中形成的各种数据、表格、图纸、文字、音像资料等。项目经理部应负责收集、整理、管理本项目范围内的信息。项目信息收集应随工程的进展进行，保证真实、准确。

施工项目管理是一项复杂的现代化的管理活动，要依靠大量信息及对大量信息进行管理。进行施工项目管理和施工项目目标控制、动态管理，必须依靠计算机项目信息管理系统，获得项目管理所需要的大量信息，并使信息资源共享。另外要注意信息的收集与储存，使本项目的经验和教训得到记录和保留，为以后的项目管理提供必要的资料。

## 十八、组织协调

组织协调是指以一定的组织形式、手段和方法，对项目管理中产生的关系不畅进行疏通，对产生的干扰和障碍进行排出的活动。

1. 协调要依托一定的组织、形式的手段。

2. 协调要有处理突发事件的机制和应变能力。

3. 协调要为控制服务，协调与控制的目的，都是保证目标实现。

# 第三节 建设项目管理模式

建设项目管理模式对项目的规划、控制、协调起着重要的作用。不同的管理模式有不同的管理特点。目前国内外较为常用的建设工程项目管理模式有：工程建设指挥部模

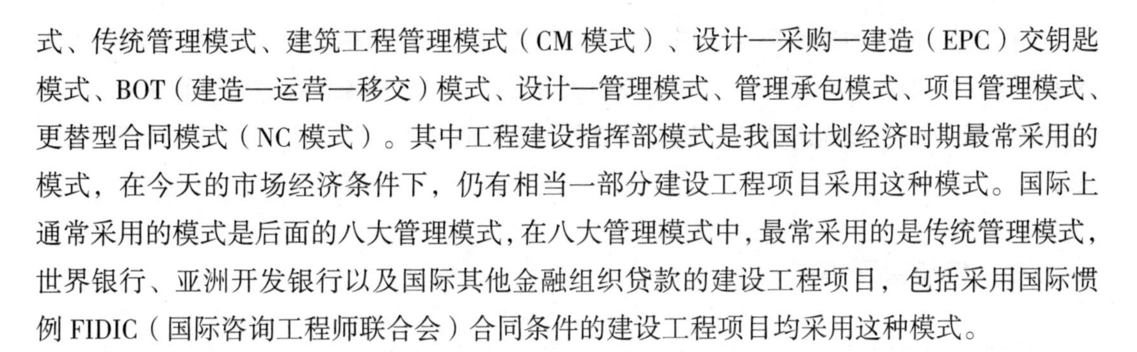
式、传统管理模式、建筑工程管理模式（CM 模式）、设计—采购—建造（EPC）交钥匙模式、BOT（建造—运营—移交）模式、设计—管理模式、管理承包模式、项目管理模式、更替型合同模式（NC 模式）。其中工程建设指挥部模式是我国计划经济时期最常采用的模式，在今天的市场经济条件下，仍有相当一部分建设工程项目采用这种模式。国际上通常采用的模式是后面的八大管理模式，在八大管理模式中，最常采用的是传统管理模式，世界银行、亚洲开发银行以及国际其他金融组织贷款的建设工程项目，包括采用国际惯例 FIDIC（国际咨询工程师联合会）合同条件的建设工程项目均采用这种模式。

## 一、工程建设指挥部模式

工程建设指挥部是我国计划经济体制下，大中型基本建设项目管理所采用的一种模式，它主要是以政府派出机构的形式对建设项目的实施进行管理和监督，依靠的是指挥部领导的权威和行政手段，因而在行使建设单位的职能时有较大的权威性，决策、指挥直接有效。尤其是有效地解决征地、拆迁等外部协调难题，以及在建设工期要求紧迫的情况下，能够迅速集中力量，加快工程建设进度。但是由于工程建设指挥部模式采用纯行政手段来管理技能管理活动，存在着以下弊端。

### （一）工程建设指挥部缺乏明确的经济责任

工程建设指挥部不是独立的经济实体，缺乏明确的经济责任。政府对工程建设指挥部没有严格、科学的经济约束，指挥部拥有投资建设管理权，却对投资的使用和回收不承担任何责任。也就是说，作为管理决策者，却不承担决策风险。

### （二）管理水平低，投资效益难以保证

工程建设指挥部中的专业管理人员是从本行业相关单位抽调并临时组成的团队，应有的专业人员素质难以保障。而当他们在工程建设过程中积累了一定经验之后，又随着工程项目的建成而转入其他工程岗位。以后即使是再建设新项目，也要重新组建工程建设指挥部。为此，导致工程建设的管理水平难以提高。

### （三）忽视了管理的规划和决策职能

工程建设指挥部采用行政管理手段，甚至采用军事作战的方式来管理工程建设，而不善于利用经济的方式和手段。它着重于工程的实现，而忽视了工程建设投资、进度、质量三大目标之间的对立统一关系。它努力追求工程建设的进度目标，却往往不顾投资效益和对工程质量的影响。

由于这种传统的建设项目管理模式自身的先天不足，使得我国工程建设的管理水平和投资效益长期得不到提高，建设投资和质量目标的失控现象也在许多工程中存在。随着我国社会主义市场经济体制的建立和完善，这种管理模式将逐步为项目法人责任制所替代。

## 二、传统管理模式

传统管理模式又称为通用管理模式。采用这种管理模式，业主通过竞争性招标将工程施工的任务发包给或委托给报价合理和最具有履约能力的承包商或工程咨询、工程监理单位，并且业主与承包商、工程师签订专业合同。承包商还可以与分包商签订分包合同。涉及材料设备采购的，承包商还可以与供应商签订材料设备采购合同。

这种模式形成于19世纪，目前仍然是国际上最为通用的模式，世界银行贷款、亚洲开发银行贷款项目和采用国际咨询工程师联合会（FIDIC）的合同条件的项目均采用这种模式。

传统管理模式的优点是：由于应用广泛，因而管理方法成熟，各方对有关程序比较熟悉；可自由选择设计人员，对设计进行完全控制；标准化的合同关系；可自由选择咨询人员；采用竞争性投标。

传统管理模式的缺点是：项目周期长，业主的管理费用较高；索赔和变更的费用较高；在明确整个项目的成本之前投入较大。此外，由于承包商无法参与设计阶段的工作，设计的“可施工性”较差，当出现重大的工程变更时，往往会降低施工的效率，甚至造成工期延误等。

## 三、建筑工程管理模式（CM模式）

采用建筑工程管理模式，是以项目经理为特征的工程项目管理方式，是从项目开始阶段就由具有设计、施工经验的咨询人员参与到项目实施过程中来，以便为项目的设计、施工等方面提供建议。为此，又称为“管理咨询方式”。

建筑工程管理模式的特点，与传统的管理模式相比较，具有的主要优点有以下几个方面：

### （一）设计深度到位

由于承包商在项目初期（设计阶段）就任命了项目经理，他可以在此阶段充分发挥自己的施工经验和管理技能，协同设计班子的其他专业人员一起做好设计，提高设计质量。为此，其设计的“可施工性”好，有利于提高施工效率。

### （二）缩短建设周期

由于设计和施工可以平行作业，并且设计未结束便开始招标投标，使设计施工等环节得到合理搭接，可以节省时间、缩短工期，可提前运营，提高投资效益。

## 四、设计—采购—建造（EPC）交钥匙模式

EPC 模式是从设计开始，经过招标，委托一家工程公司对“设计—采购—建造”进行总承包，采用固定总价或可调总价合同方式。

EPC模式的优点是：有利于实现设计、采购、施工各阶段的合理交叉和融合，提高效率，降低成本，节约资金和时间。

EPC 模式的缺点是：承包商要承担大部分风险，为减少双方风险，一般均在基础工程设计完成、主要技术和主要设备均已确定的情况下进行承包。

## 五、BOT 模式

BOT 模式即建造—运营—移交模式。它是指东道国政府开放本国基础设施建设和运营市场，吸收国外资金、本国私人或公司资金，授给项目公司特许权，由该公司负责融资和组织建设，建成后负责运营及偿还贷款。在特许期满时将工程移交给东道国政府。

BOT 模式作为一种私人融资方式，其优点是：可以开辟新的公共项目资金渠道，弥补政府资金的不足，吸收更多投资者；减轻政府财政负担和国际债务，优化项目，降低成本；减少政府管理项目的负担；扩大地方政府的资金来源，引进外国的先进技术和管理，转移风险。

BOT 模式的缺点是：建造的规模比较大，技术难题多，时间长，投资高。东道国政府承担的风险大，较难确定回报率及政府应给予的支持程度，政府对项目的监督、控制难以保证。

## 六、国际采用的其他管理模式

### （一）设计—管理模式

设计—管理合同通常是指一种类似 CM 模式但更为复杂的，由同一实体向业主提供设计和施工管理服务的工程管理方式，在通常的 CM 模式中，业主分别就设计和专业施工过程管理服务签订合同。采用设计—管理合同时，业主只签订一份既包括设计也包括类似 CM 服务在内的合同。在这种情况下，设计师与管理机构是同一实体。这一实体常

常是设计机构与施工管理企业的联合体。

设计—管理模式的实现可以有两种形式：一是业主与设计—管理公司和施工总承包商分别签订合同，由设计—管理公司负责设计并对项目实施进行管理；另一种形式是业主只与设计—管理公司签订合同，由设计公司分别与各个单独的承包商和供应商签订分包合同，由他们施工和供货。这种方式看作是CM与设计—建造两种模式相结合的产物，这种方式也常常对承包商采用阶段发包方式以加快工程进度。

### （二）管理承包模式

业主可以直接找一家公司进行管理承包，管理承包商与业主的专业咨询顾问（如建筑师、工程师、测量师等）进行密切合作，对工程进行计划管理、协调和控制。工程的实际施工由各个承包商承担。承包商负责设备采购、工程施工以及对分包商的管理。

### （三）项目管理模式

目前许多工程日益复杂，特别是当一个业主在同一时间内有多个工程处于不同阶段实施时，所需执行的多种职能超出了建筑师以往主要承担的设计、联络和检查的范围，这就需要项目经理。项目经理的主要任务是自始至终对一个项目负责，这可能包括项目任务书的编制、预算控制、法律与行政障碍的排除、土地资金的筹集，同时使设计者、计量工程师、结构、设备工程师和总承包商的工作协调地、分阶段地进行。在适当的时候引入指定分包商的合同，使业主委托的工作顺利进行。

### （四）更替型合同模式（NC模式）

NC模式是一种新的项目管理模式，即用一种新合同更替原有合同，而二者之间又有密不可分的联系。业主在项目实施初期委托某设计咨询公司进行项目的初步设计，当这一部分工作完成（一般达到全部设计要求的30%~80%）时，业主可开始招标选择承包商，承包商与业主签约时承担全部未完成的设计与施工工作，由承包商与原设计咨询公司签订设计合同，完成后一部分设计。设计咨询公司成为设计分包商，对承包商负责，由承包商对设计进行支付。

这种方式的主要优点是：既可以保证业主对项目的总体要求，又可以保持设计工作的连贯性，还可以在施工详图设计阶段吸收承包商的施工经验，有利于加快工程进度、提高施工质量，还可以减少施工中设计的变更，由承包商更多地承担这一实施期间的风险管理，为业主方减轻了风险。后一阶段由承包商承担了全部设计建造责任，合同管理也比较容易操作。采用NC模式，业主方必须在前期对项目有一个周密的考虑，因为设计合同转移后，变更就会比较困难。此外，在新旧设计合同更替过程中要细心考虑责任和风险的重新分配，以免引起纠纷。

## 第四节 水利工程建设程序

水利水电工程的建设周期长，施工场面布置复杂，投资金额巨大，对国民经济的影响不容忽视。工程建设必须遵守合理的建设程序，才能顺利地按时完成工程建设任务，并且能够节省投资。

在计划经济时代，水利水电工程建设一直沿用自建自营模式。在国家总体计划安排下，建设任务由上级主管单位下达，建设资金由国家拨款。建设单位一般是上级主管单位、已建水电站、施工单位和其他相关部门抽调的工程技术人员和工程管理人员临时组建的工程筹备处或工程建设指挥部。在条块分割的计划经济体制下，工程建设指挥部除了负责工程建设外，还要平衡和协调各相关单位的关系和利益。工程建成后，工程建设指挥部解散。其中一部分人员转变为水电站运行管理人员，其余人员重新回到原单位。这种体制形成于新中国成立初期。那时候国家经济实力薄弱，建筑材料匮乏，技术人员稀缺。集中财力、物力、人力于国家重点工程，对于新中国成立后的经济恢复和繁荣起到了重要作用。随着国民经济的发展和经济体制的转型，原有的这种建设管理模式已经不能适应国民经济的迅速发展，甚至严重地阻碍了国民经济的健康发展。经过10多年的改革，终于在20世纪90年代后期初步建立了既符合社会主义市场经济运行机制，又与国际惯例接轨的新型建设管理体系。在这个体系中，形成了项目法人责任制、投标招标制和建设监理制三项基本制度。在国家宏观调控下，建立了“以项目法人责任制为主体，以咨询、科研、设计、监理、施工、物供为服务、承包体系”的建设项目管理体制。投资主体可以是国资，也可以是民营或合资，充分调动各方的积极性。

项目法人的主要职责是：负责组建项目法人在现场的管理机构；负责落实工程建设计划和资金进行管理、检查和监督；负责协调与项目相关的对外关系。工程项目实行招标投标，将建设单位和设计、施工企业推向市场，达到公平交易、平等竞争。通过优胜劣汰，优化社会资源，提高工程质量，节省工程投资。建设监理制度是借鉴国际上通行的工程管理模式。监理为业主提供费用控制、质量控制、合同管理、信息管理、组织协调等服务。在业主授权下，监理对工程参与者进行监督、指导、协调，使工程在法律、法规和合同的框架内进行。

水利工程建设程序一般分为项目建议书、可行性研究、初步设计、施工准备（包括投标设计）、建设实施、生产准备、竣工验收、后评价等阶段。根据国民经济总体要求，项目建议书在流域规划的基础上，提出工程开发的目标和任务，论证工程开发的必要性。可行性研究阶段，对工程进行全面勘测、设计，进行多方案比较，提出工程投资估算，对工程项目在技术上是否可行和经济上是否合理进行科学的论证和分析，提出可行性研究报告。项目评估由上级组织的专家组进行，全面评估项目的可行性和合理性。项目立项后，顺序进行初步设计、技术设计（招标设计）和技施设计，并进行主体工程的实施。工程建成后经过试运行期，即可投产运行。

## 第五节 水利工程施工组织

### 一、施工方案、设备的确定

在施工工程的组织设计方案研究中，施工方案的确定和设备及劳动力组合的安排和规划是重要的内容。

#### （一）施工方案选择原则

在具体施工项目的方案确定时，需要遵循以下几条原则：

1. 确定施工方案时尽量选择施工总工期时间短、项目工程辅助工程量小、施工附加工程量小、施工成本低的方案。

2. 确定施工方案时尽量选择先后顺序工作之间、土建工程和机电安装之间、各项程序之间互相干扰小、协调均衡的方案。

3. 确定施工方案时要确保施工方案选择的技术先进、可靠。

4. 确定施工方案时着重考虑施工强度和施工资源等因素，保证施工设备、施工材料、劳动力等需求之间处于均衡状态。

#### （二）施工设备及劳动力组合选择原则

在确定劳动力组合的具体安排以及施工设备的选择上，施工单位要尽量遵循以下几条原则：

1. 施工设备选择原则

施工单位在选择和确定施工设备时要注意遵循以下原则：

（1）施工设备尽可能地符合施工场地条件，符合施工设计和要求，并能保证施工项目保质保量地完成。

（2）施工项目工程设备要具备机动、灵活、可调节的性质，并且在使用过程中能达到高效低耗的效果。

（3）施工单位要事先进行市场调查，以各单项工程的工程量、工程强度、施工方案

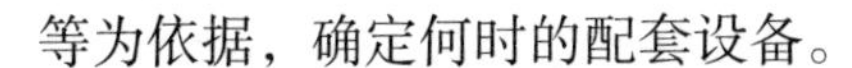



等为依据，确定何时的配套设备。

（4）尽量选择通用性强，可以在施工项目的不同阶段和不同工程活动中反复使用的设备。

（5）应选择价格较低，容易获得零部件的设备，尽量保证设备便于维护、维修、保养。

2. 劳动力组合选择原则

施工单位在选择和确定劳动力组合时要注意遵循以下原则：

（1）劳动力组合要保证生产能力可以满足施工强度要求。

（2）施工单位需要事先进行调查研究，确保劳动力组合能满足各个单项工程的工程量和施工强度。

（3）在选择配套设备的基础上，要按照工作面、工作班制、施工方案等确定最合理的劳动力组合，混合劳动力工种，实现劳动力组合的最优化。

## 二、主体工程施工方案

水利工程涉及多种工种，其中主体工程施工主要包括地基处理、混凝土施工、碾压式土石坝施工等。而各项主体施工还包括多项具体工程项目。本节重点研究在进行混凝土施工和碾压式土石坝施工时，施工组织设计方案的选择应遵循的原则。

### （一）混凝土施工方案选择原则

混凝土施工方案选择主要包括混凝土主体施工方案选择、浇筑设备确定、模板选择、坝体选择等内容。

1. 混凝土主体施工方案选择原则

在进行混凝土主体施工方案确定时，施工单位应该注意以下几部分的原则：

（1）混凝土施工过程中，生产、运输、浇筑等环节要保证衔接的顺畅和合理。

（2）混凝土施工的机械化程度要符合施工项目的实际需求，保证施工项目按质按量完成，并且能在一定程度上促进工程工期和进度的加快。

（3）混凝土施工方案要保证施工技术先进，设备配套合理，生产效率高。

（4）混凝土施工方案要保证混凝土可以得到连续生产，并且在运输过程中尽可能减少中转环节，缩短运输距离，保证温控措施可控、简便。

（5）混凝土施工方案要保证混凝土在初期、中期以及后期的浇筑强度可以得到平衡的协调。

（6）混凝土施工方案要尽可能保证混凝土施工和机电安装之间存在的相互干扰尽可能少。

2. 混凝土浇筑设备选择原则

混凝土浇筑设备的选择要考虑多方面的因素，比如混凝土浇筑程序能否适应工程强度和进度、各期混凝土浇筑部位和高程与供料线路之间能否平衡协调等等。具体来说，在选择混凝土浇筑设备时，要注意以下几条原则：

（1）混凝土浇筑设备的起吊设备能保证对整个平面和高程上的浇筑部位形成控制。

（2）保持混凝土浇筑主要设备型号统一，确保设备生产效率稳定、性能良好，其配套设备能发挥主要设备的生产能力。

（3）混凝土浇筑设备要能在连续的工作环境中保持稳定的运行，并具有较高的利用效率。

（4）混凝土浇筑设备在工程项目中不需要完成浇筑任务的间隙可以承担起模板、金属构件、小型设备等的吊运工作。

（5）混凝土浇筑设备不会因为压块而导致施工工期的延误。

（6）混凝土浇筑设备的生产能力要在满足一般生产的情况下，尽可能满足浇筑高峰期的生产要求。

（7）混凝土浇筑设备应该具有保证混凝土质量的保障措施。

3. 模板选择原则

在选择混凝土模板时，施工单位应当注意以下原则：

（1）模板的类型要符合施工工程结构物的外形轮廓，便于操作。

（2）模板的结构形式应该尽可能标准化、系列化，保证模板便于制作、安装、拆卸。

（3）在有条件的情况下，应尽量选择混凝土或钢筋混凝土模板。

4. 坝体接缝灌浆设计原则

在坝体的接缝灌浆时应注意考虑以下几个方面：

（1）接缝灌浆应该发生在灌浆区及以上部位达到坝体稳定温度时，在采取有效措施的基础上，混凝土的保质期应该长于4个月。

（2）在同一坝缝内的不同灌浆分区之间的高度应该为10~15米。

（3）要根据双曲拱坝施工期来确定封拱灌浆高程，以及浇筑层顶面间的限定高度差值。

（4）对空腹坝进行封顶灌浆，或者对受气温影响较大的坝体进行接缝灌浆时，应尽可能采用坝体相对稳定且温度较低的设备进行。

### （二）碾压式土石坝施工方案选择原则

在进行碾压式土石坝施工方案选择时，要事先对工程所在地的气候、自然条件进行调查，搜集相关资料，统计降水、气温等多种因素的信息，并分析它们可能对碾压式土石坝材料的影响程度。

1. 碾压式土石坝料场规划原则

在确定碾压式土石坝的料场时，应注意遵循以下原则：

（1）碾压式土石坝料场的料物物理学性质要符合碾压式土石坝坝体的用料要求，尽可能保证物料质地的统一。

（2）料场的物料应相对集中存放，总储量要保证能满足工程项目的施工要求。

（3）碾压式土石坝料场要保证有一定的备用料区，并保留一部分料场以供坝体合龙和抢拦洪高时使用。

（4）以不同的坝体部位为依据，选择不同的料场进行使用，避免不必要的坝料加工。

（5）碾压式土石坝料场最好具有剥离层薄、便于开采的特点，并且应尽量选择获得坝料效率较高的料场。

（6）碾压式土石坝料场应满足采集面开阔、料场运输距离短的要求，并且周围存在足够的废料处理场。

（7）碾压式土石坝料场应尽量少地占用耕地或林场。

2. 碾压式土石坝料场供应原则

碾压式土石坝料场的供应应当遵循以下原则：

（1）碾压式土石坝料场的供应要满足施工项目的工程和强度需求。

（2）碾压式土石坝料场的供应要充分利用开挖渣料，通过高料高用、低料低用等措施保证料物的使用效率。

（3）尽量使用天然沙石料用作垫层、过滤和反滤，在附近没有天然沙石料的情况下，再选择人工料。

（4）应尽可能避免料物的堆放，如果避免不了，就将堆料场安排在坝区上坝道路上，并要保证防洪、排水等一系列措施的跟进。

（5）碾压式土石坝料场的供应尽可能减少料物和弃渣的运输量，保证料场平整，防止水土流失。

3. 土料开采和加工处理要求

在进行土料开采和加工处理时，要注意满足以下要求：

（1）以土层厚度、土料物理学特征、施工项目特征等为依据，确定料场的主次并进行区分开采。

（2）碾压式土石坝料场土料的开采加工能力应能满足坝体填筑强度的需求。

（3）要时刻关注碾压式土石坝料场天然含水量的高低，一旦出现过高或过低的状况，要采用一定具体措施加以调整。

（4）如果开采的土料物理力学特性无法满足施工设计和施工要求，那么应选择对采用人工砾质土的可能性进行分析。

（5）对施工场地、料场输送线路、表土堆存场等进行统筹规划，必要情况下还要对还耕进行规划。

4. 坝料上坝运输方式选择原则

在选择坝料上坝运输方式的过程中，要考虑运输量、开采能力、运输距离、运输费用、地形条件等多方面因素，具体来说，要遵循以下原则。

（1）坝料上坝运输方式要能满足施工项目填筑强度的需求。

（2）坝料上坝的运输在过程中不能和其他物料混掺，以免污染和降低料物的物理力学性能。

（3）各种坝料应尽量选用相同的上坝运输方式和运输设备。

（4）坝料上坝使用的临时设备应具有设施简易、便于装卸、装备工程量小的特点。

（5）坝料上坝尽量选择中转环节少、费用较低的运输方式。

5. 施工上坝道路布置原则

施工上坝道路的布置应遵循以下原则：

（1）施工上坝道路的各路段要能满足施工项目坝料运输强度的需求，并综合考虑各路段运输总量、使用期限、运输车辆类型和气候条件等多项因素，最终确定施工上坝的道路布置。

（2）施工上坝道路要能兼顾当地地形条件，保证运输过程中不出现中断的现象。

（3）施工上坝道路要能兼顾其他施工运输，如施工期过坝运输等，尽量和永久公路相结合。

（4）在限制运输坡长的情况下，施工上坝道路的最大纵坡不能大于15%。

6. 碾压式土石坝施工机械配套原则

确定碾压式土石坝施工机械的配套方案时应遵循以下原则：

（1）确定碾压式土石坝施工机械的配套方案要能在一定程度上保证施工机械化水平的提升。

（2）各种坝面作业的机械化水平应尽可能保持一致。

（3）碾压式土石坝施工机械的设备数量应该以施工高峰时期的平均强度进行计算和安排，并适当留有余地。

## 第六节 水利工程进度控制

### 一、概念

水利水电建设项目进度控制是指对水电工程建设各阶段的工作内容、工作秩序、持续时间和衔接关系，根据进度总目标和资源的优化配置原则编制计划，将该计划付诸实施，在实施的过程中经常检查实际进度是否按计划要求进行，对出现的偏差分析原因，采取补救措施或调整、修改原计划，直到工程竣工验收交付使用。进度控制的最终目的是确保项目进度目标的实现，水利水电建设项目进度控制的总目标是建设工期。

水利水电建设项目的进度受许多因素的影响，项目管理者需事先对影响进度的各种因素进行调查，预测他们对进度可能产生的影响，编制可行的进度计划，指导建设项目按计划实施。然而在计划执行过程中，必然会出现新的情况，难以按照原定的进度计划执行。这就要求项目管理者在计划的执行过程中，掌握动态控制原理，不断进行检查，将实际情况与计划安排进行对比，找出偏离计划的原因，特别是找出主要原因，然后采取相应的措施。措施的确定有两个前提：一是通过采取措施，维持原计划，使之正常实施；二是采取措施后不能维持原计划，要对进度进行调整或修正，再按新的计划实施。这样不断地计划、执行、检查、分析、调整计划的动态循环过程，就是进度控制。

## 二、影响进度因素

水利工程建设项目由于实施内容多、工程量大、作业复杂、施工周期长及参与施工单位多等特点，影响进度的因素很多，主要可归为人为因素、技术因素、项目合同因素、资金因素，材料、设备与配件因素，水文、地质、气象及其他环境因素，社会因素及一些难以预料的偶然突发因素等。

## 三、工程项目进度计划

工程项目进度计划可以分为进度控制计划、财务计划、组织人事计划、供应计划、劳动力使用计划、设备采购计划、施工图设计计划、机械设备使用计划、物资工程验收计划等。其中工程项目进度控制计划是编制其他计划的基础，其他计划是进度控制计划顺利实施的保证。施工进度计划是施工组织设计的重要组成部分，并规定了工程施工的顺序和速度。水利工程项目施工进度计划主要有两种：一是总进度计划，即对整个水利工程编制的计划，要求写出整个工程中各个单项工程的施工顺序和起止日期及主体工程施工前的准备工作和主体工程完工后的结尾工作的施工期限；二是单项工程进度计划，即对水利枢纽工程中主要工程项目，如大坝、水电站等组成部分进行编制的计划，写出单项工程施工的准备工作项目和施工期限，要求进一步从施工方法和技术供应等条件论证施工进度的合理性和可靠性，研究加快施工进度和降低工程成本的具体方法。

## 四、进度控制措施

进度控制的措施主要有组织措施、技术措施、合同措施、经济措施和信息措施。

1. 组织措施包括落实项目进度控制部门的人员、具体控制任务和职责分工；项目分解、建立编码体系；确定进度协调工作制度，包括协调会议的时间、人员等；对影响进度目标实现的干扰和风险因素进行分析。

2. 技术措施是指采用先进的施工工艺、方法等，以加快施工进度。

3. 合同措施主要包括分段发包、提前施工以及合同期与进度计划的协调等。

4. 经济措施是指保证资金供应。

5. 信息管理措施主要是通过计划进度与实际进度的动态比较，收集有关进度的信息。

## 五、进度计划的检查和调整方法

在进度计划执行过程中，应根据现场实际情况不断进行检查，将检查结果进行分析，而后确定调整方案，这样才能充分发挥进度计划的控制功能，实现进度计划的动态控制。为此，进度计划执行中的管理工作包括检查并掌握实际进度情况、分析产生进度偏差的主要原因、确定相应的纠偏措施或调整方法等 3 个方面。

### （一）进度计划的检查

1. 进度计划的检查方法

（1）计划执行中的跟踪检查。在网络计划的执行过程中，必须建立相应的检查制度，定时定期地对计划的实际执行情况进行跟踪检查，搜集反映实际进度的有关数据。

（2）搜集数据的加工处理。搜集反映实际进度的原始数据量大面广，必须对其进行整理、统计和分析，形成与计划进度具有可比性的数据，以便在网络图上进行记录。根据记录的结果可以分析判断进度的实际状况，及时发现进度偏差，为网络图的调整提供信息。

（3）实际进度检查记录的方式。

①当采用时标网络计划时，可采用实际进度前锋线记录计划实际执行情况，进行实际进度与计划进度的比较。

实际进度前锋线是在原时标网络计划上，自上而下从计划检查时刻的时标点出发，用点画线依次将各项工作实际进度达到的前锋点连接成的折线。通过实际进度前锋线与原进度计划中的各项工作箭线交点的位置可以判断实际进度与计划进度的偏差。

②当采用无时标网络计划时，可在图上直接用文字、数字、适当符号或列表记录计划的实际执行状况，进行实际进度与计划进度的比较。

2. 网络计划检查的主要内容

（1）关键工作进度。

（2）非关键工作的进度及时差利用的情况。

（3）实际进度对各项工作之间逻辑关系的影响。

（4）资源状况。

（5）成本状况。

（6）存在的其他问题。

3. 对检查结果进行分析判断

通过对网络计划执行情况检查的结果进行分析判断，可为计划的调整提供依据。一般应进行如下分析判断：

（1）对时标网络计划可利用绘制的实际进度前锋线，分析计划的执行情况及其发展趋势，对未来的进度做出预测、判断，找出偏离计划目标的原因及可供挖掘的潜力所在。

（2）对无时标网络计划可根据实际进度的记录情况对计划中未完的工作进行分析判断。

### （二）进度计划的调整

进度计划的调整内容包括：调整网络计划中关键线路的长度、调整网络计划中非关键工作的时差、增（减）工作项目、调整逻辑关系、重新估计某些工作的持续时间、对资源的投入做相应调整。网络计划的调整方法如下：

1. 调整关键线路法

（1）当关键线路的实际进度比计划进度拖后时，应在尚未完成的关键工作中，选择资源强度小或费用低的工作缩短其持续时间，并重新计算未完成部分的时间参数，将其作为一个新的计划实施。

（2）当关键线路的实际进度比计划进度提前时，若不想提前工期，应选用资源占有量大或者直接费用高的后续关键工作，适当延长期持续时间，以降低其资源强度或费用；当确定要提前完成计划时，应将计划尚未完成的部分作为一个新的计划，重新确定关键工作的持续时间，按新计划实施。

2. 非关键工作时差的调整方法

非关键工作时差的调整应在其时差范围内进行，以便更充分地利用资源、降低成本或满足施工的要求。每一次调整后都必须重新计算时间参数，观察该调整对计划全局的影响，可采用以下几种调整方法：

（1）将工作在其最早开始时间与最迟完成时间范围内移动。

（2）延长工作的持续时间。

（3）缩短工作的持续时间。

3. 增减工作时的调整方法

增减工作项目时应符合这样的规定：不打乱原网络计划总的逻辑关系，只对局部逻辑关系进行调整；在增减工作后应重新计算时间参数，分析对原网络计划的影响。当对工期有影响时，应采取调整措施，以保证计划工期不变。

4. 调整逻辑关系

逻辑关系的调整只有当实际情况要求改变施工方法或组织方法时才可进行，调整时应避免影响原定计划工期和其他工作的顺利进行。

5. 调整工作的持续时间

当发现某些工作的原持续时间估计有误或实现条件不充分时，应重新估算其持续时间，并重新计算时间参数，尽量使原计划工期不受影响。

6. 调整资源的投入

当资源供应发生异常时，应采用资源优化方法对计划进行调整，或采取应急措施，使其对工期的影响最小。

网络计划的调整可以定期调整，也可以根据检查的结果随时调整。

# 第七章 水利工程管理

## 第一节 概述

距今5000多年前，我国古代社会进入了原始公社末期，农业开始成为社会的基本经济。人们为了生产和生活的方便，以氏族公社为单位，集体居住在河流和湖泊的两旁。人们临水而居虽然有着很大的便利，但也常常受到河水泛滥的危害。为防御洪水，人们修起了一个个围村埝，开始了我国古代的原始形态的防洪工程，此时也开始设立了专门管理工程事务的职官——“司空”。“司空”是古代中央政权机关中主管水土等工程的最高行政长官。禹即是被部落联盟委以司空重任，主持治水工作。《尚书·尧典》记：“禹作司空”“平水土”。禹治水成功后，被推举为部落联盟领袖，成为全国共主。

从远古人的“居丘”，到禹治洪水后的“降丘宅土”，广大平原被开发，这是人们改造大自然的胜利。随着社会实践和生产力的提高，人们防洪的手段也从简易的围村址向筑堤防洪转变，并随着生产和生活需求，向引用水工程发展。春秋战国时期，楚国修建的“芍陂”，被称为“天下第一塘”，可以灌田万顷；吴国开凿的胥河，是我国最早的人工运河；西门豹的引黄治邺和秦国的郑国渠，都是著名的引水灌溉工程。随着水利工程的大规模修筑，统治者开始意识到水事管理的重要性，建立了正式的水事管理机构，工程管理的相关制度也逐步开始形成。

《管子·度地》的记载表明，春秋时期已有细致的水利工程管理制度。其中规定：水利工程要由熟悉技术的专门官吏管理，水官在冬天负责检查各地工程，发现需要维修治理的，即向政府书面报告，经批准后实施。施工要安排在春季农闲时节，完工后要经常检查维护。水利修防队伍从老百姓中抽调，每年秋季按人口和土地面积摊派，并且服工役可代替服兵役。汛期堤坝如有损坏，要把责任落到实处到人，抓紧修治，官府组织人力支持。遇有大雨，要对堤防加以适当遮盖，在迎水冲刷的危险堤段要派人据守防护。这些制度说明我们的祖先在水利工程治理方面已经积累了丰富的实践经验。

## 一、水利工程管理的含义

水利工程是伴随着人类文明发展起来的，在整个发展过程中，人们对水利工程要进行管理的意识越来越强烈，但发展至今并没有一个明确的概念。近年来，随着对水利工程管理研究的不断深入，不少学者试图给水利工程管理下一个明确的定义。一部分学者认为，水利工程管理实质上就是保护和合理运用已建成的水利工程设施，调节水资源，为社会经济发展和人民生活服务的工作，进而使水利工程能够很好地服务于防洪、排水、灌溉、发电、水运、水产、工业用水、生活用水和改善环境等方面。一部分学者认为，水利工程管理，就是在水利工程项目发展周期过程中，对水利工程所涉及的各项工作，进行的计划、组织、指挥、协调和控制，以达到确保水利工程质量和安全，节省时间和成本，充分发挥水利工程效益的目的。它分为两个层次，一是工程项目管理：通过一定的组织形式，用系统工程的观点、理论和方法，对工程项目管理生命周期内的所有工作，包括项目建议书、可行性研究、设计、设备采购、施工、验收等系统过程，进行计划、组织、指挥、协调和控制，以达到保证工程质量、缩短工期、提高投资的目的；二是水利工程运行管理：通过健全组织，建立制度，综合运用行政、经济、法律、技术等手段，对已投入运行的水利工程设施，进行保护、运用，以充分发挥工程的除害兴利效益。一部分学者认为，水利工程管理是运用、保护和经营已开发的水源、水域和水利工程设施的工作。一部分学者认为，水利工程管理是从水利工程的长期经济效益出发，以水利工程为管理对象，对其各项活动进行全面、全过程的管理。完整的内容应该涵盖工程的规划、勘测设计、项目论证、立项决策、工程设计、制订实施计划、管理体制、组织框架、建设施工、监理监督、资金筹措、验收决算、生产运行、经营管理等内容。一个水利工程的完整管理可以分为三个阶段，即第一阶段，工程前期的决策管理；第二阶段，工程的实施管理；第三阶段，工程的运营管理。

在综合多位学者对水利工程管理概念理解的基础上，可以这样归纳，水利工程管理是指在深入了解已建水利工程性质和作用的基础上，为尽可能地趋利避害，保护和合理利用水利工程设施，充分发挥水利工程的社会和经济效益，所做出的必要管理。

## 二、流域治理体系

2016年修订的《水法》第十二条规定“国家对水资源实行流域管理与行政区域管理相结合的管理体制”。国务院水行政主管部门在国家确定的重要江河湖泊设立的流域管理机构，在所管辖的范围内行使法律、行政法规规定的和国务院水行政主管部门授予的水资源管理和监督职责。我国已按七大流域设立了流域管理机构，有长江水利委员会、黄河水利委员会、海河水利委员会、淮河水利委员会、珠江水利委员会、松辽水利委员会、太湖流域管理局。七大江河湖泊的流域机构依照法律、行政法规的规定和水利部的授权，在所管辖的范围内对水资源进行管理与监督。

《水法》对流域管理机构的法定管理范围确定为：参与流域综合规划和区域综合规划的编制工作；审查并管理流域内水工程建设；参与拟订水功能区划，监测水功能区水质状况；审查流域内的排污设施；参与制订水量分配方案和旱情紧急情况下的水量调度预案；审批在边界河流上建设水资源开发、利用项目；制订年度水量分配方案和调度计划；参与取水许可管理；监督、检查、处理违法行为等。

《水法》确立的“水资源流域管理与区域管理相结合，监督管理与具体管理相分离”的管理体制，一方面是对水资源流域自然属性的认识与尊重，体现了资源立法中生态观念的提升，另一方面是对政府管制中出现的部门利益驱动、代理人代理权异化、公共权力恶性竞争、设租与寻租等“政府失灵”问题的克服与纠正，体现了行政权力制约与管理科学化、民主化的公共治理理念。

水利工程建成交付水管单位后，水管单位就拥有了发挥工程效益的主要经营要素——劳动者（管理职工）、主要劳动资料（水利工程）、劳动对象（天然水资源）。如果运行费用的资金来源有保证，水管单位就拥有了全部经营要素。这些经营要素必须互相结合，才能使水利工程发挥防洪、灌溉、发电、城镇供水、水产、航运等设计效益。使水利工程发挥效益的技术、经济活动就是经营水利的过程。经营的目的是以尽可能小的劳动耗费和尽可能少的劳动占用取得尽可能大的经营成果。尽可能大的经营成果就是在保证工程安全前提下，充分发挥工程的综合效益。水管单位为达到上述目标，就必须运用管理科学，把计划、组织、指挥、协调、控制等管理职能与经营过程结合起来，使各种经营要素得到合理的结合。概括地说，水利工程管理是一门在运用水利工程进行防洪、供水等生产活动过程中对各种资源（人与物）进行计划、组织、指挥、协调和控制，以及对所产生的经济关系（管理关系）及其发展变化规律进行研究的边缘学科，它涉及生产力经济学、政治经济学、管理科学、心理学、会计学、水利科学技术，以及数理统计、系统工程等许多社会科学和自然科学的理论和知识。

水管单位既是生产活动的组织者，又是一定社会生产关系的体现者。因此，水管单位的经营管理基本内容包括两个方面：一方面是生产力的合理组织，包括劳动力的组织、劳动手段的组织、劳动对象的组织，以及生产力要素结合的组织，等等。另一方面是有关生产关系的正确处理，包括正确处理国家、水管单位与职工之间的关系，水管单位与用水单位的关系，等等。

经营管理过程是生产力合理组织和生产关系的正确处理这两种基本职能共同结合发生作用的过程。在经营管理的实践中，又表现为计划、组织、指挥、协调和控制等一系列具体管理职能。通过决策和计划，明确水管单位的目标；通过组织，建立实现目标的手段；通过指挥，建立正常的生产秩序；通过协调，处理好各方面的关系；通过控制，检查计划的实现情况，纠正偏差，使各方面的工作更符合实际，从而保证计划的贯彻执行和决策的实现。

水管单位管理生产经营活动的具体内容可归纳为以下各项：

### （一）管理制度的确定和管理机构的建立

主要包括管理制度的建设、管理层次的确定、职能机构的设置、管理人员的配备，责任制和各项生产技术规章制度的建立等。

### （二）计划管理

主要包括定额管理、统计、技术档案管理等基础工作；生产经营的预测、决策；长期和年度计划的编制、执行与控制等。

### （三）生产技术管理

主要包括水利工程的养护修理、检查观测工作的组织管理；生产调度工作；信息管理；设备和物资管理；科学技术管理等。

### （四）成本管理

主要包括供水成本的测算、水价的核定、水费的管理等。

### （五）多种经营管理

主要包括水管单位开展多种经营的方针、原则、内容，以及量本利分析等。

### （六）财务管理

主要包括资金管理、经济核算，以及财务计划的编制和执行等。

### （七）考核评比

主要包括制定水管单位经营管理工作的考核内容、指标体系和综合评比方法等。

# 第二节 管理要求

## 一、基本要求

1. 工程养护应做到及时消除表面的缺陷和局部工程问题，防护可能发生的损坏，保持工程设施的安全、完整、正常运用。

2. 编制次年度养护计划，并按规定报主管部门。

3. 养护计划批准下达后，应尽快组织实施。

## 二、大坝管护

1. 坝顶养护应达到坝顶平整，无积水，无杂草，无弃物；防浪墙、坝肩、踏步完整，轮廓鲜明；坝端无裂缝，无坑凹，无堆积物。

2. 坝顶出现坑洼和雨淋沟缺，应及时用相同材料填平补齐，并应保持一定的排水坡度；坝顶路面如有损坏，应及时修复；坝顶的杂草、弃物应及时清除。

3. 防浪墙、坝肩和踏步出现局部破损，应及时修补。

4. 坝端出现局部裂缝、坑凹，应及时填补，发现堆积物应及时清除。

5. 坝坡养护应达到坡面平整，无雨淋沟缺，无荆棘杂草滋生；护坡砌块应完好，砌缝紧密，填料密实，无松动、塌陷、脱落、风化、冻毁或架空现象。

6. 干砌块石护坡的养护应符合下列要求：

（1）及时填补、楔紧脱落或松动的护坡石料。

（2）及时更换风化或冻损的块石，并嵌砌紧密。

（3）块石塌陷、垫层被淘刷时，应先翻出块石，恢复坝体和垫层后，再将块石嵌砌紧密。

7. 混凝土或浆砌块石护坡的养护应符合下列要求：

（1）清除伸缩缝内杂物、杂草，及时填补流失的填料。

（2）护坡局部发生侵蚀剥落、裂缝或破碎时，应及时采用水泥砂浆表面抹补、喷浆或填塞处理。

（3）排水孔如有不畅，应及时进行疏通或补设。

8. 堆石或碎石护坡石料如有滚动，造成厚薄不均时，应及时进行平整。

9. 草皮护坡的养护应符合下列要求：

（1）经常修整草皮、清除杂草、洒水养护，保持完整美观。

（2）出现雨淋沟缺时，应及时还原坝坡，补植草皮。

10. 对无护坡土坝，如发现有凹凸不平，应进行填补整平；如有冲刷沟，应及时修复，并改善排水系统；如遇风浪淘刷，应进行填补，必要时放缓边坡。

## 三、排水设施管护

1. 排水、导渗设施应达到无断裂、损坏、阻塞、失效现象，排水畅通。

2. 排水沟（管）内的淤泥、杂物及冰塞，应及时清除。

3. 排水沟（管）局部的松动、裂缝和损坏，应及时用水泥砂浆修补。

4. 排水沟（管）的基础如被冲刷破坏，应先恢复基础，后修复排水沟（管）；修复时，应使用与基础同样的土料，恢复至原断面，并夯实；排水沟（管）如设有反滤层时，应按设计标准恢复。

5. 随时检查修补滤水坝趾或导渗设施周边山坡的截水沟，防止山坡浑水淤塞坝趾导渗排水设施。

6. 减压井应经常进行清理疏通，保持排水畅通；周围如有积水渗入井内，应将积水排干，填平坑洼。

## 四、输、泄水建筑物管护

1. 输、泄水建筑物表面应保持清洁完好，及时排除积水、积雪、苔藓、蚧贝、污垢及淤积的沙石、杂物等。

2. 建筑物各部位的排水孔、进水孔、通气孔等均应保持畅通；墙后填土区发生塌坑、沉陷时应及时填补夯实；空箱岸（翼）墙内淤积物应适时清除。

3. 钢筋混凝土构件的表面出现涂料老化，局部损坏、脱落、起皮等，应及时修补或重新封闭。

4. 上下游的护坡、护底、陡坡、侧墙、消能设施出现局部松动、塌陷、隆起、淘空、垫层散失等，应及时按原状修复。

5. 闸门外观应保持整洁，梁格、臂杆内无积水，及时清除闸门吊耳、门槽、弧形门支铰及结构夹缝处等部位的杂物。钢闸门出现局部锈蚀、涂层脱落时应及时修补；闸门滚轮、弧形门支铰等运转部位的加油设施应保持完好、畅通，并定期加油。

6. 启闭机的管护应符合下列要求：

（1）防护罩、机体表面应保持清洁、完整。

（2）机架不得有明显变形、损伤或裂缝，底脚连接应牢固可靠；启闭机连接件应保持紧固。

（3）注油设施、油泵、油管系统保持完好，油路畅通，无漏油现象；减速箱、液压油缸内油位保持在上、下限之间，定期过滤或更换，保持油质合格。

（4）制动装置应经常维护，适时调整，确保灵活可靠。

（5）钢丝绳、螺杆有齿部位应经常清洗、抹油，有条件的可设置防尘设施；启闭螺杆如有弯曲，应及时校正。

（6）闸门开度指示器应定期校验，确保运转灵活、指示准确。

7. 机电设备的管护应符合下列要求：

（1）电动机的外壳应保持无尘、无污、无锈；接线盒应防潮，压线螺栓紧固；轴承内润滑脂油质合格，并保持填满空腔内 1/2~1/3。

（2）电动机绕组的绝缘电阻应定期检测，小于 0.5 兆欧时，应进行干燥处理。

（3）操作系统的动力柜、照明柜、操作箱、各种开关、继电保护装置、检修电源箱等应定期清洁、保持干净；所有电气设备外壳均应可靠接地，并定期检测接地电阻值。

（4）电气仪表应按规定定期检验，保证指示正确、灵敏。

（5）输电线路、备用发电机组等输变电设施按有关规定定期养护。

8. 防雷设施的管护应符合下列规定：

（1）避雷针（线、带）及引下线如锈蚀量超过截面 30% 时，应予更换。

（2）导电部件的焊接点或螺栓接头如脱焊、松动应予补焊或旋紧。

（3）接地装置的接地电阻值应不大于 10 欧，超过规定值时应增设接地极。

（4）电器设备的防雷设施应按有关规定定期检验。

（5）防雷设施的构架上，严禁架设低压线、广播线及通信线。

## 五、观测设施管护

1. 观测设施应保持完整，无变形、损坏、堵塞。

2. 观测设施的保护装置应保持完好，标志明显，随时清除观测障碍物；观测设施如有损坏，应及时修复，并重新校正。

3. 测压管口应随时加盖上锁。

4. 水位尺损坏时，应及时修复，并重新校正。

5. 量水堰板上的附着物和堰槽内的淤泥或堵塞物，应及时清除。

## 六、自动监控设施管护

1. 自动监控设施的管护应符合下列要求：

（1）定期对监控设施的传感器、控制器、指示仪表、保护设备、视频系统、通信系统、计算机及网络系统等进行维护和清洁除尘。

（2）定期对传感器、接收及输出信号设备进行率定和精度校验。对不符合要求的，应及时检修、校正或更换。

（3）定期对保护设备进行灵敏度检查、调整，对云台、雨刮器等转动部分加注润滑油。

2. 自动监控系统软件系统的养护应遵守下列规定：

（1）制定计算机控制操作规程并严格执行。

（2）加强对计算机和网络的安全管理，配备必要的防火墙。

（3）定期对系统软件和数据库进行备份，技术文档应妥善保管。

（4）修改或设置软件前后，均应进行备份，并做好记录。

（5）未经无病毒确认的软件不得在监控系统上使用。

3. 自动监控系统发生故障或显示警告信息时，应查明原因，及时排除，并详细记录。

4. 自动监控系统及防雷设施等，应按有关规定做好养护工作。

### 七、管理设施管护

1. 管理范围内的树木、草皮，应及时浇水、施肥、除害、修剪。

2. 管理办公用房、生活用房应整洁、完好。

3. 防污道路及管理区内道路、供排水、通信及照明设施应完好无损。

4. 工程标牌（包括界桩、界牌、安全警示牌、宣传牌）应保持完好、醒目、美观。

## 第三节 堤防管理

### 一、堤防的工作条件

堤防是一种适应性很强，利用坝址附近的松散土料填筑、碾压而成的挡水建筑物。其工作条件如下：

1. 抗剪强度低。由于堤防挡水的坝体是松散土料压实填成的，故抗剪强度低，易发生坍塌、失稳滑动、开裂等破坏。

2. 挡水材料透水。坝体材料透水，易产生渗漏破坏。

3. 受自然因素影响大。堤防在地震、冰冻、风吹、日晒、雨淋等自然因素作用下，易发生沉降、风化、干裂、冲刷、渗流侵蚀等破坏，故工作中应符合自然规律，严格按照运行规律进行管理。

### 二、堤防的检查

堤防的检查工作主要有四个方面：①经常检查；②定期检查；③特别检查；④安全鉴定。

### （一）经常检查

堤防的经常性检查是由管理单位指定有经验的专职人员对工程进行的例行检查，并需填写有关检查记录。此种检查原则上每月至少应进行 1~2 次。检查内容主要包括以下几个方面：

1. 检查坝体有无裂缝。检查的重点应是坝体与岸坡的连接部位、异性材料的接合部位，河谷形状的突变部位、坝体土料的变化部位、填土质量较差的部位、冬季施工的坝段等部位。如果发现裂缝，应检查裂缝的位置、宽度、方向和错距，并跟踪记录，观测其发展情况。对横向裂缝，应检查贯穿的深度、位置，是否形成或将要形成漏水通道；对于纵向裂缝，应检查是否形成向上游或向下游的圆弧形，有无滑坡的迹象。

2. 检查下游坝坡有无散浸和集中渗流现象，渗流是清水还是浑水；在坝体与两岸接头部位和坝体与刚性建筑物连接部位有无集中渗流现象；坝脚和坝基渗流出逸处有无管涌、流土和沼泽化现象；埋设在坝体内的管道出口附近有无异常渗流或形成漏水通道，检查渗流量有无变化。

3. 检查上下游坝坡有无滑坡、上部坍塌、下部塌陷和隆起现象。

4. 检查护坡是否完好，有无松动、塌陷、垫层流失、石块架空、翻起等现象；草皮护坡有无损坏或局部缺草，坝面有无冲沟等情况。

5. 检查坝体上和库区周围排水沟、截水沟、集水井等排水设备有无损坏、裂缝、漏水或被土石块、杂草等阻塞。

6. 检查防浪墙有无裂缝、变形、沉陷和倾斜等；坝顶路面有无坑洼、坝顶排水是否畅通、坝轴线有无位移或沉降、测桩是否损坏等。

7. 检查坝体有无动物洞穴，是否有害虫、害兽的活动迹象。

8. 对水质、水位、环境污染源等进行检查观测，对堤防量水堰的设备、测压管设备进行检查。

对每次检查出的问题应及时研究分析，并确定妥善的处理措施。有关情况要记录存档，以备检索。

### （二）定期检查

定期检查是在每年汛前、汛后和大量用水期前后组织一定力量对工程进行的全面性检查。检查的主要内容有：

1. 检查溢洪道的实际过水能力。对不能安全运行，洪水标准低的堤防，要检查是否按规定的汛期限制水位运行。如果出现较大洪水，有没有切实可行的保坝措施，并是否落实。

2. 检查坝址处、溢洪道岸坡或库区及水库沿岸有无危及坝体安全的滑坡、塌方等情况。

3. 坝前淤积严重的坝体，要检查淤积库容的增加对坝体安全和效益所带来的危害。特别要复核抗洪能力，以及采取哪些相应措施，以免造成洪水漫坝的危险。

4. 检查溢洪道出口段回水是否可能冲淹坝脚，影响坝体安全。

5. 对坝下涵管进行检查。

6. 检查掌握水库汛期的蓄水和水位变化情况，严格按照规定的安全水位运用，不能超负荷运行。放水期注意控制放水流量，以防库水位骤降等因素影响坝体安全。

### （三）特别检查

特别检查是当工程发生严重破坏现象或有重大疑点时，组织专门力量进行检查。通常在发生特大洪水、暴雨、强烈地震、工程非常运用等情况时进行。

### （四）安全鉴定

工程建成后，在运行头三至五年内，必须对工程进行一次全面鉴定，以后每隔六至十年进行一次。安全鉴定应由主管部门组织，由管理、设计、施工、科研等单位及有关专业人员共同参加。

## 三、堤防的养护修理

堤防的养护修理应本着“经常养护，随时维修，养重于修，修重于抢”的原则进行，一般可分为经常性养护维修、岁修、大修和抢修。经常性的养护维修是根据检查发现的问题而进行的日常保养维护和局部修补，以保持工程的完整性。岁修一般是在每年汛后进行，属全面的检查维修。大修是指工程损坏较大时所做的修复。大修一般技术复杂，可邀请有关设计、科研及施工单位共同研究修复方案。抢修又称为抢险，当工程发生事故，危及整个工程安全及下游人民生命财产的安全时，应立即组织力量抢修。

堤防的养护修理工作主要包括下列内容：

1. 在坝面上不得种植树木和农作物，不得放牧、铲草皮、搬动护坡和导渗设施的沙石材料等。

2. 堤防坝顶应保持平整，不得有坑洼，并具有一定的排水坡度，以免积水。坝顶路面应经常养护，如有损坏应及时修复和加固。防浪墙和坝肩的路沿石、栏杆、台阶等如有损坏应及时修复。坝顶上的灯柱如有歪斜，线路和照明设备损坏，应及时调整和修补。

3. 坝顶、坝坡和戗台上不得大量堆放物料和重物，以免引起不均匀沉陷或局部塌滑。坝面不得作为码头停靠船只和装卸货物，船只在坝坡附近不得高速行驶。坝前靠近坝坡如有较大的漂浮物和树木应及时打捞。

4. 在距坝顶或坝的上下游一定的安全距离范围之内，不得任意挖坑、取土、打井和

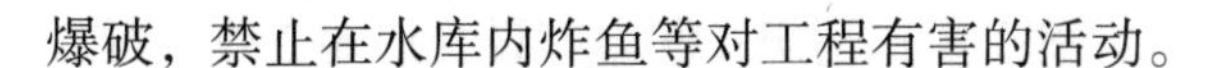

爆破，禁止在水库内炸鱼等对工程有害的活动。

5. 对堤防上下游及附近的护坡应经常进行养护，如发现护坡石块有松动、翻动和滚动等现象，以及反滤层、垫层有流失现象，应及时修复。如果护坡石块的尺寸过小，难以抵抗风浪的淘刷，可在石块间部分缝隙中充填水泥砂浆或用水泥砂浆勾缝，以增强其抵抗能力。混凝土护坡伸缩缝内的填充料如有流失，应将伸缩缝冲洗干净后按原设计补充填料，草皮护坡如有局部损坏，应在适当的季节补植或更换新草皮。

6. 堤防与岸坡连接处应设置排水沟，两岸山坡上应设置截水沟，将雨水或山坡上的渗水排至下游，防止冲刷坝坡和坝脚。坝面排水系统应保持完好，畅通无阻，如有淤积、堵塞和损坏，应及时清除和修复。维护坝体滤水设施和坝后减压设施的正常运用，防止下游浑水倒灌或回流冲刷，以保持其反滤和排渗能力。

7. 堤防如果有减压井，井口应高于地面，防止地表水倒灌。如果减压井因淤积而影响减压效果，应及时采取掏淤、洗井、抽水的方法使其恢复正常。如减压井已损坏无法修复，可将原减压井用滤料填实，另打新井。

8. 坝体、坝基、两岸绕渗及坝端接触渗漏不正常时，常用的处理方法是上游设防堵截，坝体钻孔灌浆，以及下游用滤土导渗等。对岩石坝基渗漏可以用帷幕灌浆的方法处理。

9. 坝体裂缝，应根据不同的情况，分别采取措施进行处理。

10. 对坝体的滑坡处理，应根据其产生的原因、部位、大小、坝型、严重程度及水库内水位高低等情况，进行具体分析，采取适当措施。

11. 在水库的运用中，应正确控制水库水位的降落速度，以免因水位骤降而引起滑坡。对于坝上游布置有铺盖的堤防，水库一般不放空，以防铺盖干裂或冻裂。

12. 如发现堤防坝体上有兽洞、蚁穴，应设法捕捉害兽和灭杀白蚁，并对兽洞和蚁穴进行适当处理。

13. 坝体、坝基及坝面的各种观测设备和各种观测仪器应妥善保护，以保证各种设备能及时准确和正常地进行各种观测。

14. 保持整个坝体干净、整齐，无杂草和灌木丛，无废弃物和污染物，无对坝体有害的隐患及影响因素，做好大坝的安全保卫工作。

## 第四节 水闸管理

### 一、水闸检查

水闸检查是一项细致而重要的工作，对及时准确地掌握工程的安全运行情况和工情、水情的变化规律，防止工程缺陷或隐患，都具有重要作用。主要检查内容包括：①闸门

（包括门槽、门支座、止水及平压阀、通气孔等）工作情况；②启闭设施启闭工作情况；③金属结构防腐及锈蚀情况；④电气控制设备、正常动力和备用电源工作情况。

### （一）水闸检查的周期

检查可分为经常检查、定期检查、特别检查和安全鉴定四类。

1. 经常检查

用眼看、耳听、手摸等方法对水闸的闸门、启闭机、机电设备、通信设备、管理范围内的河道、堤防和水流形态等进行检查。经常检查应指定专人按岗位职责分工进行。经常检查的周期按规定一般为每月不少于一次，但也应根据工程的不同情况另行规定。重要部位每月可以检查多次，次要部位或不易损坏的部位每月可只检查一次；在宣泄较大流量，出现较高水位及汛期每月可检查多次，在非汛期可减少检查次数。

2. 定期检查

一般指每年的汛前、汛后、用水期前后、冰冻期（指北方）的检查，每年的定期检查应为4~6次。根据不同地区汛期到来的时间确定检查时间，例如华北地区可安排3月上旬、5月下旬、7月、9月底、12月底、用水期前后6次。

3. 特别检查

是水闸经过特殊运用之后的检查，如特大洪水超标准运用、暴风雨、风暴潮、强烈地震和发生重大工程事故之后。

4. 安全鉴定

应每隔15~20年进行一次，可以在上级主管部门的主持下进行。

### （二）水闸检查内容

对水闸工程的重要部位和薄弱部位及易发生问题的部位，要特别注意检查观测。检查的主要内容有：

1. 水闸闸墙背与干堤连接段有无渗漏迹象。

2. 砌石护坡有无坍塌、松动、隆起、底部掏空、垫层散失，砌石挡土墙有无倾斜、位移（水平或垂直）、勾缝脱落等现象。

3. 混凝土建筑物有无裂缝、腐蚀、磨损、剥蚀露筋；伸缩缝止水有无损坏、漏水；门槽、门槛的预埋件有无损坏。

4. 闸门有无表面涂层剥落、门体变形、锈蚀、焊缝开裂或螺栓、铆钉松动；支承行走机构是否运转灵活、止水装置是否完好，开度指示器、门槽等能否正常工作等。

5. 启闭机械是否运转灵活，制动准确，有无腐蚀和异常声响；钢丝绳有无断丝、磨损、锈蚀、接头不牢、变形；零部件有无缺损、裂纹、磨损及螺杆有无弯曲变形；油压

机油路是否通畅，油量、油质是否合乎规定要求，调控装置及指示仪表是否正常，油泵、油管系统有否漏油。备用电源及手动启闭是否可靠。

6. 机电及防雷设备、线路是否正常，接头是否牢固，安全保护装置动作是否准确可靠，指示仪表指示是否正确，备用电源是否完好可靠，照明、通信系统是否完好。

7. 进、出闸水流是否平顺，有无折冲水流或波状水跃等不良流态。

## 二、水闸养护

### （一）建筑物土工部分的养护

对于土工建筑物的雨淋沟、浪窝、塌陷以及水流冲刷部分，应立即进行检修。当土工建筑物发生渗漏、管涌时，一般采用上游堵截渗漏、下游反滤导渗的方法进行及时处理。当发现土工建筑物发生裂缝、滑坡，应立即分析原因，根据情况可采用开挖回填或灌浆方法处理，但滑坡裂缝不宜采用灌浆方法处理。对于隐患，如蚁穴兽洞、深层裂缝等，应采用灌浆或开挖回填处理。

### （二）砌石设施的养护

对干砌块石护坡、护底和挡土墙，如有塌陷、隆起、错动时，要及时整修，必要时，应予更换或灌浆处理。

对浆砌块石结构，如有塌陷、隆起，应重新翻砌，无垫层或垫层失效的均应补设或整修。遇有勾缝脱落或开裂，应冲洗干净后重新勾缝。浆砌石岸墙、挡土墙有倾覆或滑动迹象时，可采取降低墙后填土高度或增加拉撑等办法予以处理。

### （三）混凝土及钢筋混凝土设施的养护

混凝土的表面应保持清洁完好，对苔藓、蚧贝等附着生物应定期清除。对混凝土表面出现的剥落或机械损坏问题，可根据缺陷情况采用相应的砂浆或混凝土进行修补。

对于混凝土裂缝，应分析原因及其对建筑物的影响，拟定修补措施。裂缝的修补方法参阅项目三有关内容。

水闸上、下游，特别是底板、闸门槽、消力池内的沙石，应定期清理打捞，以防止产生严重磨损。

伸缩缝填料如有流失，应及时填充，止水片损坏时，应凿槽修补或采取其他有效措施修复。

### （四）其他设施的养护

禁止在交通桥上和翼墙侧堆放沙石料等重物，禁止各种船只停靠在泄水孔附近，禁止在附近爆破。

## 三、水闸的控制运用

水闸控制运用又称水闸调度，水闸调度的依据是：①规划设计中确定的运用指标；②实时的水文、气象情报、预报；③水闸本身及上下游河道的情况和过流能力；④经过批准的年度控制运用计划和上级的调度指令。在水闸调度中需要正确处理除水害与兴水利之间的矛盾，以及城乡用水、航运、放筏、水产、发电、冲淤、改善环境等有关方面的利害关系。在汛期，要在上级防汛指挥部门的领导下，做好防汛、防台、防潮工作。在水闸运用中，闸门的启闭操作是关键，要求控制过闸流量，时间准确及时，保证工程和操作人员的安全，防止闸门受漂浮物的冲击以及高速水流的冲刷而破坏。

为了改进水闸运用操作技术，需要积极开展有关科学研究和技术革新工作，如：改进雨情、水情等各类信息的处理手段；率定水闸上下游水位、闸门开度与实际过闸流量之间的关系；改进水闸调度的通信系统；改善闸门启闭操作系统；装置必要的闸门遥控、自动化设备。

## 四、水闸的工程管理

水闸常见的安全问题和破坏现象有：在关闸挡水时，闸室的抗滑稳定；地基及两岸土体的渗透破坏；水闸软基的过量沉陷或不均匀沉陷；开闸放水时下游连接段及河床的冲刷；水闸上、下游的泥沙淤积；闸门启闭失灵；金属结构锈蚀；混凝土结构破坏、老化等。针对这些问题，需要在运用管理中做好检查观测、养护修理工作。

水闸的检查观测是为了能够经常了解水闸各部位的技术状况，从而分析判断工程安全情况和承担任务的能力。工程检查可分为经常检查、定期检查、特别检查与安全鉴定。水闸的观测要按设计要求和技术规范进行，主要观测项目有水闸上、下游水位，过闸流量，上、下游河床变形等。

对于水闸的土石方、混凝土结构、闸门、启闭机、动力设备、通信照明及其他附属设施，都要进行经常性的养护，发现缺陷及时修理。按照工作量大小和技术复杂程度，养护修理工作可分为四种，即经常性养护维修、岁修、大修和抢修。经常性养护维修是保持工程设备完整清洁的日常工作，按照规章制度、技术规范进行；岁修是指每年汛后针对较大缺陷，按照所编制的年度岁修计划进行的工程整修和局部改善工作；大修是指工程发生较大损坏后而进行的修复工作和陈旧设备的更换工作，一般工作量较大，技术比较复杂；抢修是指在工程重要部位出现险情时进行的紧急抢救工作。

为了提高工程管理水平，需要不断改进观测技术，完善观测设备和提高观测精度；研究采用各种养护修理的新技术、新设备、新材料、新工艺。随着工程的逐年老化，要研究采用增强工程耐久性和进行加固的新技术，延长水闸的使用年限。

# 第五节 土石坝监测

## 一、测压管法测定土石坝浸润线

测压管法是在坝体选择有代表性的横断面，埋设适当数量的测压管，通过测量测压管中的水位来获得浸润线位置的一种方法。

### （一）测压管布置

土石坝浸润线观测的测点应根据水库的重要性和规模大小、土坝类型、断面型式、坝基地质情况以及防渗、排水结构等进行布置。一般选择有代表性、能反映主要渗流情况以及预计有可能出现异常渗流的横断面，作为浸润线观测断面。例如，选择最大坝高、老河床、合龙段以及地质情况复杂的横断面。在设计时进行浸润线计算的断面，最好也作为观测断面，以便与设计进行比较。横断面间距一般为 100~200m，如果坝体较长、断面情况大体相同，可以适当增大间距。对于一般大型和重要的中型水库，浸润线观测断面不少于 3 个，一般中型水库应不少于 2 个。

每个横断面内测点的数量和位置，以能使观测成果如实地反映出断面内浸润线的几何形状及其变化，并能描绘出坝体各组成部位如防渗排水体、反滤层等处的渗流状况。要求每个横断面内的测压管数量不少于 3 根。

1. 具有反滤坝趾的均质土坝，在上游坝肩和反滤坝趾上游各布置一根测压管，其间根据具体情况布置一根或数根测压管。

2. 具有水平反滤层的均质土坝，在上游坝肩以及水平反滤层的起点处各布置一根测压管，其间视情况而定。也可在水平反滤层上增设一根测压管。

3. 对于塑性心墙，如心墙较宽，可在心墙布置 2~3 根测压管，在下游透水料紧靠心墙外和反滤层坝趾上游端各埋设一根测压管。

如心墙较窄，可在心墙上下游和反滤坝址上游端各布置一根测压管，其间根据具体情况布置。

4. 对于塑性斜墙坝，在紧靠斜墙下游埋设一根测压管，反滤坝址上游端埋设一根测压管，其间距视具体情况布置。紧靠斜墙的测压管，为了不破坏斜墙的防渗性能并便于观测，通常采用有水平管段的 L 形测压管。水平管段略倾斜，进水管端稍低，坡度在 5% 左右，以避免气塞现象。

水平管段的坡度还应考虑坝基的沉陷，防止形成倒坡。

5. 其他坝型的测压管布置，可考虑按上述原则进行。需要在坝的上游坝坡埋设测压管时，应尽可能布置在最高洪水位以上，如必须埋设在最高洪水位以下时，需注意当水库水位上升将淹没管口时，用水泥砂浆将管口封堵。

### （二）测压管的结构

测压管长期埋设在坝体内，要求管材经久耐用。常用的有金属管、塑料管和无砂混凝土管。无论哪种测压管均由进水管、导管和管口保护设备三部分组成。

1. 进水管

常用的进水管直径为 38~50mm，下端封口，进水管壁钻有足够数量的进水孔。对埋设于黏性土中的进水管，开孔率为 15% 左右；对砂性土，开孔率为 20% 左右。孔径一般为 6mm 左右，沿管周分 4~6 排，呈梅花形排列。管内壁缘毛刺要打光。

进水管要求能进水且滤土。为防止土粒进入管内，需在管外周包裹两层钢丝布、玻璃丝布或尼龙丝布等不易腐烂变质的过滤层，外面再包扎棕皮等作为第二过滤层，最外边包两层麻布，然后用尼龙绳或铅丝缠绕扎紧。

进水管的长度：对于一般土料与粉细砂，应自设计量高浸润线以上 0.5 至最低浸润线以下 1m，对于粗粒土，则不短于 3m。

2. 导管

导管与进水管连接并伸出坝面，连接处应不漏水，其材料和直径与进水管相同，但管壁不钻孔。

3. 管口保护设备

伸出坝面的导管应装设专门的设备加以保护，以保护测压管不受人为破坏，防止雨水、地表水流入测压管内或沿侧压管外壁渗入坝体，避免石块和杂物落入管中，堵塞测压管。

### （三）测压管的安装埋设

测压管一般在土石坝竣工后钻孔埋设，只有水平管段的 L 形测压管，必须在施工期埋设。首先钻孔，再埋设测压管，最后进行注水试验，以检查是否合格。

1. 钻孔注意事项

（1）测压管长度小于 10m 的，可用人工取土器钻孔，长度超过 10m 的测压管则需用钻机钻孔。

（2）用人工取土器钻孔前，应将钻头埋入土中一定的深度（0.5m）后，再钻进。若钻进中遇有石块确实不易钻动时，应取出钻头，并以钢钎将石块捣碎后再钻。若钻进深度不大时，可更换位置再钻。

（3）钻机一般在短时间内即能完成钻孔，如短期内不易塌孔，可不下套管，随即埋设测压管。若在砂壤土或砂砾料坝体中钻孔，为防止孔壁坍塌；可先下套管，在埋好测压管后将套管拔出，或者采用管壁钻了小孔的套管，万一套管拔不出来也不会使测压管作废。

（4）建议钻孔采用麻花钻头干钻，尽量不用循环水冲孔钻进，以免钻孔水压对坝体产生扰动破坏及可能产生裂缝。

（5）钻孔的终孔直径应不小于 110mm，以保证进水段管壁与孔壁之间有一定空隙，能回填洗净的干沙。

2. 埋设测压管注意事项

（1）在埋设前对测压管应作细致检查，进水管和导管的尺寸与质量应合乎设计要求，检查后应做记录。管子分段接头可采用接箍或对焊。在焊接时应将管内壁的焊疤打去，以避免由于焊接使管内径缩小，造成测头上下受阻。管子分段连接时，要求管子在全长内保持顺直。

（2）测压管全部放入钻孔后，进水管段管壁与孔壁之间应回填粒径约为 0.2mm 的洗净的干砂。导管段管壁与孔壁之间应回填黏土并夯实，以防雨水沿管外壁渗入。由于管与孔壁之间间隙小，回填松散黏土往往难以达到防水效果，导管外壁与钻孔之间可回填事先制备好的膨胀黏土泥球，直径 1~2cm，每填 1 m，注入适量稀泥浆水，以浸泡黏土球使之散开膨胀，封堵孔壁。

（3）测压管埋设后，应及时做好管口保护设备，记录埋设过程，绘制结构图，最后将埋设处理情况以及有关影响因素记录在考证表内。

3. 测压管注水试验检查

测压管埋设完毕后，要及时作注水试验，以检验灵敏度是否合格。试验前先量出管中水位，然后向管中注入清水。在一般情况下，土料中的测压管，注入相当于测压管中 3~5m 长体积的水；砂砾料中的测压管，注入相当于测压管中 5~10m 长体积的水。注入后测量水面高程，以后再经过 5min、10min、15min、20min、30min、60min 后各测量水位一次，以后间隔时间适当延长，测至降到原水位为止。记录测量结果，并绘制水位下降过程线，作为原始资料。对于黏壤土，测压管水位如果 5 昼夜内降至原来水位，认为是合格的；对于砂壤土，水位一昼夜降到原来水位，认为合格。对于砂砾料，如果在 12h 内降到原来水位，或灌入相应体积的水而水位升高不到 3~5m，认为是合格的。

## 二、渗流观测资料的整理与分析

### （一）土石坝渗流变化规律

土石坝渗流在运用过程中是不断变化的。引起渗流变化的原因，一般有库水位发生变化、坝体的不断固结、坝基沉陷、泥沙产生淤积、土石坝出现病害。其中，前四种原因引起的渗流变化属于正常现象，其变化具有一定的规律性：一是测压管水位和渗流量随库水位的上升而增加，随库水位的下降而减少；二是随着时间的推移，由于坝体固结、坝基沉陷、泥沙淤积等原因，在相同的库水位条件下，渗流观测值趋于减小，最后达到稳定。当土石坝产生坝体裂缝、坝基渗透破坏、防渗或排水设施失效、白蚁等生物破坏或含在土中的某些物质被水溶出等病害时，其渗流就不符合正常渗流规律，出现各种异常渗流现象。

### （二）坝身测压管资料的整理和分析

1. 绘制测压管水位过程线

以时间为横坐标，以测压管水位为纵坐标，绘制测压管水位过程线。为便于分析相关因素的影响，在过程线图上还应同时绘出上下游水位过程线、雨量分布线，如图 7-1 所示。

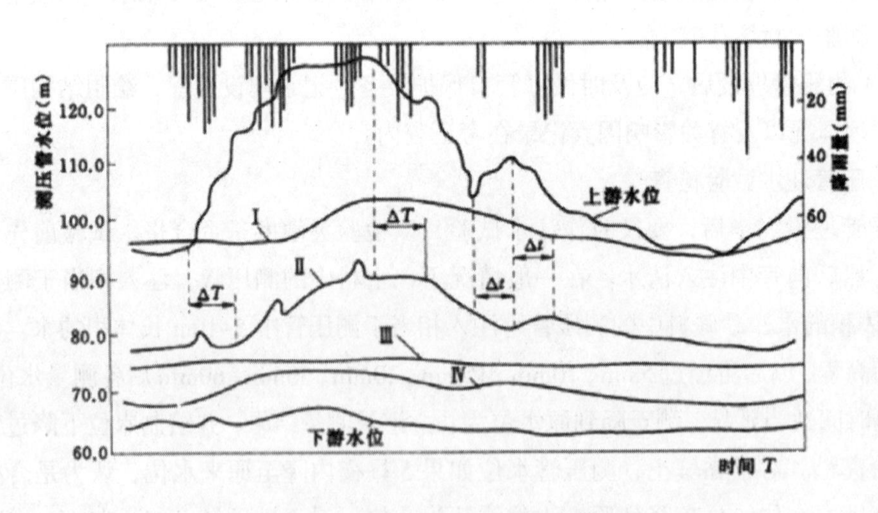


图 7-1 测压管水位过程线示意图

从图 7–1 可以看出：

（1）测压管水位与库水位有着相应的关系，即测压管水位过程线的起伏（峰、谷）次数大体上与库水位过程线相同。

（2）测压管水位变化（上升或下降）的时刻，往往比库水位开始变化（上升或下降）

的时刻来得晚，两者的时间差一般称为测压管的滞后时间（如图中的 ΔT 或 Δt）。

饱和土体中测压管水位的滞后时间主要取决于测压管容积充水及放水时间。管径越大，管内充水或放水时间越长，滞后时间也越长。为了减小滞后时间，宜选用较小直径的测压管。实际上，坝基测压管水位的滞后时间主要取决于其自身充放水时间。非饱和土体内测压管水位的滞后时间主要是由非饱和土体孔隙充水时间所引起的，远较饱和土体中测压管容积充水时间长。实际上，坝身测压管水位的滞后时间的绝大部分是由非饱和土体充水时间或饱和土体放水时间所引起的。

由于坝身测压管有较明显的滞后时间，因此就不能用同一时刻的上下游水位和管水位进行比较，这就给资料分析带来麻烦。为此，需首先估计“滞后时间”，用以消除对测压管水位的影响。其次，滞后时间的长短也可作为分析坝的渗流状态的一项参考指标。一般来说，密实、透水性弱的坝体滞后时间长，而较松散、土料透水性强的坝体则滞后时间较短。滞后时间的估算方法常采用以下两种：

方法 1：当水库水位和测压管水位处于一个水文年中，各有一段较长的相对稳定时间的，可在它们的过程线上选取由稳定状态开始变化（上升或下降均可）时两转折点的时差，或者选取由变化状态达到稳定时两转折点的时差，作为滞后时间，如图 7–1 中 Ⅰ 线的 ΔT。

方法 2: 取测压管水位过程线和库水位过程线峰(谷)值的时差作为滞后时间,如图 7–1 中 Ⅱ 线的 Δt。

方法 1 优于方法 2，因为方法 2 仍处于不稳定过程，可能出现 ΔT ≠ Δt。

（3）可能出现的特殊情况有如下几种。

①在库水位降低时，出现测压管水位高于库水位，如图 7–1 中 Ⅰ 线。其原因有两种可能：一是土体的透水性小，管内水体不易排出，这属于正常现象；二是测压管进水管段被淤堵而失灵，可作注水试验予以验证。

②测压管水位过程线与库水位过程线有时起伏不一致，如图 7–1 中 Ⅱ 线的凸起处。其原因是测压管水位受到其他因素的影响，如受到坝表面雨水渗入或者受到土坡地下水位上升的影响。因此，对局部时段的测定值应舍去。

③测压管水位不随库水位变化，呈一水平直线，如图 7–1 中 Ⅲ 线，其原因为测压管失灵。该观测资料不能用。

2. 实测浸润线与设计浸润线对比分析

土坝设计的浸润线都是在固定水位（如正常高水位，设计洪水位）的前提下计算出来的，而在运用中，一般情况下正常高水位或设计洪水位维持时间极短，其他水位也变化频繁。因此，设计水位对应时刻的实测浸润线并非对应于该水位时的浸润线，如果库水位上升达到高水位，则在高水位下的比较往往出现“实测浸润线低于设计浸润线”；相反，用低水位的观测值比较，又会出现“实测浸润线高于设计浸润线”。事实上，只有库水位达到设计库水位并维持才可能直接比较，或者设法消除滞后时间的影响，否则很难说明问题。

3. 测压管水位与库水位相关分析

对于一座已建成的坝，测压管水位只与上下游水位有关，当下游水位基本不变时，可以时间为参数，绘制测压管水位与库水位相关曲线，相关曲线形状有下列几种。

（1）测压管水位与库水位曲线相关。坝身土料渗透系数较大，滞后时间较短时一般是曲线相关。图中相关曲线逐年向左移动，说明测压管水位逐年下降，渗流条件改善；反之，相关曲线向右移动，则说明渗流条件恶化。

（2）测压管水位与库水位呈圈套曲线。当坝身土料渗透系数较小时，相关曲线往往呈圈套状，这是由于滞后时间所造成的。

按时间顺序点绘某一次库水位升降过程（例如在一年内）的库水位与测压管水位关系曲线，经过整理就可得出一条顺时针旋转的单圈套曲线。这时对应于相同的库水位就有不同的测压管水位，库水位上升过程对应的测压管水位低，库水位下降过程对于测压管的水位高，这属于正常现象。若出现反时针方向旋转的情况，属于不正常，其资料不能用。

该曲线反映了滞后时间的影响：库水位上升时，测压管水位相应上升，库水位上升至最高值时开始下降，测压管水位由于时间滞后而继续上升，然后才下降。库水位下降至某一高程又开始上升，测压管水位继续下降一段时间后才上升。坝的渗透系数越小，滞后时间越长，圈套的横向幅度越大。

## 第六节 混凝土坝渗流监测

### 一、混凝土坝压力监测

混凝土坝的筑坝材料不是松散体，不必担心发生流土和管涌，因此坝体内部的渗流压力监测没有土石坝那么重要，除了为监测水平施工缝设置少量渗压计外，一般很少埋设坝体内部渗流压力监测仪器。对于混凝土坝特别是混凝土重力坝而言，大坝是靠自身的重力来维持坝体稳定的，从坝工设计到水库安全管理通常担心坝体与基础接触部位的扬压力，这是因为扬压力的增加等于减少了坝体自身的重量，也减少了坝体的抗滑稳定性，因此，混凝土坝渗流压力监测重点是监测坝体和坝基接触部位的扬压力以及绕坝渗流压力。

#### （一）坝基扬压力监测

混凝土坝坝基扬压力监测的一般要求为：

1. 坝基扬压力监测断面应根据坝型、规模、坝基地质条件和渗控措施等进行布置。一般设 1~2 个纵向监测断面，1、2 级坝的横向监测断面不少于 3 个。

2. 纵向监测断面以布置在第一道排水幕线上为宜，每个坝段至少设 1 个测点；坝基地质条件复杂时，测点应适当增加，遇到强透水带或透水性强的大断层时，可在灌浆帷幕和第一道排水幕之间增设测点。

3. 横向监测断面通常布置在河床坝段、岸坡坝段、地质条件复杂的坝段以及灌浆帷幕转折的坝段。支墩坝的横向监测断面一般设在支墩底部。每个断面设 3~4 个测点，地质条件复杂时，可适当加密测点。测点通常布置在排水幕线上，必要时可在灌浆帷幕前布少测测点，当下游有帷幕时，在其上游侧也应布置测点，防渗墙或板桩后也要设置测点。

4. 在建基面以下扬压力观测孔的深度不宜大于 1m，深层扬压力观测孔在必要时才设置。扬压力观测孔与排水孔不能相互替代使用。

5. 当坝基浅层存在影响大坝稳定的软弱带时，应增加测点。测压管进水段应埋在软弱带以下 0.5~1m 的岩体中，并做好软弱带处进水管外围的止水，以防止下层潜水向上渗漏。

6. 对于地质条件良好的薄拱坝，经论证可少做或不做坝基扬压力监测。

7. 坝基扬压力监测的测压管有单管式和多管式两种，可选用金属管或硬塑料管。进水段必须保证渗漏水能顺利地进入管内。当可能发生塌孔或管涌时，应增设反滤装置。管口有压时，安装压力表；管口无压时，安装保护盖，也可在管内安装渗压计。

### （二）坝基扬压力监测布置

坝基扬压力监测布置通常需要考虑坝的类型、高度坝基地质条件和渗流控制工程特点等因素，一般是在靠近坝基的廊道内设测压管进行监测。纵向（坝轴线方向）通常需要布置 1~2 个监测断面，横向（垂直坝轴线方向）对于 1 级或 2 级坝至少布置 3 个监测断面。

纵向监测量主要的监测断面通常布置在第一排排水帷幕线上，每个坝段设一个测点；若地质条件复杂，测点数应适当增加，遇大断层或强透水带时，在灌浆帷幕和第一道排水幕之间增设测点。

横向监测断面选择在最高坝段、地质条件复杂的谷岸台地坝段及灌浆帷幕转折的坝段。横断面间距一般为 50~100m。坝体较长、坝体结构和地质条件大体相同，可适当加大横断面间距。横断面上一般设 3~4 个测点，若地质条件复杂，测点应适当增加。若坝基为透水地基，如砂砾石地基，当采用防渗墙或板桩进行，防渗加固处理时，应在防渗墙或板桩后设测点，以监测防渗处效果。当有下游帷幕时，应在帷幕的上游侧布置测点。另外也可在帷幕前布置测点，进一步监测帷幕的防渗效果。

坝基若有影响大坝稳定的浅层软弱带，应增设测点。如采用测压管监测，测压管的进水管段应设在软弱带以下 0.5~1m 的基岩中，同时应做好软弱带导水管段的止水，防止下层潜水向上渗漏。

## 二、渗流量监测

当渗流处于稳定状态时，渗流量大小与水头差之间保持固定的关系。当水头差不变而渗流量显著增加或减少时，则意味着渗流出现异常或防渗排水措施失效。因此，渗流量监测对于判断渗流和防渗排水设施是否正常具有重要的意义，是渗流监测的重要项目之一。

### （一）渗流量监测设计

渗流量监测是渗流监测的重要内容，它直观反映了坝体或其他防渗系统的防渗效果，历史上很多失事的大坝也都是先从渗流量突然增加开始的，因此渗流量监测是非常重要的监测项目。

渗流量设施的布置，可根据坝型和坝基地质条件、渗流水的出流和汇集条件等因素确定。对于土石坝，通常在大坝下游能够汇集渗流水的地方设置集水沟和量水设备，集水沟及最水设备应布置在不受泄水建筑物泄洪影响以及坝面和两岸雨水排泄影响的地方。将坝体、坝基排水设施的渗水集中引至集水沟，在集水沟出口进行观测。也可以分区设置集水沟进行观测，最后汇至总集水沟观测总渗流量。混凝土坝渗流量的监测可在大坝下游设集水沟，而坝体渗水由廊道内的排水沟引至排水井或集水井观测渗流量。

### （二）渗流量监测方法

常用的渗流量监测方法有容积法、量水堰法和测流速法，可根据渗流量的大小和汇集条件选用。

1. 容积法

适用渗流量小于 1L/s 的渗流监测。具体监测时，可采用容器（如量筒）对一定时间内的渗水总量进行计量，然后除以时间就能得到单位时间的渗流量。如渗流量较大时，也可采用过磅称重的方法，对渗流量进行计量，同样可求出单位时间的渗流量。

2. 量水堰法

适用渗流量 1~300L/s 时的渗流监测。用水尺量测堰前水位，根据堰顶高程计算出堰上水头 H，再由 H 按量水堰流量公式计算渗流量。量水堰按断面可分为直角三角形堰、梯形堰、矩形堰三种。

3. 测流速法

适用流量大于 300L/s 时的渗流监测。将渗流水引入排水沟，只要测量排水沟内的平

均流速就能得到渗流量。

## 三、绕坝渗流监测

当大坝坝肩岩体的节理裂隙发育，或者存在透水性强的断层、岩溶和堆积层时，会产生较大的绕坝渗流。绕坝渗流不仅影响坝肩岩体的稳定，而且对坝体和坝基的渗流状况也会产生不利影响。因此，对绕坝渗流进行监测是十分必要的。有关规范对绕坝渗流监测的一般规定如下：

1. 绕坝渗流监测包括两岸坝端及部分山体、土石坝与岸坡或混凝土建筑物接触面以及防渗齿墙或灌浆帷幕与坝体或两岸接合部等关键部位。绕坝渗流监测的测点应根据枢纽布置、河谷地形、渗控措施和坝肩岩土体的渗透特性进行布置。

2. 绕渗监测断面宜沿着渗流方向或渗流较集中的透水层（带）布置，数量一般为2~3个，每个监测断面上布置3~4条观测铅直线（含渗流出口）。如需分层观测时，应做好层间止水。

3. 土工建筑物与刚性建筑物接合部的绕渗观测，应在对渗流起控制作用的接触轮廓线处设置观测铅直线，沿接触面不同高程布设观测点。

4. 岸坡防渗齿槽和灌浆帷幕的上下游侧应各设1个观测点。

5. 绕坝渗流观测的原理和方法与坝体、坝基的渗流观测相同，一般采用测压管或渗压计进行观测，测压管和渗压计应埋设于死水位或筑坝前的地下水位之下。

绕坝渗流的测点布置应根据地形、枢纽布置、渗流控制设施及绕坝渗流区渗透特性而定。在两岸的帷幕后沿流线方向分别布置2~3个监测断面，在每个断面上布置3~4个测点。帷幕前可布置少量测点。

对于层状渗流，可利用不同高程上的平洞布置监测孔。无平洞时，可分别将监测孔钻入各层透水带，至该层天然地下水位以下一定深度，一般为1m，必要时可在一个孔内埋设多管式测压管，但必须做好上下两测点间的隔水措施，防止层间水相通。

# 第七节 3S技术应用

3S技术是遥感技术（Remote sensing，RS）、地理信息系统（Geography information systems，GIS）和全球定位系统（Global positioning systems，GPS）的统称。

## 一、遥感技术的应用

水利信息包括水情、雨情信息、汛旱灾情信息、水量水质信息、水环境信息、水工程信息等。为了获取这些信息，水利行业建立了一个庞大的信息监测网络，该网络在水利决策中发挥了重大作用。20 世纪 90 年代后随着以遥感为主的观测技术的快速发展和日趋成熟，使其已成为水利信息采集的重要手段。

相对于传统的信息获取手段，遥感技术具有宏观、快速、动态、经济等特点。由于遥感信息获取技术的快速发展，各类不同时空分辨率的遥感影像获取将会越来越容易，遥感技术的应用将会越来越广泛。可以肯定，遥感信息将成为现代化水利的日常信息源。

水利信息化建设中所涉及的数据量既有实时数据，又有环境数据、历史数据；既有栅格数据（如遥感数据），又有矢量数据、属性数据。水利信息中 70% 以上与空间地理位置有关，组织和存储这些不同性质的数据是一件非常复杂的事情，关系型数据库管理系统是难以管理如此众多的空间信息的，而 GIS 恰好具备这一功能。实质上，地理信息系统不仅可以用于存储和管理各类海量水利信息，还可以用于水利信息的可视化查询与网上发布，地理信息系统的空间分析能力甚至可以直接为水利决策提供辅助支持，如地理信息系统的网络分析功能可以直接为防洪救灾中的避险迁安服务。

目前，GIS 在水利行业已广泛应用于防洪减灾、水资源管理、水环境、水土保持等领域之中。

如前所述，水利信息 70% 以上与空间地理性置有关，以 GPS 为代表的全新的卫星空间定位方法，是获取水利信息空间位置的必不可少的手段。

## 二、3S 技术在防洪减灾中的应用

遥感、地理信息系统和全球定位系统技术在防洪、减灾、救灾方面的应用是最广泛的，相对也是最成熟的，其应用几乎覆盖这些工作的全过程。

1. 数据采集和信息提取技术在雨情、水情、工情、险情和灾情等方面都能不同程度地发挥作用，在基础地理信息提取方面更是优势明显。

2. 在数据与信息的存储、管理和分析方面，目前大多数涉及防洪、减灾和救灾的信息管理系统都已以 GIS 为平台建设，21 世纪以后的建设都是以 WebGIS 为平台，可以多终端和远程发布、浏览和权限操作，这对防汛工作来讲是至关重要的。

3. 水利信息 3S 高新技术在防汛决策支持方面将起越来越大的作用，这也是应用潜力最大的方面。目前如灾前评估、避险迁安和抢险救灾物质输运路线、气象卫星降雨定量预报。

## 三、3S 技术在水资源实时监控管理中的应用

### （一）GIS 技术在水资源实时监控管理中的应用

1. 空间数据的集成环境

在水资源实时监控系统中不仅包含大量非空间信息，还包含空间信息以及和空间信息相互关联的信息。包括地理背景信息（地形、地貌、行政区划、居民地、交通等），各类测站位置信息（雨量、水文、水质、墒情、地下水等）、水资源分析单元（行政单元、流域单元等）、水系（河流、湖泊、水库、渠道等）、水利工程分布、各类用水单元（灌区、工厂居民点等）。这些实体均应采用空间数据模型（如点、线、多边形、网络等）来描述。GIS 提供管理空间数据的强大工具，应用 GIS 技术对用于水资源实时监控系统中空间数据的存储、处理和组织。

2. 空间分析的工具

采用 CIS 空间叠加方法可以方便地构造水资源分析单元，将各个要素层在空间上联系起来。同时 G1S 的空间分析功能还可以进行流域内各类供用水对象的空间关系分析；建立在流域地形信息、遥感影像数据支持下的流域三维虚拟系统，配置各类基础背景信息、水资源实时监控信息，实现流域的可视化管理。

3. 构建集成系统的应用

GIS 具有很强的系统集成能力，是构成水资源实时监控系统集成的理想环境。GIS 具有强大的图形显示能力，需要很少的开发量，就可以实现电子地图显示、放大、缩小、漫游。同时很多 GIS 软件采用组件化技术、数据库技术和网络技术，使 GIS 与水资源应用模型、水资源综合数库以及现有的其他系统集成起来。因此，应用 GIS 来构建水资源实时监控系统可以增强系统的表现力，拓展系统的功能。

### （二）遥感技术在水资源实时监控管理中的应用

1. 提供流域背景信息

运用遥感技术可以及时更新水资源实时监控系统的流域背景信息，如流域的植被状况、水系、大型水利工程、灌区、城市及农村居民点等。这些信息虽然可以从地形图和专题地图中获得，但运用遥感手段可以获取最新的变化信息，以提供提高系统应用的可靠性。

2. 提供水资源实时监测信息

遥感是应用装载在一定平台（如卫星）上的传感器来感知地表物体电磁波信息，包括可见光、近红外、热红外、微波等，通过遥感手段可以直接或间接地获取水资源实时监测信息。获取地表水体信息，包括水面面积、水深、浑浊度等；计算土壤含水量；计

算地表蒸散发量；计算大气水汽含量等。

3. 评估水资源实时监控效果

通过遥感手段可以发现、快速评估水资源实时管理和调度的效果，如调水后地表水体的变化、土壤墒情的变化、天然植被的恢复情况、农作物长势的变化等。

### （三）GPS 技术在水资源实时监控系统应用

GPS 即全球定位系统，在水资源实时监控系统中主要可以应用其定位和导航的作用。如各种测站、监测断面、取水口位置的测量。另外最新采用移动监测技术也应用 GPS 技术，实时确定监测点的地理坐标，并把监测信息传输到控制中心，控制中心可以运用发回地理坐标确定监测点所在水系、河段及断面位置。这种方式可以大大提高贵重监测仪器（如水质监测仪器）的利用效率，同时也提高了系统灵活反应能力。

## 四、3S 技术在旱情信息管理系统中的应用

### （一）农情、墒情和简单气象要素信息的采集

目前在全国的部分省（自治区、直辖市），建立了以省为单位的旱情信息管理系统。以山东省为例，全省有定时、定点墒情监测站 100 余个，基本上做到每个县有一个观测点，逐旬逢“6”监测。监测内容有统一的规范格式，数据项除了包括站名站号，还主要包含农事信息和墒情信息两部分。农事信息有：观测点种植内容分白地、麦地、棉花、薯类、水稻、玉米、春杂、夏杂等，并对其中两种最主要的面积类型进一步描述，面积比例占第一位的为“作物 1”，占第二位的为“作物 2”，对这两种主要作物还要描述其生长期，分为播种期、幼苗期、成长期、开花期、黄熟期几个阶段。根据作物受害与否定性分为：正常和干旱。根据受害程度分为：没有、轻微、中度、严重，绝收五级。土壤的墒情分别测定 0.1m、0.2m、0.4m 三个不同深度的土壤重量含水百分率，对相应的土壤质地，根据其质地粗细也分为壤土、沙土和黏土。对前期灌溉和降水情以毫米数表达。在部分点还有地下水埋深（m）的记录。观测内容细致全面。

### （二）旱情观测数据的传输与管理

目前全国的旱情信息系统建设水平还很不平衡，在旱情监测信息系统建设比较好的省份，农情和墒情信息能通过公共网络逐旬汇总到省防汛抗旱指挥部门，雨情能实现逐日汇总到省防汛抗旱指挥部门，这些信息通过水利专网可以比较及时地传送到国家防汛抗旱总指挥部办公室的全国旱情管理信息系统中，但在一些经济和技术条件相对落后的

省份，只能做到逐旬汇总上报概略的受旱面积和旱灾程度评价意见。

### （三）旱情监测与墒情预报信息系统研究进展

近年也有学者开展了旱情监测与墒情预报研究，将逐旬定点观测的墒情作为旬观测修正基准，依据逐日气象条件、灌溉情况估算的土壤流失或补墒过程，将当前墒情作为判断旱情状况的依据。

### （四）抗旱决策支持与抗旱效果评估

将现代化的空间遥感技术、地理信息系统技术、全球定位系统技术与现代通信技术集成为一个完整的干旱的监测、快速评估和预警系统，可以实现遥感信息的多时相采集和墒情信息采集的空间定位，通过现状数据和历史数据的分析对比，能够提出对旱情的评估意见，依托丰富的信息表达手段完成会商决策支持。通过对抗旱措施的跳跃监测，抗旱效果得到灵敏的反映，方便管理部门的决策。

## 五、3S 技术在水环境信息管理系统中的应用

从整体结构来讲，水环境信息管理系统主要包括三个方面：水环境信息数据库、水环境信息数据库的维护以及水环境信息的网络发布。水环境信息中有大量的空间信息，这样，GIS 技术在水环境信息系统中便发挥了独特的功能，包括图形库的采集、编辑、管理、维护、空间分析以及 WEB 发布等。

按数据内容划分，水环境信息系统中的信息主要包括水质监测站信息、水质标准与指标信息、水质动态监测数据、水质综合评价数据、水质特征值统计数据、背景信息及其他信息等方面；按数据的格式划分，包括空间图形数据与非图形数据，空间图形数据一般以 GIS 格式存贮存管理，其他数据以二维数据表的形式放入关系数据库中进行统一管理。

在水环境信息管理的 3S 技术应用中，数据库的设计与建设是信息系统建设的关键。首先水环境数据是多维的。对于每一个水质监测数据，它都有个时间戳，记录了数据采集的时间，同时，每个数据还有个地理戳，记录了数据采集的具体位置。这样，时间维、空间维和各个主题域（水质指标）一起构成了水质多维数据；其次水环境数据还是有粒度的，水质监测原始数据在采样时间上精确到了分 钟（采样时间，采样时分），在取样位置上又精确到了测点（测站、断面、测线、测点），因此数据量是极其庞大的。为了方便更好地查询和分析数据，需要对原始监测数据进行综合，按时间形成不同粒度的数据，如低度综合的月平均、季度平均，高度综合的年平均、水期（枯水期、丰水期）平均。

## 第八节 国外水利工程管理

水利工程治理是一项复杂的系统工作，受流域和水资源情况、经济社会发展水平、水利管理体制、社会历史背景等因素的影响，不同国家和地区的水利工程治理水平不尽相同，治理模式和治理方式也多种多样。由于经济发展水平比较高，发达国家在对水利工程的开发利用和管理方面进行了更多有针对性、可操作性和实用性的探索，对现代水利工程治理进行了更加深入细致的研究，积累了丰富的经验。

### 一、美国田纳西河流域开发与治理

#### （一）田纳西河流域概况

田纳西河位于美国东南部，是密西西比河的二级支流，长 1050 千米，流域面积 10.5 万平方千米，地跨弗吉尼亚、北卡罗来纳、佐治亚、亚拉巴马、密西西比、田纳西和肯塔基 7 个州。该河发源于弗吉尼亚州，向西汇入密西西比河的支流俄亥俄河，流域内雨量充沛，气候温和，年降水量 1100~1800 毫米，多年平均降水量 1320 毫米。从 19 世纪后期以来，由于对资源进行不合理的开发利用，田纳西河流域自然环境遭到严重破坏，水土流失严重，经常暴雨成灾、洪水泛滥。到 20 世纪 30 年代，该流域的 526 万公顷耕地中有 85% 遭到洪水破坏，成为美国最贫困落后的地区之一。

为解决田纳西河流域洪灾泛滥、环境恶化、管理失控的局面，美国国会于 20 世纪 30 年代批准设立田纳西河流域管理局（以下简称 TVA），负责对该地区进行综合开发和管理。经过多年的实践，田纳西河流域的开发和管理取得了显著的成就，从根本上改变了田纳西河流域落后的面貌，TVA 的管理也因此成为世界水利流域管理的一个独特和成功的范例，具有很高的参考和借鉴意义。

#### （二）田纳西河流域管理的主要特点

1. 开展专门立法

由于田纳西河流域涉及多个州，而且各个州的权力都很大，为保证对流域实行统一管理，20 世纪 30 年代美国国会审议通过了《田纳西河流域管理局法》，对田纳西河流域管理局的职能、任务和权力做了明确规定，包括：①独立行使人事权；②土地征用权；③项目开发权；④流域经济发展及综合治理和管理；⑤可向多领域投资开发等。此后，根据流域开发和管理的变化和需要，该法案又不断进行修改和补充，使凡涉及流域开发和管理的重大举措（如发行债券等）都能得到相应的法律支撑，从法律角度奠定了独特

的流域管理基础。

2. 构建强有力的管理体制

成立之初，田纳西河流域管理局便被确定为联邦一级管理机构，代表联邦政府管理流域内的相关事务，建立了适合自身条件的独特的管理机制。依据田纳西河流域管理局法，田纳西河流域管理局既是联邦政府机构，又是企业法人。一方面，作为政府机构，田纳西河流域管理局只接受总统和国会的监督，完成其政府职能。另一方面，作为企业法人，田纳西河流域管理局采取公司制，设立董事会和地区资源管理理事会。董事会由 9 人兼职组成，由总统提名，掌握管田纳西河流域管理局的一切权力。田纳西河流域管理局的组织机构设置由董事会自主决定，根据业务需要进行不断调整。地区资源管理理事会主要由地方社区代表组成，其主要职能是为流域的资源管理提供咨询性建议，以促进当地民众积极参与流域开发和管理，具有较大的民意代表性。

3. 采用独特的管理方法

由于田纳西河流域管理局的日常运营涉及航运和发电等诸多方面，其问题也是多方面的。为此，田纳西河流域管理局建立了一种独特的解决问题的方法，即综合资源管理法。每当碰到问题时，无论是水力发电、航运，还是防洪、水质管理，田纳西河流域管理局都将其放在最广泛的范围内加以研究思考。田纳西河流域管理局将各种问题视为是相互联系的，充分考虑某一方面资源的变化对其他方面可能带来的影响，将各种资源有机地结合起来综合对待，从而将问题造成的整体风险和损失降至最低。尽管随着时间的推移，田纳西河流域管理局的综合开发中所出现的问题不断发生变化，但田纳西河流域管理局牢牢坚持其综合解决问题的方法，并取得了较佳的成效。

4. 创新建管分离的方式

田纳西河流域管理局对其工程建设方式和内容进行了策略转变，不断加以创新。最初，田纳西河流域管理局的工程建设都由自己承担，很少有其他单位的参与。然而，随着规模的扩大，田纳西河流域管理局逐渐地将其工程建设转变为自行建设与承包建设相结合。从 20 世纪 80 年代，田纳西河流域管理局不再自行建设工程，全部委托给社会承包。

5. 建立多元化的融资体系

田纳西河流域管理局的开发与治理资金，20 世纪 60 年代以前主要由联邦政府拨款，20 世纪 60 年代以后发行债券成为主要的资金筹集渠道。《田纳西河流域管理局法案》规定田纳西河流域管理局有权发行总金额在 300 亿美元以内的债券及其他债券凭证，以资助其水利电力建设与开发，并规定债券将成为对该局合法投资的一部分。

6. 重视人力资源开发

田纳西河流域管理局非常重视人力资源的开发，创办了田纳西河流域管理局职工大学，聘请了专业教师和中、高级管理人员讲课，形成了较完善的教育培训体系。田纳西河流域管理局职工都要接受定期的岗位培训，包括上岗前培训、在岗培训、转岗培训等，管理局特别重视新技术和计算机应用技能的培训，并要求每位员工每年必须完成学时的培训任务。田纳西河流域管理局职工大学还和美国众多著名大学联合开设了多门选修课程，将选修课程的成绩记入学分，为职工继续深造提供了良好的条件。田纳西河流域管理局对人力资源开发的方法和手段，取得了明显的社会效益和经济效益。

7. 强调高科技的应用

田纳西河流域管理局非常重视高科技的应用，大胆地采用多种高新技术手段，以确保流域管理目标的顺利实现。在其流域管理中广泛应用地理信息系统、全球定位系统、遥感技术和计算机等先进技术，不仅有效地提高了管理水平，也大大提高了工作效率。通过综合运用 3S 技术，田纳西河流域管理局可以采集、存储、管理分析、描述和应用流域内与空间和地理分布相关的数据，及时、可靠地对流域内资源的地点、数量、质量、空间分布进行准确输入、贮存、控制、分析、显示，以便有关部门做出科学合理的决策。

## 二、加拿大的水坝安全管理

### （一）概况

加拿大共有各类水坝 14000 座（坝高大于 2.5 米），其中大型坝（坝高 15 米以上，在国际大坝委员会注册登记的）933 座。这些水坝大部分以水力发电为主，兼顾灌溉、供水、防洪、娱乐等功能。在加拿大，各省有自己管理水坝的方式，除艾伯塔省、不列颠哥伦比亚省和魁北克省三省外，其他省均没有制定专门的水坝安全条例，而是在综合的水法或水资源法中对水坝安全做出了规定。20 世纪 80 年代末，加拿大成立大坝协会（CDA），其宗旨是在水坝领域走在世界前列，并强调对社会环境的重视，为需要制定水坝安全条例和政策的地区提供支持。该协会于 20 世纪 90 年代末出台了对行业具有指导作用的《水坝安全导则》，该导则被视为各地水坝安全管理最好的实践依据。

### （二）安全管理的工作机制

1. 水坝分类

加拿大水坝安全分类的方法是以溃坝后果的严重程度为依据。根据有关规定，所有的水坝、挡水或输水设施都应根据潜在的溃坝后果进行分类。溃坝后果包括两类损失，即下游的生命损失以及对经济、社会环境的破坏情况。根据后果严重程度，将水坝分为后果非常严重、严重、低和很低四类。在生命损失和经济、社会环境破坏两类后果中，水坝的后果分类按其中高的一类来控制。溃坝后果分类的目的是以此决定水坝的设计及运行标准。溃坝后果越严重，说明设计标准越要做相应提高，运行维护的要求也相应提高，以保证水坝的安全运行。

2. 水坝安全监管机构

根据法律框架，设置了专门的水坝安全监管机构。虽然各省监管机构的名称不同，如不列颠哥伦比亚省是水权监管员及其办公室，魁北克省为环境部部长及其办公室，安大略省为自然资源部。由于在法律框架中确定了负责水坝安全的管理机构，并明确了其监管的权利和职责，因此监管的作用能得到真正落实。专门的水坝安全监管机构的设置，可以压缩政府行政管理规模，因为监管机构只需监督水坝业主的执行情况，而不需要人力资源的大量投入。另外，设立专门的水坝监管机构，有助于提高水坝安全的专业管理水平，并能及时了解水坝安全方面的新情况、新趋势。

3. 水坝安全管理中的职权划分

加拿大的水坝安全管理体系中，法规明确规定业主负责大坝安全，政府负责监督。监管机构的职责主要包括：制定水坝安全的有关规范、标准；发放水坝施工和运行许可证，负责水坝注册登记；监督业主进行安全检查，在认为必要时，监管机构可自行检查；水坝安全法律框架的执法权力，即当水坝业主不履行职责时可采取必要的措施，如在魁北克省，部长可通过罚款措施来贯彻法律框架的执行，允许监管机构向水坝业主收取水运行许可证费和年费。在不列颠哥伦比亚省，省政府有正常的预算拨款程序向管理机构提供经费支持。水坝业主责任明确。法律法规中明确了水坝业主对水坝安全负有主要责任，并可就失事造成的任何破坏追究其责任，这一措施激励了水坝业主高度重视安全问题的责任心。业主会主动配合水坝监管机构，寻求经济有效的水坝安全管理办法。

4. 水坝安全管理程序

在加拿大水坝安全管理是一套连续性的程序，从施工期至蓄水期及长期运行期。主要内容包括水坝的正常运行及维护、水坝安全复核及专题研究、制订实用可行的应急预案、建立预警预报系统、进行缺点调查及采取必要的除险加固措施等。相对于传统的水坝安全管理方法，加拿大的水坝安全管理中引入了一些创新的理念，主要体现在：①对水坝安全检查和监测的理解。传统的水坝安全检查及监测方案是在保证水坝绝对安全，即没有风险的基础上，制订一个系统的计划，如现有的监测程序、固定的检查频率等，监测内容主要用来对设计参数的复核和跟踪，并把自动化监测系统看作是万能的手段。加拿大的水坝安全方案基于相对安全（即存在剩余风险）的理念，监测方案针对具体的水坝或每座水坝的性态而设计，监测原理是早期探测可能导致潜在破坏发生的信号，只有当特殊需要时才安装自动监测系统。②重视对水坝及其设施安全功能的评价。通过系统性的检查、测试、维护及加固措施，对水坝及溢洪、泄洪设施等挡水建筑物的可靠性及功能进行评价。评价水坝在遭遇突发事件时的安全性，尤其是遇到各种洪水（如校核洪水、PMF）时的功能。③水坝安全复核。注重复核专家组由各不同专业的专家组成，对水坝进行全面的诊断，并强调对水坝及溢洪设施的运行安全和对突发事件的处理能力进行复核，对一些特殊的工程开展潜在破坏模式的分析。

### （三）水坝安全管理的特点——引入风险管理理念

进入21世纪后，加拿大将风险管理理念引入大坝安全管理中，进一步提高了大坝的安全管理水平，其研究和实践一直处于世界领先水平。

1. 管理对象和管理内容

水坝安全管理的对象是水坝，广义的水坝包括挡水、输水和泄水建筑物。然而水坝风险管理的对象除了水坝外，还包括溃坝后可能影响的下游地区。管理单位必须清楚地知道如果水坝溃决，对下游的影响有多大，将会影响到下游哪些地区，这些区域中灾害程度如何，如何采取撤离等应急措施，并要与下游区域保持紧密联系。对于管理内容，水坝风险管理的核心理念是降低风险。除了日常的工程检查、检测、维护和调度，保证水坝处于一种很好的工作状态外，更注重如何避免或减少下游的损失。因此，风险管理的一个重要思路就是要防患于未然，当突发事件发生时有可操作的、有针对性的应急预案，避免或减少下游损失，特别是生命损失。风险管理的内容已经从水坝延伸到下游广大的淹没范围。业主有责任研究下游区域承受的风险和降低风险的措施，并通过有关部门实施降低下游风险的管理。

2.OMS手册和EPP文件

加拿大水坝安全管理特别要求业主编制OMS手册和EPP文件。这两个文件是管理者据以管理水坝安全和发生紧急情况时正确应对的依据，具有明显的针对性、预见性和可操作性。OMS手册是指导管理人员在运行、维护和监测过程中保障水库运行安全的制度性、技术性文件，是经过批准的法规性、指导性文件，在加拿大水坝安全管理中起到了十分重要的作用。加拿大的每座水库都根据具体情况制定了OMS手册，指导水库的运行、检查、监测和维护工作，有效提升了工程的安全运行水平。EPP文件是指导水坝运行管理人员在突发事件发生时行动的程序和过程，该文件简单明了，便于操作和使用。包括的主要内容有：对紧急事件的分级（大坝事件、大坝警报及溃坝的定义）、通告流程图、溃坝淹没图、对EPP的测试与更新及员工培训。EPP文件中还明确规定了水坝业主与下游应急机构（社团）之间各自的职责和任务，并建立水库大坝EPP与下游应急机构EPP之间的链接。为保证水坝运行管理人员完全熟悉EPP文件的所有内容及有关设备的情况，了解其各自的权力、职责和任务，除对应急预案进行测试和演练外，还定期为有关工作人员提供必要的培训，并进行相应的考核。

3. 专业化和社会化管理概念

加拿大的水坝安全管理已实现了管理的专业化和社会化。所谓的专业化，包括两个方面，一方面，水坝安全都由具备专业知识的注册安全工程师负责；另一方面，加拿大大坝协会的专业技术人员协助政府检查监督水坝安全，所有进行安全评价、现场检查的人员都是具有资质的专业注册工程师。所谓社会化，是指一个业主统一管理着某个范围内的一大批水库大坝，承担这些水坝的安全责任。例如，不列颠哥伦比亚水电公司水坝

管理部门仅有 20 名左右的员工，却管理了不列颠哥伦比亚省内 43 座水坝的安全，每座水库有 1 名富有水坝安全管理经验的注册工程师负责其安全，他们可同时负责附近区域的几座水库的安全。因此，业主既发挥了效益，又节约了成本，大大提高了水坝安全管理的效率。

4. 消除安全隐患的排序理念和方法

以风险理念为指导的水坝安全管理已在加拿大得到应用。这种方法可以使业主了解水坝的安全程度，采用有针对性的措施维护水坝安全。作为风险分析方法之一的破坏模式及影响分析法（FMEA）及关键度分析法（FMECA）都是分析水坝隐患的有效方法，目标是对水坝系统、系统各部件的功能、各部件潜在的破坏模式及各个破坏模式对整个系统的影响进行全面、系统的分析。其最终目的是发现水坝结构及运行管理中存在的缺陷与薄弱环节，并对水库风险因素进行排序，从而为水坝安全管理及工程除险加固提供科学依据。

## 三、日本的水库运行管理

### （一）管理概况

日本国土总面积 37.78 万平方千米，四面环海，南北长 2000 千米，东西宽 300 千米，以山地、丘陵为主，大部分地区处于温带，南北气候差别很大，南部地区处于亚热带，北部地区处于亚北极带。日本四季分明，雨量受季节影响变化较大，夏季降水集中且水量较大；各岛降雨情况基本相似，多年平均降雨量 1700 毫米。但人均水资源占有量不足全球平均水平的一半，世界排名第 37 位，属水资源缺乏型国家。全国大坝最高的是黑部水库，混凝土拱坝，坝高 186 米，位于富山县，库容 2 亿立方米。最大库容水库为德山水库，总库容 6.6 亿立方米，心墙堆石坝，坝高 161 米。日本水库建设目的主要有灌溉用水、防洪减灾、发电、自来水、工业用水、维护河流生态、消融冰雪和娱乐休闲等，按首要功能划分，57.13% 的水库承担灌溉任务，31.43% 的水库承担防洪减灾任务，23.71% 的水库用于发电，23.2% 的水库为生活供水，20.35% 的水库承担河流生态维护功能。

近年来，日本因移民、生态环境保护等因素的制约，新建水库的阻力较大、成本很高，已基本停止新水库的建设。因此，目前特别重视通过修订调度运用方式和再开发事业（水库工程的加固扩建、清淤等），以充分发挥和有效利用已建水库的防洪与兴利功能。日本河川上的水库大坝开发建设由国土交通省统一规划，以防洪减灾、河流生态维护功能为主的水库由国土交通省下属河川局与各地方整备局（如关西地方整备局）兴建和管理，其他水库大坝由业主（如独立行政法人水资源机构）建设和管理。日本水库运行管理分为洪水时的管理、低水时的管理和水库周边设施的管理。洪水时的管理相当于中国的防洪调度，即在收集气象、水雨情和河川信息的基础上，对洪峰流量进行预测，然后按照调度规程发出操作指令进行泄洪，最大限度地避免下游河川水位大涨大落，减轻洪灾损失。在泄洪过程中，特别重视对下游的报警和巡视。低水时的管理相当于中国的兴利调度，即充分有效利用水库调节设施，维持水库和河流的正常功能，平时确保用水水量、水质的稳定，枯水、水质事故等异常情况时对流量和水量进行有效调配。水库及周边设施的管理包括水库大坝安全监测和检查、水库周边的环境保护以及周边旅游设施的管理等。

### （二）水库运行管理的特点

#### 1. 责权利明确

在日本，与水管理有关的部门很多，但并不单纯管水，水管理只是其若干职能中的一部分，但各部门之间的职责根据有关法律划分明确。相关的中央机构主要包括国土交通省、厚生劳动省、农林水产省、经济产业省、环境省等。另外，还有水资源机构（JWA）等独立行政法人，并在各地设立分支机构，以及具体管理水库的水库综合事务管理所等。日本水库大坝及配套水利工程开发建设由国土交通省统一规划，厚生劳动省分管城镇生活用水，农林水产省分管农业用水和水源保护森林开发，经济产业省分管工业、发电用水，环境省分管水质及环保问题。防洪由国土交通省统管，经济产业省、厚生劳动省、农林水产省协管。各部门下设相应机构，如国土交通省下设地方整备局，各整备局设有相应的水库综合事务管理所。在一个部门内部，各机构分工明确。如国土交通省下设 8 个地方整备局及北海道开发局，负责地区河川行政管理事务，地方整备局下属水库统合管理所及水资源机构下设水库综合管理所，具体负责河川开发、水库建设与管理工作。

以防洪、生态环境保护功能为主的公益性水库，主要由国家公共财政投资，直接由国土交通省及其下属机构开发建设。公益性水库建成后的运行管理也完全由国家财政负担，包括用于水库管理人员、大坝与设备维修养护、更新改造等方面经费的开支，管理人员参照享受国家公务员待遇。公益性水库之外的其他水库，由业主自主开发建设和管理。

#### 2. 水库管理的法律法规健全

日本制定了完善的与水资源有关的法律法规，主要包括河川法、特定多目的水坝法、水资源开发促进法、日本水资源机构法、水库区特别措施法等。此外，还有一些环保方面的法律法规适用于水库建设和运行管理，包括基本环境法、环境影响评估法和社会基础设施开发优先计划法等。其中，河川法涉及的水坝数量多、范围广。日本的河川法为水资源规划、水利工程建设及其后续管理奠定了国家层面的法律依据。日本于 19 世纪 90 年代颁布了第一部河川法（旧河川法），确立了现代河川管理体系，主要目的在于规范防洪治水管理，同时对原始性态水权做了认定（沿袭水利权）。随着日本经济高速发展对水资源需求的日益增大，20 世纪 60 年代对旧河川法进行了修订，变以治水为核心的旧法为以水资源开发利用及治水并重的新法，主要目的在于推出防洪治水与水资源利用的

统一管理制度，新法保留沿袭水权，沿袭水权之外的水权分配给工业用水和城市用水，通过水库和引水工程予以实现，明确提出水权概念，建立河流资源利用许可制度（即水权制度）。为了应对日本经济社会发展过程中出现的严重生态环境问题，20 世纪 90 年代对河川法再次修订，增加了生态环保方面的要求。日本水库大坝管理主要遵循国土交通省颁布的《河川管理设施等建筑物法令》和日本大坝工会发布的《水库建筑物管理标准》。按照有关法律规定，每个水库根据其设计、建设、安全管理、调度等情况，需编制《水库设施管理规程》，重要水库在此基础上还需编制《水库设施管理规程实施细则》。

3. 资金落实，管理规范

日本的水库运行管理单位，均实行管养分离，管理单位人员很少，设备保养与维护工作委托专业公司承担。水库管理资金有保障，管理经费出处很明确。河川法规定河流管理所需要费用按照“受益者负担”原则分配，因此，水库运行和维护管理费用主要由各类用水者与政府共同负担。日本水库运行（包括人员工资、日常办公支出）和维修养护等管理经费有相对稳定的来源渠道，特别值得提出的是，农业用水者负责费用也有保障。水资源机构长良川河口堰每年防洪管理经费、兴利水资源管理经费分别占全年管理经费的 37.1% 和 62.9%，其中防洪管理所需经费主要来自国土交通省，兴利水资源管理所需经费主要由地方政府与各类用水户承担。

水库管理条件优越，管理设施先进、自动化水平高，且管理工作规范。大坝安全监测、雨情水情观测（包括气象、水温）、下游泄洪报警设施等可以实施远程监控与操作，从而确保了水库的正常与安全运行。在水库精细化管理方面，水库泄洪前均要发布泄洪警报，或通过电话、传真进行事先通报，或采用警报车沿途通告放流时间，或重点部位设置警报器警报或指示牌标识泄流信息，或在关键地段专人把守，以确保公共安全。

4. 定期检查，及时维护

日本水库大坝安全管理实行点检制度和定期检查制度。

（1）点检制度

即日常的定点监测、日常巡视检查和特殊时期临时点检。点检由负责水库管理的有关人员或其委托的公司付诸实施。根据《河川管理设施等建筑物法令》和《水库建筑物管理标准》，大坝安全监测项目中漏水量、扬压力（浸润线）和变形量规定为必测项目，同时，大坝的巡视检查也列为必需内容。日本水库管理分为第一期（试验性蓄水）、第二期（第一期结束后至少 3 年）和第三期（第二期结束后）三个不同阶段，不同阶段必测项目的测量频次和巡测检查频次在法令中均予以规定。工程管理单位每年对观测资料进行整编与分析，成果上报有关部门确认与备案。

（2）定检制度

根据《河川管理设施等建筑物法令》和《水库建筑物管理标准》，定检频率为每 3 年一次以上。定期检查要求组织具有资质的和富有专业经验的技术人员参加，针对定检之前的点检成果进行综合评价，定检方式为协商总体方案、现场确认或核查、书面检查和现场检查，最终根据测量结果、目测情况、听取意见等对检查结果进行综合判定，检查结果上报国土交通省和水资源机构有关部门确认和备案。定检项目主要包括三部分：①管理体制及管理状况；②资料和记录的整理保管状况；③设施及其维修状况。通过定期检查，给出综合判定结论，主要包括：①有必要马上采取措施；②有征兆，今后需要注意监测；③没有问题。通过定期检查，确认大坝是否管理得当，大坝安全性是否有保障，并查处管理不当的项目，提出对策。

5. 尊重自然，重视生态保护

20 世纪 70 年代时，伴随急剧的城市化、工业化，日本的城市用水需求激增，严重供水不足、频繁的争水事件、严重的地表沉陷和严重水质污染，督促着日本水库采用顾及生态环境的管理方式。随后，在水库建设与运行管理过程中采取有效措施应对生态环境保护问题，如对水库调度运行方式进行调整，在保证航运、防洪、发电等原有重要功能的同时，特别注重区域水质改善等问题。为维持河川的自然生态，通过泄放生态基流和设置鱼道等措施，维持河流不断流，保护生态环境，维护河流的健康生命。日本在水库规划、建设、管理的每一个阶段，都特别重视生态环境保护，将大坝、河流以及周围环境作为整体考虑，努力实现人工环境、自然环境的和谐统一。为减少对峡谷中植物的破坏和对动物与昆虫类生活的影响，在水库工程建设中，水库内外交通联系尽量采用隧道及桥梁，不惜增加许多建设投资。

6. 严格的取水许可权制度

行政官员具有许可授予的使用河水的权利，许可证根据水资源利用法规授予。水库取水也采用取水许可权制度。取水许可权按使用目的分为以下几类：灌溉水权、发电水权（水力发电）、生活用水水权、工业水权、其他目的（养鱼、除雪等）。许可水权具体内容包括：用水目的、取水地点、取水方式（泵水、水坝放闸等）、取水量、水库储蓄水量、已获批准期间（合法期间）等。填写取水许可证申请表并提交给行政官员审批，不同取水分类其许可证年限不同。例如，发电取水大约可取水 30 年，其他取水大约可取水 10 年，已获得批准的期限在到达期限时还可延期。在执行水库取水许可的同时，对于获得取水许可证的取水单位，如果没有按照许可证要求实施取水，行政官员有权力对取水单位予以制裁。水库管理单位必须严格依据事先确定的取水许可权分配水资源。一旦发生不按照取水许可权配水情况，水库管理单位将受到惩罚；水资源用户也要按照取水许可权要求获取水资源。当水资源缺乏时，加入库内蓄水仅能满足下游生态基流要求，则必须首先满足生态基流的要求，而不能将水库水资源首先供给获得取水许可证的用户使用。

7. 注重宣传和社会参与

日本水库重视自我宣传，利用库区开展防灾减灾宣传，使得公众了解水库基本知识；

水库管理机构与地方政府合作，在下游建立亲水空间；开放水库坝体内部供公众参观，了解水库基本结构和安全常识；开展库区娱乐活动，增进公众与水库感情；利用水库周边环境，对各类人群、协会等进行环境教育，增进人类亲水属性；水库下游开设纪念馆，有利于公众对水库基本常识的了解；采取一些人们喜闻乐见的方式进行水库宣传，吸引公众关注和参与水库管理，将水库构造为亲水平台，使公众进一步了解水、亲近水，营造人人爱惜水资源、关心水环境的良好社会氛围，共同参与水库及周边环境的保护工作。

# 第八章 我国水利工程管理的地位和作用

## 第一节 我国水利工程和水利工程管理的地位

水利工程是指在江河、湖泊和地下水源上开发、利用、控制、调配和保护水资源的各类工程。人类社会为了生存和可持续发展的需要，采取各种措施，适应、保护、调配和改变自然界的水和水域，以求在与自然和谐共处、维护生态环境的前提下，合理开发利用水资源，并防治洪、涝、干旱、污染等各种灾害，为达到这些目的而修建的工程称为水利工程。在人类的文明史上，四大古代文明都发祥于著名的河流，如古埃及文明诞生于尼罗河畔，中华文明诞生于黄河、长江流域。因此丰富的水力资源不仅滋养了人类最初的农业，而且孕育了世界的文明。水利是农业的命脉，人类的农业史，也可以说是发展农田水利、克服旱涝灾害的战天斗地史。

人类社会自从进入 21 世纪后，社会生产规模日益扩大，对能源需求量越来越大，而现有的能源又是有限的。人类渴望获得更多的清洁能源，补充现在能源的不足，同时加上洪水灾害一直威胁着人类的生命财产安全，人类在积极治理洪水的同时又努力利用水能源。水利工程既满足了人类治理洪水的愿望，又满足了人类的能源需求。水利工程按服务对象或目的可分为：将水能转化为电能的水力发电工程；为防止、控制洪水灾害的防洪工程；防止水质污染和水土流失，维护生态平衡的环境水利工程和水土保持工程；防止旱、渍、涝灾害而服务于农业生产的农田水利工程，即排水工程、灌溉工程；为工业和生活用水服务，排除、处理污水和雨水的城镇供、排水工程；改善和创建航运条件的港口、航道工程；增进、保护渔业生产的渔业水利工程；满足交通运输需要、工农业生产的海涂围垦工程等。一项水利工程同时为发电、防洪、航运、灌溉等多种目标服务的水利工程，称为综合水利工程。我国正处在社会主义现代化建设的重要时期，为满足社会生产的能源需求及保证人民生命财产安全的需要，我国已进入大规模的水利工程开发阶段。水利工程给人类带来了巨大的经济、政治、文化效益。它具备防洪、发电、航运功能，对促进相关区域的社会、经济发展具有战略意义。水利工程引起的移民搬迁，促进了各民族间的经济、文化交流，有利于社会稳定。水利工程是文化的载体，大型水利工程所形成的共同的行为规则，促进了工程文化的发展，人类在治水过程中形成的哲

学思想指导着水利工程实践。长期以来繁重的水利工程任务也对我国科学的水利工程管理产生了巨大的需求

## 一、我国水利工程在国民经济和社会发展中的地位

我国是水利大国，水利工程是抵御洪涝灾害、保障水资源供给和改善水环境的基础建设工程，在国民经济中占有非常重要的地位。水利工程在防洪减灾、粮食安全、供水安全、生态建设等方面起到了很重要的保障作用，其公益性、基础性、战略性毋庸置疑，在促进经济发展，保持社会稳定，保障供水和粮食安全，提高人民生活水平，改善人居环境和生态环境等方面具有极其重要的作用。

我们国家向来重视水利工程的建设，治水历史源远流长，一部中华文明史也就是中国人民的治水史。古人云：治国先治水，有土才有邦。水利的发展直接影响到国家的发展，治水是个历史性难题。历史上著名的治水英雄有大禹、李冰、王景等。他们的治水思想都闪耀着中国古人的智慧光华，在治水方面取得了卓越的成绩。人类进入 21 世纪，科学技术日新月异，为了根治水患，各种水利工程也相继开建。特别是近十年来水利工程投资规模逐年加大，各地众多大型水利工程陆续上马，初步形成了防洪、排错、灌溉、供水、发电等工程体系。由此可见，水利工程是支持国民经济发展的基础，其对国民经济发展的支撑能力主要表现为满足国民经济发展的资源性水需求，提供生产、生活用水，提供水资源相关的经济活动基础，如航运、养殖等，同时为国民经济发展提供环境性用水需求，发挥净化污水、容纳污染物、缓冲污染物对生态环境冲击等作用。如以商品和服务划分，则水利工程为国民经济发展提供了经济商品、生态服务和环境服务等。

新中国成立以来，大规模水利工程建设取得了良好的社会效益和经济效益，水利事业的发展为经济发展和人民安居乐业提供了基本保障。

长期以来，洪水灾害是世界上许多国家都发生的严重自然灾害之一，也是中华民族的心腹之患。中国水文条件复杂，水资源时空分布不均，与生产力布局不相匹配。独特的国情水情决定了中国社会发展对科学的水利工程管理的需求，这包括防治水旱灾害的任务需求，水旱灾害几千年来始终是中华民族生存和发展的心腹之患；新中国成立后，国家投入大量人力、物力和财力对七大流域和各主要江河进行大规模治理。由于人类活动的长期影响，气候变化异常，水旱灾害交替发生，并呈现愈演愈烈的趋势。长期干旱，土地沙漠化现象日益严重，从而更加剧了干旱的形势。而中国又拥有世界上最多的人口，支撑的人口经济规模特别巨大，中国创造了世界最快经济增长纪录，面临的生态压力巨大，中国生态环境状况整体脆弱，庞大的人口规模和高速经济增长导致生态环境系统持续恶化。

在支撑经济社会发展方面，大量蓄水、引水、提水工程有效提升了我国水资源的调控能力和城乡供水保障能力。供水工程建设为国民经济发展、工农业生产、人民生活提

供了必要的供水保障条件，发挥了重要的支撑作用，农村饮水安全人口、全国水电总装机容量、水电年发电量均有显著增加。因水利工程的建设以及科学的水利工程管理作用，全国水土流失综合治理面积也日益增加。

灌溉工程为农业发展特别是粮食稳产、高产创造了有利的前提条件，奠定了农业长期稳步发展的基础，巩固了农业在国民经济发展中的基础地位。大多数水利工程，特别是大型水利枢纽的建设地点多数选在高山峡谷、人烟稀少地区，水利枢纽的建设大大加速了地区经济和社会的发展进程，甚至会出现跨越式发展，另外，我国的小水电建设还解决了山区缺电问题，不仅促进了农村乡镇企业发展和产业结构调整，还加快了老少边穷地区农牧民脱贫致富。在保护生态环境方面，水利建设为改善环境做出了积极贡献，其中水土保持和小流域综合治理改善了生态环境，水力发电的发展减少了环境污染，为改善大气环境做出了贡献，农村小水电不仅解决了能源问题，还为实施封山育林、恢复植被等创造了条件，另外污水处理与回用、河湖保护与治理也有效地保护了生态环境。

水利工程之所以能够发挥如此重要的作用，与科学的水利工程管理密不可分。由此可见水利工程管理在我国国民经济和社会发展中占据十分重要的地位。

## 二、我国水利工程管理在工程管理中的地位

工程管理是指为实现预期目标，有效地利用资源，对工程所进行的决策、计划、组织、指挥、协调与控制，是对具有技术成分的活动进行计划、组织、资源分配以及指导和控制的科学和艺术。工程管理的对象和目标是工程，是指专业人员运用科学原理对自然资源进行改造的一系列过程，可为人类活动创造更多便利条件。工程建设需要应用物理、数学、生物等基础学科知识，并在生产生活实践中不断总结经验。水利工程管理作为工程管理理论和方法论体系中的重要组成部分，既有与一般专业工程管理相同的共性，又有与其他专业工程管理不同的特殊性，其工程的公益性（兼有经营性、安全性、生态性等特征），使水利工程管理在工程管理体系中占有独特的地位。水利工程管理又是生态管理、低碳管理和循环经济管理，是建设“两型”社会（资源节约型社会、环境友好型社会）的必要手段，可以作为我国工程管理的重点和示范，对于我国转变经济发展方式、走可持续发展道路和建设创新型国家的影响深远。

水利工程管理是水利工程的生命线，贯穿于项目的始末，包含着对水利工程质量、安全、经济、适用、美观、实用等方面科学、合理的管理，以充分发挥工程作用、提高使用效益。由于水利工程项目规模过大，施工条件比较艰难、涉及环节较多、服务范围较广、影响因素复杂、组成部分较多、功能系统较全，所以技术水平有待提高，在设计规划、地形勘测、现场管理、施工建筑阶段难免出现问题或纰漏。另外，由于水利设备长期处于水中作业受到外界压力、腐蚀、渗透、融冻等各方面影响，经过长时间的运作磨损速度较快，所以需要通过管理进行完善、修整、调试，以更好地进行工作，确保国

家和人民生命与财产的安全、社会的进步与安定、经济的发展与繁荣，因此水利工程管理具有重要性和责任性。

## 第二节 我国水利工程管理对国民经济发展的推动作用

大规模水利工程建设可以取得良好的社会效益和经济效益，为经济发展和人民安居乐业提供基本保障，为国民经济健康发展提供有力支撑，水利工程是国民经济的基础性产业。大型水利工程是具有综合功能的工程，它具有巨大的防洪、发电、航运功能和一定的旅游、水产、引水和排涝等效益。它的建设对我国的华中、华东、西南三大地区的经济发展，促进相关区域的经济社会发展，具有重要的战略意义，对我国经济发展可产生深远的影响。大型水利工程将促进沿途城镇的合理布局与调整，使沿江原有城市规模扩大，促进新城镇的建立和发展、农村人口向城镇转移，使城镇人口上升，加快城镇化建设的进程。同时，科学的水利工程管理也与农业发展密切相关。而农业是国民经济的基础，建立起稳固的农业基础，首先要着力改善农业生产条件，促进农业发展。水利是农业的命脉，重点建设农田水利工程，优先发展农田灌溉是必然的选择。正是新中国成立之后的大规模农田水利建设，为我国粮食产量超过万亿斤，“十七连丰”奠定了基础。农田水利还为国家粮食安全保障做出巨大贡献，巩固了农业在国民经济中的基础地位，从而保证国民经济能够长期持续地健康发展以及社会的稳定和进步。经济发展和人民生活的改善都离不开水，水利工程为城乡经济发展、人民生活改善提供了必要的保障条件。科学的水利工程管理又为水利工程的完备建设提供了保障。

我国水利工程管理对国民经济发展的推动作用主要体现在如下两方面。

### 一、对转变经济发展方式和可持续发展的推动作用

可持续发展观是相对于传统发展观而提出的一种新的发展观。传统发展观以工业化程度来衡量经济社会的发展水平。自 18 世纪初工业革命开始以来，在长达 200 多年的受人称道的工业文明时代，借助科学技术革命的力量，大规模地开发自然资源，创造了巨大的物质财富和现代物质文明，同时也使全球生态环境和自然资源遭到了最严重的破坏。显然，工业文明相对于小生产的“农业文明”而言，是一个巨大飞跃。但它给人类社会与大自然带来了巨大的灾难和不可估量的负效应，带来生态环境严重破坏、自然资源日益枯竭、自然灾害泛滥、人与人的关系严重异化、人的本性丧失等。“人口爆炸、资源短缺、环境恶化、生态失衡”已成为困扰全人类的四大显性危机，面对传统发展观支配下的工业文明带来的巨大负效应和威胁，自 20 世纪 30 年代以来，世界各国的科学家们开始不断地发出警告，理论界苦苦求索，人类终于领悟了一种新的发展观——可持续发

展观。

从水资源与社会、经济、环境的关系来看，水资源不仅是人类生存不可替代的一种宝贵资源，而且是经济发展不可缺少的一种物质基础，也是生态与环境维持正常状态的基础条件。因此，可持续发展，也就是要求社会、经济、资源、环境的协调发展。然而，随着人口的不断增长和社会经济的迅速发展，用水量也在不断增加，水资源的有限与社会经济发展、水与生态保护的矛盾愈来愈突出，例如出现的水资源短缺、水质恶化等问题。如果再按目前的趋势发展下去，水问题将更加突出，甚至对人类的威胁是灾难性的。

水利工程是我国全面建成小康社会和基本实现现代化宏伟战略目标的命脉、基础和安全保障。在传统的水利工程模式下，单纯依靠兴修工程防御洪水、依靠增加供水满足国民经济发展对于水的需求，这种通过消耗资源换取增长、牺牲环境谋取发展的方式，是一种粗放、扩张、外延型的增长方式。这种增长方式在支撑国民经济快速发展的同时，也付出了资源枯竭、环境污染、生态破坏的沉重代价，因而是不可持续的。

面对新的形势和任务，科学的水利工程管理利于制定合理规范的水资源利用方式。科学的水利工程管理有利于我国经济发展方式从粗放、扩张、外延型转变为集约、内涵型。且我国水利工程管理有利于开源节流、全面推进节水型社会建设，调节不合理需求，提高用水效率和效益，进而保障水资源的可持续利用与国民经济的可持续发展。再者其以提高水资源产出效率为目标，降低万元工业增加值用水量，提高工业水重复利用率，发展循环经济，为现代产业提供支撑。

当前，水资源供需矛盾突出仍然是可持续发展的主要瓶颈。马克思和恩格斯把人类的需要分成生存、享受和发展三个层次，从水利发展的需求角度就对应着安全性、经济性和舒适性三个层次。从世界范围的近现代治水实践来看，在水利事业发展中，通常优先处理水利发展与经济社会发展需求之间的矛盾。水利发展大体上可以由防灾减灾、水资源利用、水系景观整治、水资源保护和水生态修复五方面内容组成。以上五个方面之中，前三个方面主要是处理水利发展与经济社会系统之间的关系。后两个方面主要是处理水利发展与生态环境系统之间的关系，各种水利发展事项属于不同类别的需求防灾减灾、饮水安全、灌溉用水等，主要是“安全性需求”；生产供水、水电、水运等，主要是“经济性需求”；水系景观、水休闲娱乐、高品质用水，主要是“舒适性需求”；水环境保护和水生态修复，则安全性需求和舒适性需求兼而有之，这是生态环境系统的基础性特征决定的，比如，水源地保护和供水水质达标主要属于“安全性需求”，而更高的饮水水质标准如纯净水和直饮水的需求，则属于“舒适性需求”。水利发展需求的各个层次，很大程度上决定了水利发展供给的内容。无论是防洪安全、供水安全、水环境安全，还是景观整治、生态修复，这些都具有很强的公益性，均应纳入公共服务的范畴。这决定了水利发展供给主要提供的是公共服务，水利发展的本质是不断提高水利的公共服务能力。根据需求差异，公共服务可分为基础公共服务和发展公共服务。基础公共服务主要是满足“安全性”的生存需求，为社会公众提供从事生产、生活、发展和娱乐等活动都需要的基础性服务，如提供防洪抗旱、除涝、灌溉等基础设施；发展公共服务是为满足社会发展需要所提供的各类服务，如城市供水、水力发电、城市景观建设等，更强调满足经济发展的需求及公众对舒适性的需求。一个社会存在各种各样的需求，水利发展需求也在其中——在经济社会发展的不同水平，水利发展需求在社会各种需求中的相对重要性在不断发生变化。随着经济的发展，水资源供需矛盾也日益突出：在水资源紧缺的同时，用水浪费严重，水资源利用效率较低。当前，解决水资源供需矛盾，必然需要依靠水利工程，而科学的水利工程管理是可持续发展的推动力。

## 二、对农业生产和农民生活水平提高的促进作用

水利工程管理是促进农业生产发展、提高农业综合生产能力的基本条件。农业是第一产业，民以食为天，农村生产的发展首先是以粮食为中心的农业综合生产能力的发展，而农业综合生产能力提高的关键在于农业水利工程的建设和管理，在一些地区农业水利工程管理十分落后，重建设轻管理，已经成为农业发展的瓶颈了。另外，加强农业水利工程管理有利于提高农民生活水平与质量。社会主义新农村建设的一个十分重要的目标就是增加农民收入，提高农民生活水平，而加强农村水利工程等基础设施建设和管理成为基本条件。如可以通过农村饮水工程保障农民饮水安全，通过供水工程的有效管理，可以带动农村环境卫生和个人条件的改善，降低各种流行疾病的发病率。

水利工程在国民经济发展中具有极其重要的作用，科学的水利工程管理会带动很多相关产业的发展。如农业灌溉、养殖、航运、发电等。水利工程使人类生生不息，且促进了社会文明的前进。从一定程度上讲，水利工程推动了现代产业的发展。若缺失了水利工程，也许社会就会停滞不前，人类的文明也将受到挑战。而科学的水利工程管理可推动各产业的发展。

科学的水利工程管理可推动农业的发展。“有收无收在于水、收多收少在于肥”的农谚道出了水利工程对粮食和农业生产的重要性。我国农业用水方式粗放，耕地缺少基本灌溉条件，现有灌区普遍存在标准低、配套差、老化失修等问题，严重影响农业稳定发展和国家粮食安全。近年来水利建设在保障和改善民生方面取得了重大进展，一些与人民群众生产生活密切相关的水利问题尤其是农村水利发展的问题与农民的生活息息相关。而完备的水利工程建设离不开科学的水利工程管理。首先，科学的水利工程管理，有利于解决灌溉问题，消除旱情灾害。农业生产主要追求粮食产量，以种植水稻、小麦、油菜为主，但是这些作物如果在没有水或者在水资源比较缺乏的情况下会极大地影响它们的产量，比如遇到大旱之年，农作物连命都保不住，哪还来的产量，可以说是颗粒无收。这样农民白白辛苦了一年的劳作将毁于一旦，收入更无从提起。农民本来就是以种庄稼为主，如今庄稼没了，这会给农民的经济带来巨大的损失，因此加强农田水利工程建设可以满足粮食作物的生长需要，解决了灌溉问题，消除了灾情的灾害，给农民也带来了

可观的收益。其次，科学的水利工程管理有利于节约农田用水，减少农田灌溉用水损失。

在大涝之年农田用水不缺少的情况下，可以利用水利工程建设将多余的水积攒起来，以便日后需要时使用。另外，蔬菜、瓜果、苗木实施节水灌溉是促进农业结构调整的必要保障，加大农业节水力度、减少灌溉用水损失，有利于解决农业面的污染，有利于转变农业生产方式，有利于提高农业生产力。这就大大减少了水资源的不必要的浪费，起到了节约农田用水的目的。最后，科学的水利工程管理有利于减少农田的水土流失。大涝天气会引起农田水土流失，影响农村生态环境。当发生大涝灾害时，水土资源会受到极大的影响，肥沃的土地肥料会因洪涝的发生而减少，丰富的土质结构也会遭到破坏，农作物产量亦会随之减少。而科学的水利工程管理，促进渠道兴修，引水入海，利于减少农田水土流失。

## 三、对其他各产业发展的推动作用

水利工程建设和管理有效地带动和促进了其他产业如建材、冶金、机械、燃油等的发展，增加了就业的机会。由于受保护区抗洪能力明显提高，人民群众生产生活的安全感和积极性大大增强，工农业生产成本大幅度降低，直接提高经济效益和人均收入，为当地招商引资和扩大再生产提供重要支撑，促进了工农业生产加速发展。

科学的水利工程管理可推动水产养殖业的发展。首先，科学的水利工程管理有利于改良农田水质。水产养殖受水质的影响很大，水污染带来的水环境恶化、水质破坏问题日益严重，水产养殖受此影响很大。而随着水产养殖业的发展，水源水质的标准要求也随之更加严格。当水源污染、水质破坏发生时，水产养殖业的发展就会受到影响。而科学的水利工程管理，有利于改良农田水质，促进水产养殖业的发展。其次，科学的水利工程管理有利于扩大鱼类及水生物生长环境，为渔业发展提供有利条件。如三峡工程建坝后，库区改变原来滩多急流型河道的生态环境，水面较天然河道增加近两倍，上游有机物质、营养盐将有部分滞留库区，库水适度变肥、变清，有利于饵料生物和鱼类繁殖生长。冬季下游流量增大，鱼类越冬条件将有所改善。这些条件的改善，均利于推动水产养殖业的发展。

科学的水利工程管理可推动航运的发展。以三峡工程为例，三峡工程修建后，航运条件明显改善，万吨级船队可直达重庆，运输成本可降低35%~37%。不修建三峡工程，虽可采取航道整治辅以出川铁路分流，满足5000万吨出川运量的要求，但工程量很大，且无法改善川江坡陡流急的现状，万吨级船队不能直达重庆，运输成本也难大幅度降低，而三峡水利工程的修建，推动了三峡附近区域的航运发展。而欲使三峡工程尽量大限度地发挥其航运作用，需对其予以科学的管理。故而科学的水利工程管理可推动航运的发展。

科学的水利工程管理还可为旅游业发展起到推动作用。水利工程的建设推动了各地沿河各种水景区景点的开发建设，科学的水利工程管理有助于水利工程旅游业的发展。

水利工程旅游业的发展既可以发掘各地沿河水资源的潜在效益，带动沿线地方经济的发展，促进经济结构、产业结构的调整，也可以促进水生态环境的改善，美化净化城市环境，提高人民生活质量，并提高居民收入。由于水利工程旅游业涉及交通运输、住宿餐饮、导游等众多行业，依托水利工程旅游，可提高地方整体经济水平，并增加就业机会，甚至吸引更多劳动人口，进而推动旅游服务业的发展，提高居民的收入水平和生活标准。

科学的水利工程管理也有助于优化电能利用。科学的水利工程管理可促进水电资源的利用。现在，水电工程已成为维持整个国家电力需求正常供应的重要来源。而科学的水利工程管理有助于对水利电能的合理开发与利用。

## 第三节 我国水利工程管理对社会发展的推动作用

随着工业化和城镇化的不断发展，科学的水利工程管理有利于增强防灾减灾能力，强化水资源节约保护工作，扭转听天由命的水资源利用局面，进而推动社会的发展。

### 一、对社会稳定的作用

水利工程管理有利于构建科学的防洪体系，而科学的防洪体系可减轻洪水的灾害，保障人民生命财产安全和社会稳定。全国主要江河初步形成了以堤防、河道整治、水库、蓄滞洪区等为主的工程防洪体系，在抗御历年发生的洪水中发挥了重要作用，有利于社会稳定。

社会稳定首先涉及的是人与人、不同社会群体、不同社会组织之间的关系。这种关系的核心是利益关系，而利益关系与分配密切相关，利益分配是否合理，是社会稳定与否的关键。分配问题是个大问题，当前，中国的社会分配出现了很大的问题，分配不公和收入差距拉大已经成为不争的事实，是导致社会不稳定的基础性因素。而科学的水利工程管理，有利于水利工程的修建与维护，有利于提高水利工程沿岸居民的收入水平，有利于缩小贫富差距，改善分配不均的局面，进而有利于维护社会稳定。其次，科学的水利工程管理有助于构建社会稳定风险系统控制体系，从而将社会稳定风险降到最低，进而保障社会稳定。由于水利工程本来就是大型国家民生工程，其具有失事后果严重、损失大的特点，而水情又是难以控制的，一般水利工程都是根据百年一遇洪水设计，而无法排除是否会遇到更大设计流量的洪水。当更大流量洪水发生时，所造成的损失必然是巨大的，也必然会引发社会稳定问题，而科学的水利工程管理可将损失降到最小。同时水利工程的修建可能会造成大量移民，而这部分背井离乡的人是否能得到妥善安置也与社会稳定与否息息相关，此时必然得依靠科学的水利工程管理。

大型水利工程的移民促进了汉族与少数民族之间的经济、文化交流，促进了内地和西部少数民族的平等、团结、互助、合作、共同繁荣的谁也离不开谁的新型民族关系的形成。工程是文化的载体。而水利工程文化是其共同体在工程活动中所表现或体现出来的各种文化形态的集结或集合水利工程在工程活动中则会形成共同的风格、共同的语言、共同的办事方法及其存在着共同的行为规则。作为规则，水利工程活动则包含着决策程序、审美取向、验收标准、环境和谐目标、建造目标、施工程序、操作守则、生产条例、劳动纪律等，这些规则促进了水利工程文化的发展，哲学家将其上升为哲理指导人们水利工程活动李冰在修建都江堰水利工程的同时也修建了中华民族治水文化的丰碑，是中华民族治水哲学的升华。都江堰水利工程是一部水利工程科学全书：它包含系统工程学、流体力学、生态学，体现了尊重自然、顺应自然规律并把握其规律的哲学理念。它留下的治水“三字经”“八字真言”如：“深淘滩、低作堰”“遇弯截角、逢正抽心”，至今仍是水利工程活动的主导哲学思想，其哲学思想促进了民族同胞的交流，促进民族大团结。再者，水利工程能发挥综合的经济效益，给社会经济的发展提供强大的清洁能源支持，为养殖、旅游、灌溉、防洪等提供条件，从而提高相关区域居民的物质生活条件，促进社会稳定。概括起来，水利工程管理对社会稳定的作用主要可以概括为：

第一，水利工程管理为社会提供了安全保障。水利工程最初的一个作用就是可以进行防洪，减少水患的发生。依据以往的资料记载，我国的洪水主要是发生在长江、黄河、松花江、珠江以及淮河等河流的中下游平原地区，水患的发生不仅仅影响到了社会经济的健康发展，同时对人民群众的安全也会造成一定的影响。通过在河流的上游进行水库的兴建，在河流的下游扩大排洪，使得这些河流的防洪能力得到了很好的提升。随着经济社会的快速发展，水利建设进程加快，以三峡工程、南水北调工程为标志，一大批关系国计民生的重点水利工程相继进入建设、使用和管理阶段。

第二，水利工程管理有助于促进农业生产。水利工程对农业有着直接的影响，通过兴修水利，可以使得农田得到灌溉，农业生产的效率得到提升，促进农民丰产增收。灌溉工程为农业发展特别是粮食稳产、高产创造了有利的前提条件，奠定了农业长期稳步发展的基础，巩固了农业在国民经济发展中的基础地位。虽然我国人口众多，但是因为水利工程的兴建与管理使得土地灌溉的面积大大增加，这使得全国人民的基本口粮得到了满足，为解决 14 亿人口的穿衣吃饭问题立下不可代替的功劳。

第三，水利工程管理有助于提高城乡人民生产生活水平。大量蓄水、引水、提水工程有效提升了我国水资源的调控能力和城乡供水保障能力。水利工程管理向城乡提供清洁的水源，有效地推动了社会经济的健康发展，保障了人民群众的生活质量，也在一定程度上促进了经济和社会的健康发展。另外，大多数水利工程，特别是大型水利枢纽的建设地点多数选在高山峡谷、人烟稀少地区，水利枢纽的建设大大加速了地区经济和社会的发展进程，甚至会出现跨越式发展。我国的小水电建设还解决了山区缺电问题，不仅促进了农村乡镇企业发展和产业结构调整，还加快了老少边穷地区农牧民脱贫致富。

## 二、对和谐社会建设的推动作用

社会主义和谐社会是人类孜孜以求的一种美好社会，马克思主义政党不懈追求的一种社会理想。构建社会主义和谐社会，是我们党以马克思列宁主义、毛泽东思想、邓小平理论、“三个代表”、科学发展观和习近平新时代中国特色社会主义思想为指导，明确坚持和发展中国特色社会主义，实现社会主义现代化和中华民族伟大复兴，在全面建成小康社会的基础上，建成富强民主文明和谐美丽的社会主义现代化强国，反映了建设富强民主文明和谐的社会主义现代化国家的内在要求，体现了全党全国各族人民的共同愿望。人与自然的和谐关系是社会主义和谐社会的重要特征，人与水的关系是人与自然关系中最密切的关系。只有加强和谐社会建设，才能实现人水和谐，使人与自然和谐共处，促进水利工程建设可持续发展。水利工程发展与和谐社会建设具有十分密切的关系，水利工程发展是和谐社会建设的重要基础和有力支撑，有助于推动和谐社会建设。

水利工程活动与社会的发展紧密相连、和谐社会的构建离不开和谐的水利工程活动。树立当代水利工程观，增强其综合集成意识，有益于和谐社会的构建。从历史的视野来看，中西方文化对于人与自然的关系有着不同的理解。自然是人类认识改造的对象，工程活动是人类改造自然的具体方式。传统的水利工程活动通常认为水利工程是改造自然的工具，人类可以向自然无限制的索取以满足人类的需要，这样就导致水利工程活动成为破坏人与自然关系的直接力量。在人类物质极其缺乏科技不发达时期，人类为满足生存的需要，这种水利工程观有其合理性。随着社会发展，社会系统与自然系统相互作用不断增强，水利工程活动不但对自然界造成影响，而且还会影响社会的运行发展。在水利工程活动过程中，会遇到各种不同的系统内外部客观规律的相互作用问题。如何处理它们之间的关系是水利工程研究的重要内容。因而，我们必须以当代和谐水利工程观为指导，树立水利工程综合集成意识，推动和谐社会的构建步伐：要使大型水利工程活动与和谐社会的要求相一致，就必须以当代水利工程观为指导协调社会规律、科学规律、生态规律，综合体现不同方面的要求，协调相互冲突的目标。摒弃传统的水利工程观念及其活动模式，探索当代水利工程观的问题，揭示大型水利工程与政治、经济、文化、社会、环境等相互作用的特点及其规律。在水利工程规划、设计、实施中，运用科学的水利工程管理，化冲突为和谐，为和谐社会的构建做出水利工程实践方面的贡献。

人与自然和谐相处是社会和谐的重要特征和基本保障，而水利是统筹人与自然和谐的关键。人与水的关系直接影响人与自然的关系，进而会影响人与人的关系、人与社会的关系。如果生态环境受到严重破坏、人民的生产生活环境恶化，如果资源能源供应高度紧张、经济发展与资源能源矛盾尖锐，人与人的和谐、人与社会的和谐就无法实现，建设和谐社会就无从谈起。科学的水利工程管理以可持续发展为目标，尊重自然、善待自然，保护自然，严格按自然经济规律办事，坚持防洪抗旱并举，兴利除害结合，开源节流并重，量水而行，以水定发展，在保护中开发，在开发中保护，按照优化开发、重点开发、限制开发和禁止开发的不同要求，明确不同河流或不同河段的功能定位，实行科学合理开发，强化生态保护。在约束水的同时，必须约束人的行为；在防止水对人的侵害的同时，更要防止人对水的侵害；在对水资源进行开发、利用、治理的同时，更加注重对水资源的配置、节约和保护；从无节制的开源趋利、以需定供转变为以供定需，由“高投入、高消耗、高排放、低效益”的粗放型增长方式向“低投入、低消耗、低排放、高效益”的集约型增长方式转变；由以往的经济增长为唯一目标，转变为经济增长与生态系统保护相协调，统筹考虑各种利弊得失、大力发展循环经济和清洁生产，优化经济结构，创新发展模式，节能降耗，保护环境；在以水利工程管理手段进一步规范和调节与水相关的人与人、人与社会的关系，实行自律式发展。科学的水利工程管理利于科学治水，在防洪减灾方面，给河流以空间，给洪水以出路，建立完善工程和非工程体系，合理利用雨洪资源，尽力减少灾害损失，保持社会稳定；在应对水资源短缺方面，协调好生活、生产、生态用水，全面建设节水型社会，大力提高水资源利用效率；在水土保持生态建设方面，加强预防、监督、治理和保护，充分发挥大自然的自我修复能力，改善生态环境；在水资源保护方面，加强水功能区管理，制定水源地保护监管的政策和标准，核定水域纳污能力和总量，严格排污权管理。依法限制排污，尽力保证人民群众饮水安全，进而推动和谐社会建设。概括起来，水利工程管理对和谐社会建设的作用可以概括如下：

第一，水利工程管理通过改变供电方式有利于经济、生态等多方面和谐发展。

水力发电已经成为我国电力系统十分重要的组成部分。新中国成立之后，一大批大中型水利工程的建设为生产和生活提供大量的电力资源，极大地方便了人民群众的生产生活，也在一定程度上改变了我国过度依赖火力发电的局面，这也有利于环境的改善。我国不管是水电装机的容量还是水利工程的发电量，都处在世界前列。特别是农村小水电的建设有力地推动了农村地区乡镇企业的发展，为进行农产品的深加工、进行农田灌溉等做出了巨大的贡献。三峡工程、小浪底水利工程、二滩水利工程等一大批有着世界影响力的水利枢纽工程的建设，预示着我国水力发电的建设已经进入了一个十分重要的阶段。

第二，水利工程管理有助于保护生态环境，促进旅游等第三产业发展。

水利建设为改善环境做出了积极贡献，其中水土保持和小流域综合治理改善了生态环境，水力发电的发展减少了环境污染，为改善大气环境做出了贡献。农村小水电不仅解决了能源问题，还为实施封山育林、恢复植被等创造了条件。另外，污水处理与回用、河湖保护与治理也有效地保护了生态环境。水利工程在建成之后，库区的风景区使得山色、瀑布、森林以及人文等紧密地融合在一起，呈现出一派山水林岛的和谐画面，是绝佳的旅游胜地。如：举世瞩目的三峡工程在建设之后，也成为一个十分著名的旅游景点，吸引了大量的游客前往参观，感受三峡工程的魅力。这在很大程度上促进了旅游收益的提升，增加了当地群众的经济收入。

第三，水利工程管理具有多种附加值，有利于推动航运等相关产业发展。

水利工程管理在对水利工程进行设计规划、建设施工、运营、养护等管理过程中，有助于发掘水利工程的其他附加值，如航运产业的快速发展。内河运输的一个十分重要的特点就是成本较低，通过进行水运可以增加运输量，降低运输的成本，满足交通发展的需要的同时促进经济的快速发展。水利工程的兴建与管理使得内河运输得到了发展，长江的“黄金水道”正是在水利工程的不断完善和兴建的基础之上得到发展和壮大的。

## 第四节 我国水利工程管理对生态文明的促进作用

生态文明是人类文明发展的一个新的阶段，即工业文明之后的文明形态；生态文明是人类遵循人、自然、社会和谐发展这一客观规律而取得的物质与精神成果的总和；生态文明是以人与自然、人与人、人与社会和谐共生、良性循环、全面发展、持续繁荣为基本宗旨的社会形态。它以尊重和维护生态环境为主旨，以可持续发展为根据，以未来人类的继续发展为着眼点。这种文明观强调人的自觉与自律，强调人与自然环境的相互依存、相互促进、共处共融。三百年的工业文明以人类征服自然为主要特征。世界工业化的发展使征服自然的文化达到极致；一系列全球性生态危机说明地球再没能力支持工业文明的继续发展。需要开创一个新的文明形态来延续人类的生存，这就是生态文明。如果说农业文明是黄色文明，工业文明是黑色文明，那生态文明就是绿色文明。生态，指生物之间以及生物与环境之间的相互关系与存在状态，亦即自然生态。自然生态有着自在自为的发展规律。人类社会改变了这种规律，把自然生态纳入人类可以改造的范围之内，这就形成了文明。生态文明，是指人类遵循人、自然、社会和谐发展这一客观规律而取得的物质与精神成果的总和；是指人与自然、人与人、人与社会和谐共生、良性循环、全面发展、持续繁荣为基本宗旨的文化伦理形态。

生态文明是人类文明的一种形态，它以尊重和维护自然为前提，以人与人、人与自然、人与社会和谐共生为宗旨，以建立可持续的生产方式和消费方式为内涵，以引导人们走上持续、和谐的发展道路为着眼点。生态文明是从自然生态、类生态和内生态之三重生态圆融互摄的意义上反思人类的生存发展过程，系统思考和建构人类的生存方式。生态文明强调人的自觉与自律，强调人与自然环境的相互依存、相互促进、共处共融，既追求人与生态的和谐，也追求人与人的和谐，而且人与人的和谐是人与自然和谐的前提。可以说，生态文明是人类对传统文明形态特别是工业文明进行深刻反思的成果，是人类文明形态和文明发展理念、道路和模式的重大进步。

科学的水利工程管理可以转变传统的水利工程活动运转模式，使水利工程活动更加科学有序，同时促进生态文明建设。若没有科学的水利工程理念作指导，水利工程会对水生态系统造成某种胁迫，如水利工程会造成河流形态的均一化和不连续化，引起生物群落多样性水平下降。但科学合理的水利工程管理有助于减少这一现象的发生，尽量避免或减少水利工程所引起的一些后果。

若不考虑科学的水利工程管理，仅仅从水利工程出发，则势必会造成对生态的极大破坏。因为水利工程活动主要关注人对自然的改造与征服，忽视自然的自我恢复能力，忽略了过度的开发自然会造成自然对人类的报复，既不考虑水利工程对社会结构及变迁的影响，也不考虑社会对水利工程的促进与限制。且在水利工程的决策、运行与评估的过程中，只考虑人的社会活动规律与生态环境的外在约束条件，没将其视为水利工程活动的内在因素。但运用科学的水利工程管理，可形成科学的水利工程理念。此时水利工程考虑的不再仅仅是人对自然的征服改造，它是在科学发展观的基础上，协调人与自然的关系，工程活动既考虑当代人的需要又考虑到后代人的需求，是和谐的水利工程。运用科学水利工程管理理念的水利工程转变了传统水利工程的粗放发展方式。运用科学水利工程管理理念的水利工程活动是一种集约式的工程活动，与当代的经济发展模式相适应，其具备较完善的决策、实施、评估等相关系统。也会成为知识密集型、资源集约型的造物活动，具备更高的科技含量。再者，其在改造环境的同时保护环境，使生态环境能够可持续发展，将生态环境作为工程活动的外在约束条件，以生态因素作为水利工程的决策、运行、评估内在要素。

科学的水利工程管理对生态文明的促进作用主要体现在以下两方面：

## 一、对资源节约的促进作用

节约资源是保护生态环境的根本之策。节约资源意味着价值观念、生产方式、生活方式、行为方式、消费模式等多方面的变革，涉及各行各业，与每个企业、单位、家庭、个人都有关系，需要全民积极参与。必须利用各种方式在全社会广泛培育节约资源意识，大力倡导珍惜资源、节约资源风尚，明确确立和牢固树立节约资源理念，形成节约资源的社会共识和共同行动，全社会齐心合力共同建设资源节约型、环境友好型社会资源是增加社会生产和改善居民生活的重要支撑，节约资源的目的并不是减少生产和降低居民消费水平，而是使生产相同数量的产品能够消耗更少的资源，或者用相同数量的资源能够生产更多的产品、创造更高的价值，使有限资源能更好满足人民群众物质文化生活需要。只有通过资源的高效利用，才能实现这个目标。因此，转变资源利用方式，推动资源高效利用，是节约利用资源的根本途径。要通过科技创新和技术进步深入挖掘资源利用效率，促进资源利用效率不断提升，真正实现资源高效利用，努力用最小的资源消耗支撑经济社会发展。科学的水利工程管理，有助于完善水资源管理制度，加强水源地保护和用水总量管理，加强用水总量控制和定额管理、制订和完善江河流域水量分配方案，推进水循环利用，建设节水型社会科学的水利工程管理，可以促进水资源的高效利用，减少资源消耗。

我国经济社会快速发展和人民生活水平提高对水资源的需求与水资源时空分布不均

以及水污染严重的矛盾，对建设资源节约型和环境友好型社会形成倒逼机制。人的命脉在田，在人口增长和耕地减少的情况下保障国家粮食安全对农田水利建设提出了更高的要求。水利工作需要正确处理经济社会发展和水资源的关系，全面考虑水的资源功能、环境功能和生态功能，对水资源进行合理开发、优化配置、全面节约和有效保护。水利面临的新问题需要有新的应对之策，而水利工程管理又是由问题倒逼而产生，同时又在不断解决问题中得以深化。

## 二、对环境保护的促进作用

从宇宙来看，地球是一个蔚蓝色的星球，地球的储水量是很丰富的，共有 14.5 亿立方千米之多，其 72% 的表面积覆盖水。但实际上，地球上 97.5% 的水是咸水，又咸又苦，不能饮用，不能灌溉，也很难在工业应用。能直接被人们生产和生活利用的，少得可怜，淡水仅有 2.5%。而在淡水中，将近 70% 冻结在南极和格陵兰的冰盖中，其余的大部分是土壤中的水分或是深层地下水，难以供人类开采使用。江河、湖泊、水库等来源的水较易于开采供人类直接使用，但其数量不足世界淡水的 1%，约占地球上全部水的 0.007%。全球淡水资源不仅短缺而且地区分布极不平衡——而我国淡水资源总量为 28000 亿立方米，是全球 13 个人均水资源最贫乏的国家之一。扣除难以利用的洪水泾流和散布在偏远地区的地下水资源后，中国现实可利用的淡水资源量则更少，仅为 11000 亿立方米左右，人均可利用水资源量约为 900 立方米，并且其分布极不均衡。而且我国水体水质总体上呈恶化趋势，水环境恶化，严重影响了我国经济社会的可持续发展，而科学的水利工程管理可以促进淡水资源的科学利用，加强水资源的保护。对环境保护起到促进作用。水利是现代化建设不可或缺的首要条件，是经济社会发展不可替代的基础支撑，当然也是生态环境改善不可分割的保障系统，其具有很强的公益性、基础性、战略性。

同时，科学的水利工程管理可以加快水力发电工程的建设，而水电又是一种清洁能源，水电的发展有助于减少污染物的排放，进而保护环境。水力发电相比于火力发电等传统发电模式，在污染物排放方面有着得天独厚的优势，水力发电成本低，水力发电只是利用水流所携带的能量，无须再消耗其他动力资源。水力发电直接利用水能，几乎没有任何污染物排放。当前，大多数发达国家的水电开发率很高，有的国家甚至高达 90% 以上，而发展中国家的水电资源开发水平极低，一般在 10% 左右。中国水能资源开发也只达到百分之十几。水电是清洁、环保、可再生能源，可以减少污染物的排放量，改善空气质量；还可以通过“以电代柴”有效保护山林资源，提高森林覆盖率并且保持水土。

一般情况下，地区性气候状况受大气环流所控制，但修建大、中型水库及灌溉工程后，原先的陆地变成了水体或湿地，使局部地表空气变得较湿润，对局部小气候会产生一定的影响，主要表现在对降雨、气温、风和雾等气象因子的影响。而科学的水利工程管理就可对地区的气候施加影响，因时制宜，因地制宜，利于水土保持。而水土保持是生态建设的重要环节，也是资源开发和经济建设的基础工程，科学的水利工程管理，可以快速控制水土流失，提高水资源利用率，通过促进退耕还林还草及封禁保护，加快生态自我修复，实现生态环境的良性循环，改善生产、生活和交通条件，为开发创造良好的建设环境，对于环境保护具有重要的促进作用。

而大型水利工程通常既是一项具有巨大综合效益的水利枢纽工程，又是一项改造生态环境的工程。人工自然是人类为满足生存和发展需要而改造自然环境，建造一些生态环境工程。例如，三峡工程具有巨大的防洪效益，可以使荆江河段的防洪标准由十年一遇提高到百年一遇，即使遇到特大洪水，也可避免发生毁灭性灾害，这样就可以有效减免洪水灾害对长江中游富庶的江汉平原和洞庭湖区生态环境的严重破坏。最重要的是可以避免人口的大量伤亡，避免洪灾带来的饥荒、救灾赈济和灾民安置等一系列社会问题，可减免洪灾对人们心理上造成的威胁，减缓洞庭湖淤积速度，延长湖泊寿命，还可改善中下游枯水期的时间。三峡水电站每年发电 847 亿千瓦时，与火电相比，为国家节省大量原煤，可以有效地减轻对周围环境的污染，具有巨大的环境效益。每年可少排放上万吨二氧化碳，上百万吨二氧化硫，上万吨一氧化碳，37 万吨氨氧化合物，以及大量的废水、废渣；可减轻因有害气体的排放而引起酸雨的危害。三峡工程还可使长江中下游枯水季节的流量显著增大，有利于珍稀动物白鳍豚及其他鱼类安全越冬，减免因水浅而发生的意外死亡事故，还有利于减少长江口盐水上溯长度和入侵时间，由此看来三峡工程的生态环境效益是巨大的。水生态系统作为生态环境系统的重要部分，在物质循环、生物多样性、自然资源供给和气候调节等方面起到举足轻重的作用。

## 三、对农村生态环境改善的促进作用

促进生态文明是现代社会发展的基本诉求之一，建设社会主义新农村也要实现村容整洁，就必须加强农业水利工程建设，统筹考虑水资源利用、水土流失与污染等一系列问题及其防治措施，实现保护和改善农村生态环境的目的。水利工程管理是现代农业建设不可或缺的首要条件，是经济社会发展不可替代的基础支撑，是生态环境改善不可分割的保障系统，具有很强的公益性、基础性、战略性。加快水利工程发展，不仅事关农业农村发展，而且事关经济社会发展全局；不仅关系到防洪安全、供水安全、粮食安全，而且关系到经济安全、生态安全、国家安全。要把水利工程管理工作摆上党和国家事业发展更加突出的位置，着力加快农田水利工程建设和管理，推动水利工程管理实现跨越式发展。

水利工程管理对农村生态环境改善的促进作用可以具体归纳以下几点：①解决旱涝灾害。水资源作为人类生存和发展的根本，具有不可替代的作用。但是对于我国而言，由于不同气候条件的影响，水资源的空间分布极不均匀，南方水资源丰富，在雨季常常出现洪涝灾害，而北方水资源相对不足，常见干旱，这两种情况都在很大程度上影响了农业生产的正常进行，影响着人们的日常生产和生活。而水利工程管理，可以有效解决我国水资源分布不均的问题，解决旱涝灾害，促进经济的持续健康发展，如南水北调工程，就是其中的代表性工程。②改善局部生态环境。在经济发展的带动下，人们的生活水平不断提高，人口数量不断增加，对于资源和能源的需求也在不断提高，现有的资源已经无法满足人们的生产和生活需求。而通过水利工程的兴建和有效管理，不仅可以有效消除旱涝灾害，还可以对局部区域的生态环境进行改善，增加空气湿度，促进植被生长，为经济的发展提供良好的环境支持，③优化水文环境：水利工程管理，能够对水污染情况进行及时有效的治理，对河流的水质进行优化。以黄河为例，由于上游黄土高原的土地沙化现象日益严重，河流在经过时，会携带大量的泥沙，产生泥沙的淤积和拥堵现象，而通过兴修水利工程，利用蓄水、排水等操作，可以大大增加下游的水流速度，对泥沙进行排泄，保证河道的畅通。

## 第五节 我国水利工程管理与工程科技发展的互相推动作用

工程科技与人类生存息息相关。回顾人类文明历史，人类生存与社会生产力发展水平密切相关，而社会生产力发展的一个重要源头就是工程科技。工程造福人类，科技创造未来。工程科技是改变世界的重要力量，它源于生活需要，又归于生活之中。历史证明，工程科技创新驱动着历史车轮飞速旋转，为人类文明进步提供了不竭动力源泉，推动人类从蒙昧走向文明、从游牧文明走向农业文明、工业文明、走向信息化时代。改革开放以来，中国经济社会快速发展，其中工程科技创新驱动功不可没。当今世界，科学技术作为第一生产力的作用愈益凸显，工程科技进步和创新对经济社会发展的主导作用更加突出。

### 一、水利工程管理对工程科技体系的影响和推动作用

古往今来，人类创造了无数令人惊叹的工程科技成果，古代工程科技创造的许多成果至今仍存在着，见证了人类文明编年史。如古埃及金字塔、古罗马斗兽场、柬埔寨吴哥窟、印度泰姬陵等古代建筑奇迹，再如中国的造纸术、火药、印刷术、指南针等重大技术创造和万里长城、都江堰、京杭大运河等重大工程，都是当时人类文明形成的关键因素和重要标志，都对人类文明发展产生了重大影响，都对世界历史演进具有深远意义。中国是有着悠久历史的文明古国，中华民族是富有创新精神的民族。5000多年来，中国古代的工程科技是中华文明的重要组成部分，也为人类文明的进步做出了巨大贡献。

近代以来，工程科技更直接地把科学发现同产业发展联系在一起，成为经济社会发展的主要驱动力。每一次产业革命都同技术革命密不可分。18世纪，蒸汽机引发了第一

次产业革命，导致从手工劳动向动力机器生产转变的重大飞跃，使人类进入了机械化时代。19世纪末至20世纪上半叶，电机和化工引发了第二次产业革命，使人类进入了电气化、核能、航空航天时代，极大提高了社会生产力和人类生活水平，缩小了国与国、地区与地区、人与人的空间和时间距离，地球变成了一个“村庄”。20世纪下半叶，信息技术引发了第三次产业革命，使社会生产和消费从工业化向自动化、智能化转变，社会生产力再次大提高，劳动生产率再次大飞跃。工程科技的每一次重大突破，都会催发社会生产力的深刻变革，都会推动人类文明迈向新的更高的台阶。

中华人民共和国成立以来，中国大力推进工程科技发展，建立起独立的、比较完整的、有相当规模和较高技术水平的工业体系、农业体系、科学技术体系和国防体系，取得了一系列伟大的工程科技成就，为国家安全、经济发展、社会进步和民生改善提供了重要支撑，实现了向工业化、现代化的跨越发展。“两弹一星”、载人航天、探月工程、火星探测等一批重大工程科技成就，大幅度提升了中国的综合国力和国际地位。而科学的水利工程管理更是催生了三峡工程、南水北调等一大批重大水利工程建设成功，大幅度提升了中国的基础工业、制造业、新兴产业等领域创新能力和水平，推动了完整工程科技体系的构建进程。同时推动了农业科技、人口健康、资源环境、公共安全、防灾减灾等领域工程科技发展，大幅度提高了14亿多中国人的生活水平和质量。

## 二、水利工程对专业科技发展的推动作用

工程科技已经成为经济增长的主要动力，推动基础工业、制造业、新兴产业高速发展，支撑了一系列国家重大工程建设。科学的水利工程管理可以推动专业科技的发展。如三峡水利工程就发挥了巨大的综合作用，其超临界发电、水力发电等技术已达到世界先进水平。

改革开放后，我国经济社会发展取得了举世瞩目的成就，经济总量稳居世界第二，众多主要经济指标名列世界前列。中国的发展正处在关键的战略转折点，实现科学发展、转变经济发展方式刻不容缓。而这最根本的是要依靠科技力量，提高自主创新能力，实施创新驱动发展战略，把发展从依靠资源、投资、低成本等要素驱动转变到依靠科技进步和人力资源优势上来。而水利工程的特殊性决定了加强技术管理势在必行，水利工程的特殊性主要表现在两个方面：一方面水利工程是我国各项基础建设中最为重要的基础项目，其关系到农业灌溉、关系到社会生产正常用水、关系到整个社会的安定，如果不重视技术管理，极有可能埋下技术隐患，使得水利工程质量出现问题。另一方面水利工程工程量大，施工中需要多个工种的协调作业，而且工期长，施工中容易受到各种自然和社会因素的制约。当然，水利工程技术要求较高，施工中会出现一些意想不到的技术难题，如果不做好充分的技术准备工作，极有可能导致施工的停滞。正是基于水利工程的这种特殊性，才可体现科学的水利工程管理的重要性，其可为水利工程施工的顺利进

行和高质量的完工奠定基础。具体说来，水利工程管理对专业科技发展的推动作用如下：

水利工程安全管理信息系统。水利工程管理工作推动现场自动采集系统、远程传输系统的开发研制；中心站网络系统与综合数据库的建立及信息接收子系统、数据库管理子系统、安全评价子系统与信息服务子系统以及中央指挥站等的开发应用。

土石坝的养护与维修。土石坝所用材料是松散颗粒的，土粒间的连接强度低，抗剪能力小，颗粒间孔隙较大，因此易受到渗流、冲刷、沉降、冰冻、地震等的影响。在运用过程中常常会因渗流而产生渗透破坏和蓄水的大量损失；因沉降导致坝顶高程不够和产生裂缝；因抗剪能力小、边坡不够平缓、渗流等而产生滑坡；因土粒间连接力小，抗冲能力低，在风浪、降雨等作用下而造成坝坡的冲蚀、侵蚀和护坡的破坏，所以也不允许坝顶过水；因气温的剧烈变化而引起坝体土料冻胀和干缩等。故要求土石坝有稳定的坝身、合理的防渗体和排水体、坚固的护坡及适当的坝顶构造，并在运用过程中加强监测和维护。土石坝的各种破坏都有一定的发展过程，针对可能出现病害的形势和部位，加强检查，如在病害发展初期能够及时发现，并采取措施进行处理和养护，防止轻微缺陷的进一步扩展和各种不利因素对土石坝的过大损害，保证土石坝的安全，延长土石坝的使用年限。在检查中，经常会用到槽探、井探及注水检查法；甚低频电磁检查法（工作频率为15~35千赫，发射功率为20~1000千瓦）；同位素检查法（同位素示踪测速法、同位素稀释法和同位素示踪吸附法）。

混凝土坝及浆砌石坝的养护与维修。混凝土坝和浆砌石坝主要靠重力维持稳定，其抗滑稳定往往是坝体安全的关键，当地基存在软弱夹层或缺陷，在设计和施工中又未及时发现和妥善处理时，往往使坝体与地基抗滑稳定性不够，而成为最危险的病害。此外，由于温度变化、应力过大或不均匀沉陷，都可能使坝体产生裂缝，并沿裂缝产生渗漏。水利部颁布的有关混凝土坝养护修理规程，围绕混凝土建筑物修补加固设立了大量的科研课题，有关新材料、新工艺和新技术得到开发应用，取得了良好的效果。水下修补加固技术方面，水下不分散混凝土在众多工程中成功应用，水下裂缝、伸缩缝修补成套技术已研制成功，水下高性能快速密封堵漏灌浆材料得到成功应用。大面积防渗补强新材料、新技术方面，聚合物水泥砂浆作为防渗、防腐、防冻材料得到大范围推广应用，喷射钢纤维混凝土大面积防渗取得成功，新型水泥基渗透结晶防水材料在水工混凝土的防渗修补中得到应用。

碾压混凝土及面板胶结堆石筑坝技术。对于碾压混凝土坝，涉及结构设计的改进、材料配比的研究、施工方法的改进、温控方法及施工质量控制。在水利工程管理中，需要做好面板胶结堆石坝，集料级配及掺入料配合比的试验；做好胶结堆石料的耐久性、坝体可能的破坏形态及安全准则、坝体及其材料的动力特性、高坝坝体变形特性及对上游防渗体系的影响分析。此外，水利工程抗震技术、地震反应及安全监测、震害调查、抗震设计以及抗震加固技术也不断得到应用。

堤防崩岸机理分析、预报及处理技术，水利工程管理需要对崩岸形成的地质资料及河流地质作用、崩岸变形破坏机理、崩岸稳定性、崩岸监测及预报技术、崩岸防治及施工技术、崩岸预警抢险应急技术及决策支持系统进行分析和研究。

深覆盖层堤坝地基渗流控制技术水利工程管理需要完善防渗体系、防渗效果检测技术，分析超深、超薄防渗墙防渗机理，开发质优价廉的新型防渗土工合成材料，开发适应大变形的高抗渗塑性混凝土。

水利工程老化及病险问题分析技术。在水利管理中，水利工程老化病害机理、堤防隐患探测技术与关键设备、病险堤坝安全评价与除险加固决策系统、堤坝渗流控制和加固关键技术、长效减压技术、堤坝防渗加固技术，已有堤坝防渗加固技术的完善与规范化都在推动专业工程科技的不断发展。

高边坡技术在水利工程管理中，高边坡技术包括高边坡工程力学模型破坏机理和岩石力学参数，高边坡研究中的岩石水力学，高边坡稳定分析及评价技术，高边坡加固技术及施工工艺，高边坡监测技术，以及高边坡反馈设计理论和方法。

新型材料及新型结构。水利新型材料涉及新型混凝土外加剂与掺和料、自排水模板、各种新型防护材料、各种水上和水下修补新材料、各种土工合成新材料，以及用于灌浆的超细水泥等。

水利工程监测技术，工程监测在我国水利工程管理中发挥着重要作用，已成为工程设计、施工、运行管理中不可缺少的组成部分。高精度、耐久、强抗干扰的小量程钢弦式孔隙水压力计，智能型分布式自动化监测系统，水利工程中的光导纤维监测技术、大型水利工程泄水建筑物长期动态观测及数据分析评价方法，网络技术在水利工程监测系统中的应用，大坝工作与安全性态评价专家系统，堤防安全监测技术，水利工程工情与水情自动监测系统，高坝及超高坝的关键技术：设计参数，强度、变形及稳定计算、高速及超高速水力学等。在水利工程管理过程中，主要用到观测方法和仪器设备的研制生产、监测设计、监测设备的埋设安装，数据的采集、传输和存储，资料的整理和分析，工程实测性态的分析评价等。主要涉及水工建筑物的变形观测、渗流观测、应力和温度观测、水流观测等。

水库管理。对工程进行维修养护，防止和延缓工程老化、库区淤积、自然和人为破坏，延长水库使用年限。及时掌握各种建筑物和设备的技术状况，了解水库实际蓄泄能力和有关河道的过水能力，收集水文气象资料的情报、预报以及防汛部门和各用水户的要求。要在库岸防护、水库控制运用、水库泥沙淤积的防治等方面进行技术推广与应用。

溢洪道的养护与维修，对于大多数水库来说，溢洪道泄洪机会不多，宣泄大流量洪水的机会则更少，有的几年甚至十几年才泄一次水。但是，由于还无法准确预报特大洪水的出现时间，故溢洪道每年都要做好宣泄最大洪水的预防和准备工作。溢洪道的泄洪能力主要取决于控制段能否通过设计流量，根据控制段的堰顶高程、溢流前缘总长、溢流时堰顶水头用一般水力学的堰流或孔流公式进行复核，而且需要全面掌握准确的水库集水面积、库容、地形、地质条件和来水来沙量等基本资料。

水闸的养护与修理。水闸多数修建在软土地基上，是一种既挡水又泄水的低水头水工建筑物，因而它在抗滑稳定、防渗、消能防冲及沉陷等方面都有其自身的工作特点，当土工建筑物发生渗漏、管涌时，一般采用上游堵截渗漏，下游反虑导渗的方法进行及时处理，根据情况采用开挖回填或灌浆方法处理。

渠系输水建筑物的养护与修理。渠系建筑物属于渠系配套建筑物，承担灌区或城市供水的输配水任务，按照用途可分为控制建筑物、交叉建筑物、输水建筑物、泄水建筑物、量水建筑物输水建筑物输水流量、水位和流速常受水源条件、用水情况和渠系建筑物的状态发生较大而频繁的变化，灌溉渠道行水与停水受季节和降雨影响显著，维护和管理与此相适应。位于深水或地下的渠系建筑物，除要承受较大的山岩压力、渗透压力外、还要承受巨大的水头压力及高速水流的冲击作用力。在地面的建筑物又要经受温差作用、冻融作用、冻胀作用以及各种侵蚀作用，这些作用极易使建筑物发生破坏。此外，在一个工程中，渠系建筑物数量多，分布范围大，所处地形条件和水文地质条件复杂，受到自然破坏和人为破坏的因素较多，且交通运输不便，维修施工不便，对工程科技的要求较高。

水利水电工程设备的维护。在水电站、泵站、水闸、倒虹、船闸等水利工程中均涉及一些相关设备，设备已成为水利工程的主要组成部分，对水利工程效益的发挥和安全运行起着至关重要的作用。例如金属结构设备维护。金属结构是用型钢材料，经焊铆等工艺方法加工而成的结构体，在水闸、引水等工程中被广泛采用，有挡水类、输水类、拦污类及其他钢结构类型。一般钢结构在运行中要受水的冲刷、冲击、侵蚀、锈蚀、振荡以及较大的水头压力等作用。这就需要对锈蚀、润滑等进行处理，需要在涂料保护、金属保护、外加电流阴极保护与涂料保护联合等技术进行开发。

防汛抢险。江河堤防和水库坝体作为挡水设施，在运用过程中由于受外界条件变化的作用，自身也发生相应结构的变化而形成缺陷，这样一到汛期，这些工程存在的隐患和缺陷都会暴露出来，一般险情主要有风浪冲击、洪水漫顶、散浸、陷坑、崩岸、管涌、漏洞、裂缝及堤坝溃决等。雨情、水情和枢纽工情的测报、预报准备等。包括测验设施和仪器、仪表的检修、校验，报汛传输系统的检修试机，水情自动测报系统的检查、测试，以及预报曲线图表、计算机软件程序、大屏幕显示系统与历史暴雨、洪水、工程变化对比资料准备等，保证汛情测报系统运转灵活，为防洪调度提供准确、及时的测报、预报资料和数据。

地下工程。在水利工程管理中，需要进行复杂地质环境下大型地下洞室群岩体地质模型的建立及地质超前预报，不均匀岩体围岩稳定力学模型及岩体力学作用，围岩结构关系，岩石力学参数确定及分析，强度及稳定性准则，应力场与渗流场的耦合，大型地下洞室群工程模型，洞室群布置优化，洞口边坡与洞室相互影响及其稳定性和变形破坏规律，地下洞室群施工顺序、施工技术优化，地下洞室围岩加固机理及效应，大型地下洞室群监测技术，隧洞盾构施工关键技术，岩爆的监测、预报及防治技术以及围岩大变形支护材料和控制技术。

## 三、科技运用对水利工程管理的推进作用

水利工程管理通过引进新技术、新设备，改造和替代现有设备，改善水利管理条件；加强自动监测系统建设，提高监测自动化程度；积极推进信息化建设，提升监测、预报和决策的现代化水平。引进新技术、新设备是水利工程能长期稳定带来经济效益的有效途径。在原有资源基础上，不断改善运行环境，做到具有创新性且有可行性，从而提高工程整体的运营能力，是未来水利工程管理的要求。

20世纪80年代以前，水利工程管理基本处于人工管理模式，即根据人们长期工作的实践经验，借助常规的工具、机电设施和普通的通信手段，采取人工观测、手工操作等工作方式，处理工程管理的各类图表绘制、数据计算和文字编辑，发布水情、工情调度指令和启闭调节各类工程建筑物。到20世纪90年代初期，通信、计算机技术在水利工程管理中开始得到初步应用，但也只是作为一般的辅助工具，主要用于通信联络、文字编辑、图表绘制和打印输出，最多做些简单的编程计算，通信、计算机等先进技术未能得到全面普及和应用，其技术特性和系统效益不能得以充分发挥。

随着现代通信和计算机等技术的迅猛发展，以及水利信息化建设进程不断加快，水利工程管理开始由传统型的经验管理逐步转换为现代化管理各级工程管理部门着手利用通信、计算机、程控交换、图文视讯和遥测遥控等现代技术，配置相应的硬、软件设施，先后建立通信传输、计算机网络、信息采集和视频监控等系统，实现水情、工情信息的实时采集，水工建筑物的自动控制，作业现场的远程监视，工程视讯异地会商及办公自动化等。具体来说，现代信息技术的应用对水利工程管理的推动作用如下：

物联网技术的应用：物联网技术是完成水利信息采集、传输以及处理的重要方法，也是我国水利信息化的标志。近几年来，伴随着物联网技术的日益发展，物联网技术在水利信息管理尤其是在水利资源建设中得到了广泛的应用并起到了决定性作用。截至目前，我国水利管理部已经完成了信息管理平台的构建和完善，用户想要查阅我国各地的水利信息，只要通过该平台就能完成。为了能够对基础水利信息动态实现实时把握，我国也加大了对基层水利管理部门的管理力度，给科学合理的决策提供了有效的信息资源。由于物联网具有快速传播的特点，水利管理部门对物联网水利信息管理系统的构建也不断加强在水利管理服务中，物联网技术有以下两个作用，分别为在水利信息管理系统中的作用和对水利信息智能化处理作用。为了能够通过物联网对水利信息及时地掌握并制定有效措施，可以采用设置传感器节点以及RFID设备的方法，完成对水利信息的智能感应以及信息采集。所谓的智能处理，就是采用计算技术和数据利用对收集的信息进行处理，进而对水利信息加以管理和控制。气候变化、模拟出水资源的调度和市场发展等问题都可以采用云计算的方法，实现应用平台的构建和开发。水利工作视频会议、水利信

息采集以及水利工程监控等工作中物联网技术都得到了广泛的综合应用。

遥感技术的应用：在水利信息管理中遥感技术也得到了广泛的应用。其获取信息原理就是通过地表物体反射电磁波和发射电磁波，实现对不同信息的采集。近几年，遥感技术也被广泛地应用到防洪、水利工程管理和水行政执法中。遥感技术在防洪抗旱过程中，能够借助遥感系统平台实现对灾区的监测，发生洪灾后，人工无法测量出受灾面积，遥感技术能够对灾区受灾面积以及洪水持续时间进行预测，并反馈出具体灾情情况以及图像，为决策部门提供了有效的决策依据。信息新技术的快速发展，遥感技术在水利信息管理中也有越来越重要的作用。在使用遥感技术获取数据时，还要求其他技术与其相结合，进行系统的对接，进而能够完成对水利信息数据的整合，充分体现了遥感技术集成化特点；遥感技术能够为水利工作者提供大量的数据，而且也能够根据数据制作图像。但是在使用遥感技术时，为了能够给决策者供应辅助决策，一定要对遥感系统进行专业化的模型分析，充分体现了遥感技术数字模型化特点；为了能够对数据收集、数据交换以及数据分析等做出科学准确的预测，使用遥感技术时，要设定统一的标准要求，充分体现了遥感技术标准化特点。

GIS 技术的应用：GIS 技术在水利信息管理服务中对水利信息自动化起到关键性作用，反映地理坐标是 GIS 技术最大的功能特点。由于其能够对水利资源所处的地形地貌等信息做出很好的反映，因此对我国水利信息准确位置的确定起到了决定性作用；GIS 技术可以在平台上将测站、水库以及水闸等水利信息进行专题信息展示；GIS 技术也能够对综合水情预报、人口财产和受灾面积等进行准确的定量估算分析；GIS 技术能够集成相关功能的模块及相关专业模型。其中集成功能模块主要包括数据库、信息服务以及图形库等功能性模块；集成相关专业模型包括水文预报、水库调度以及气象预报等。充分体现了 G1S 技术基础地理信息管理、水利专题信息展示、统计分析功能运用以及系统集成功能的作用。GIS 技术在水利信息管理、水环境、防汛抗旱减灾、水资源管理以及水土保持等方面得到了广泛的应用，其应用能力也从原始的查询、检索和空间显示变成分析、决策、模拟以及预测。

GPS 技术的应用：GPS 技术引入水利工程管理中去，将使水利工程的管理工作变得非常方便，卫星定位系统其作用就是准确定位，它是在计算机技术和空间技术的基础上发展而来的，卫星定位技术一般都应用在抗洪抢险和防洪决策等水利信息管理工作中。卫星定位技术能够对发生险情的地理位置进行准确定位，进而给予灾区及时的救援。卫星定位系统在水利信息管理服务中有广泛应用，诸如 1998 年我国发生特大险情，就是通过卫星定位系统对灾区进行准确定位并进行及时救援，从而有效地控制了灾情，降低了灾害的持续发生。随着信息新技术的不断发展，卫星定位系统也与其他 RS 影像以及 GIS 平台等系统连接，进而被广泛应用到抗洪抢险工作中。采用该方法能够对灾区和险情进行准确定位，从而实施及时救援，降低了灾情的持续发展，保障了灾区人民的生命安全。

水工程管理与工程科技发展二者关系是相互依赖、相互依存的。在工程管理中，不能离开工程科技而单独搞管理，因为工程科技是管理的继续和实施，任何一种管理都离不开实施阶段。没有实施就没有效果，没有效果就等于管理失败，因此，离开工程科技，管理就不能进行。相反，也不能离开管理来单独搞技术，因为管理带动技术，技术只能通过管理才能发挥出来。没有管理做后盾，技术虽高也难以发挥，二者相互依存，缺一不可。随着水利工程在整个社会中重要性的逐渐突出，水利工程功能也要进一步拓展。这就使得水利工程的设计和施工技术要求也出现了相应的改变。水利施工必须要与时俱进，要不断采用新技术、新设备，提高施工水平。相比较传统的水利工程项目，现代化的水利施工更需要有强大的技术作支撑，科学的水利工程管理可推动专业科技的发展。

# 第九章 我国水利工程管理发展战略

## 第一节 我国水利工程管理的指导思想

尽管我国在水利工程管理领域取得了突出成绩，但是受我国水资源，特别是人均水资源禀赋特征的限制，相关工作仍需进一步强化推进。人多水少，水资源时空分布不均、与生产力布局不相匹配，水旱灾害频发，仍是我国的基本国情和水情，也是制约我国国民经济发展的主要因素。而随着经济社会不断发展，特别是基于近年来全球经济危机后续延续持续发酵及我国社会经济发展进入新常态的历史阶段，我国水安全呈现出新老问题相互交织的严峻形势，特别是水资源短缺、水生态损害、水环境污染等问题愈加突出，水利工程管理作为我国水利事业的基础，亟待进一步提升战略规划水平，从顶层设计、系统控制的视角出发，水利工程建设中和建成后的总体进程进行有效的科学管理，确保所有工作有条不紊地按计划推进、实施、竣工和维持长期运作，确保所有工程的规划、建设和运营有效达成战略规划目标，确保水利工程管理为国民经济发展提供可靠的基础支撑。同时，从管理科学学科发展及管理技术水平进步的动态视角看，水利工程管理所涉及的概念与类别、内涵与外延、手段和工具等是在人们长期实践的过程中逐渐形成的，随着时代的变化，管理的具体内容与方法也在不断充实和改进，在全球管理科学现代化的大背景下，在我国全面推进国家治理体系和治理能力现代化的改革目标要求下，也有必要针对我国水利工程管理的未来发展战略构建系统化和科学化的顶层设计。

我国水利工程管理必须以马克思列宁主义、毛泽东思想、邓小平理论、“三个代表”重要思想、科学发展观、习近平新时代中国特色社会主义思想为指导，全面贯彻党的十九大，十九届三中、四中、五中全会精神，围绕“四个全面”战略布局，坚持社会主义市场经济改革方向，突出水利总体发展的战略导向、需求导向和问题导向，基于习近平总书记提出的“节水优先、空间均衡、系统治理、两手发力”的新时期水利工作方针，按照中央关于加快水利改革发展的总体部署，以保障国家水安全和大力发展民生水利为出发点，进一步解放思想、勇于创新，加快政府职能转变，发挥市场配置资源的决定性作用，着力推进水利重要领域和关键环节的改革攻坚，使水利发展更加充满活力、富有效率，让水利改革发展成果更多更公平，惠及全体人民。

## 第二节 我国水利工程管理的基本原则

### 一、水利工程管理的基本原则

我国水利工程管理的基本原则为：

#### （一）坚持民生优先

着力解决群众最关心最直接最现实的水利问题，推动民生水利新发展。

#### （二）坚持统筹兼顾

注重兴利除害结合、防灾减灾并重、治标治本兼顾，促进流域与区域、城市与农村、东中西部地区水利协调发展。

#### （三）坚持人水和谐

顺应自然规律和社会发展规律，合理开发、优化配置、全面节约、有效保护水资源。

#### （四）坚持政府主导

发挥公共财政对水利发展的保障作用，形成政府社会协同治水兴水合力。

#### （五）坚持改革创新

加快水利重点领域和关键环节改革攻坚，破解制约水利发展的体制机制障碍。

#### （六）深化水利改革

要处理好政府与市场的关系，坚持政府主导办水利，合理划分中央与地方事权，更大程度更广范围发挥市场机制作用。

#### （七）处理好顶层设计与实践探索的关系

科学制订水利改革方案，突出水利重要领域和关键环节的改革，充分发挥基层和群众的创造性。

### （八）处理好整体推进与分类指导的关系

统筹推进各项水利改革、强化改革的综合配套和保障措施，区别不同地区不同情况，增强改革措施的针对性和有效性。

### （九）处理好改革发展稳定的关系

把握好水利改革任务的轻重缓急和社会承受程度，广泛凝聚改革共识，提高改革决策的科学性。

## 二、新时期我国水利工程管理的基本原则

水利工程管理的指导原则更注重发挥市场机制的作用，更注重顶层设计理论指导与基层实践探索相互结合、更强调处理整体推进与分类指导的关系，更注重发挥群众的创造性，这既是前面指导精神的进一步延伸，也是结合不同的发展形势下的进一步深入细化。基于此，我们认为，新时期我国水利工程管理的基本原则应遵循：

### （一）坚持把人民群众利益放在首位

把保障和改善民生作为工作的根本出发点和落脚点，使水利发展成果惠及广大人民群众。

### （二）坚持科学统筹和高效利用

通过科学决策的置顶规划和系统推行的工作进程，把高效节约的用水理念和行动贯穿于经济社会发展和群众生活生产全过程，系统提升用水效率和综合效益。

### （三）坚持目标约束和绩效管控

按照“以水四定”的社会经济发展理念，把水资源承载能力作为刚性约束目标，全面落实最严格水资源管理制度，并运用绩效管理办法将目标具体化到工作进程的各个环节，实现社会发展与水资源的协调均衡。

### （四）坚持政府主导和市场协同

坚持政府在水利工程管理中的主导地位，充分发挥市场在资源配置中的决定性作用，合理规划和有序引导民间资本与政府合作的经营管理模式，充分调动市场的积极性和创

造力。

### （五）坚持深化改革和创新发展

全面深化水利改革，创新发展体制机制，加快完善水法规体系，注重科技创新的关键作用，着力加强水利信息化建设，力争在重大科学问题和关键技术方面取得新突破。

## 第三节 我国水利工程管理总体思路和战略框架

水利现代化是一个国家现代化的重要环节、保障和支撑，是一个需要进步发展的进程。它的建设标志着从传统的水利向现代的水利进行的一场变革。水利工程管理现代化适应了经济现代化、社会现代化、水利现代化的客观要求，它要求我们建立科学的水利工程管理体系。

首先，作为水利现代化的重要构成，水利工程管理的总体发展思路可归纳为以下几个核心基点：

1. 针对我国水利事业发展需要，建设高标准、高质量的水利工程设施。

2. 根据我国水利工程设施，研究制定科学的、先进的，适应市场经济体制的水利工程管理体系。

3. 针对工程设施及各级工程管理单位，建立一套高精尖的监控调度手段。

4. 打造出一支高素质、高水平、具有现代思想意识的管理团队。依据上述发展思路的核心基点，各级水利部门应紧紧把握水利改革发展战略机遇，推动中央决策部署落到实处，为经济社会长期平稳较快发展奠定更加坚实的水利基础。基于此，依据水利部现有战略框架和工作思路，水利工程管理应继续紧密围绕以下十个重点领域下足功夫着力开展工作，这就形成了水利工程管理的战略框架：

（1）立足推进科学发展，在搞好水利顶层设计上下功夫；

（2）不断完善治水思路，在转变水利发展方式上下功夫；

（3）践行以人为本理念，在保障和改善民生上下功夫；

（4）落实治水兴水政策，在健全水利投入机制上下功夫；

（5）围绕保障粮食安全，在强化农田水利建设上下功夫；

（6）着眼提升保障能力，在加快薄弱环节建设上下功夫；

（7）优化水资源配置，在推进河湖水系连通上下功夫；

（8）严格水资源管理，在全面建设节水型社会上下功夫；

（9）加强工程建设和运行管理，在构建良性机制上下功夫；

（10）强化行业能力建设，在夯实水利发展基础上下功夫。

# 第四节　我国水利工程管理发展战略设计

依据上述提出的我国水利工程管理的指导思路、基本原则、发展思路和战略框架，特别是党的十九大，十九届三中、四中、五中全会的重要精神以及习近平总书记提出的“节水优先、空间均衡、系统治理、两手发力”水利发展总体战略思想，我们提出新时期中国水利工程管理发展战略的二十四字现代化方针：“顶层规划、系统治理、安全为基、生态先行、绩效约束、智慧模式。”

## 一、顶层规划，建立协调一致的现代化统筹战略

为适应新常态下我国社会经济发展的全新特征和未来趋势，水利工程管理必须首先建立统一的战略部署机制和平台系统，明确整个产业系统的置顶规划体系和行为准则，确保全行业具有明确化和一致性的战略发展目标，协调稳步地推进可持续发展路径。

在战略构架上要突出强调思想上统一认识，突出置顶性规划的重要性，高度重视系统性的规划工作，着眼于当前社会经济发展的新常态，放眼于未来更长远的发展阶段，立足于保障国民经济可持续发展和基础性民生需求，依托于整体与区位、资源与环境、平台与实体的多元化优势，建立具有长效性、前瞻性和可操作性的发展战略规划。通过科学制定的发展目标、规划路径和实施准则，推进水利工程管理的各项社会事业快速、健康、全面的发展。

在战略构架上要突出强调目标的明确性和一致性，建立统筹有序、协调一致的行业发展规划，配合国家宏观发展的战略决策以及水利系统发展的战略部署，明确水利工程管理的近期目标、中期目标、长期目标，突出不同阶段、不同区域的工作重点，确保未来的工作实施能够有的放矢、协同一致，高效管控和保障建设资金募集和使用的协调性和可持续性，最大限度发挥政策效应的合力，避免因目标不明确和行为不一致导致实际工作进程的曲折反复和输出效果的大起大落。

在战略布局上要突出强调多元化发展路径，为应对全球经济危机后续影响的持续发酵以及我国未来发展路径中可能的突发性问题，水利工程管理战略也应注重多元化发展目标和多业化发展模式，着力解决行业发展进程与国家宏观经济政策以及市场机制的双重协调性问题，顺应国家发展趋势，把握市场机遇，通过强化主营业务模式与拓展产业领域延伸的并举战略，提高行业防范和化解风险的能力。

在战略实施上要突出强调对重点问题的实施和管控方案，强调创新管理机制和人才发展战略，通过全行业的技术进步和效率提升，缓解和消除行业发展的“瓶颈”，彻底改变传统“重建轻管”的水利建设发展模式。同时，发展、引进和运用科学的管理模式和管理技术，协调企业内部管控机构，灵活应对市场变化。通过管理创新和规范化的管理，

使企业的市场开拓和经营活动由被动变为更加主动。

## 二、系统治理，侧重供给侧发力的现代化结构性战略

加大水利工程管理重点领域和关键环节的改革攻坚力度，着力构建系统完备、科学规范、运行有效的管理体制和机制。坚持推广“以水定城、以水定地、以水定人、以水定产”的原则，树立“量水发展”“安全发展”理念，科学合理规划水资源总量性约束指标，充分保障生态用水。

把进一步深化改革放在首要位置，积极推进相关制度建设，全面落实各项改革举措，明晰管理权责，完善许可制度，推动平台建设，加强运行监管，创新投融资机制，完善建设基金管理制度，通过市场机制多渠道筹集资金，鼓励和引导社会资本参与水利工程建设运营。

按照“确有需要、生态安全、可以持续”的原则，在科学论证的前提下，加快推进重大水利工程的高质量管理进程，将先进的管理理念渗入水利基础设施、饮水安全工作、农田水利建设、河塘整治等各个工程建设环节，进一步强化薄弱环节管控，构建适应时代发展和人民群众需求的水安全保障体系，努力保障基本公共服务产品的持续性供给，保障国家粮食安全、经济安全和居民饮水安全、社会安全，突出抓好民生水利工程管理。

充分发挥市场在资源配置中的决定性作用，合理规划和有序引导民间资本与政府合作的经营管理模式，充分调动市场的积极性和创造力，同时注重创新的引领和辐射作用，推进相关政策的创新、试点和推广，稳步保障水利工程管理能力不断强化，积极促进水利工程管理体系再上新台阶。

## 三、安全为基，支撑国民经济的现代化保障性战略

水是生命之源、生产之要、生态之基，水利是现代化建设不可或缺的首要条件，是经济社会发展不可替代的基础支撑，是生态环境保护不可分割的保障系统。水利工程管理战略应高度重视我国水安全形势，将“水安全”问题作为工程管理战略规划的基石，下大力气保障水资源需求的可持续供给，坚定不移地为国民经济的现代化提供切实保障。

水利工程应以资源利用为核心实行最严格水管理制度，全面推进节水型建设模式，着力促进经济社会发展与水资源承载能力相协调，以水资源开发利用控制、用水效率控制、水功能区限制纳污“三条红线”为基准建立定量化管理标准。

将水安全的考量范围扩展到防洪安全、供水安全、粮食安全、经济安全、生态安全、国家安全等系统性安全层次，确保在我国全面建成小康社会和全面深化改革的攻坚时期，全面落实中央水利工作方针、有效破解水资源紧缺问题、提升国家水安全保障能力、加快推进水利现代化，保障国家经济可持续发展。

## 四、生态先行，倡导节能环保的现代化可持续战略

认真审视并高度重视水利工程对生态环境的重要甚至决定性影响，确保未来水利工程管理理念必须以生态环境作为优先考量的视角，加强水生态文明建设，坚持保护优先、停止破坏与治理修复相结合，积极推进水生态文明建设步伐。

尽快建立、健全和完善相关的法律体系和行业管理制度，理顺监管体系、厘清职责权限，将水生态建设的一切事务纳入法治化轨道，组成“可持续发展”综合决策领导机构，行使讨论、研究和制订相应范围内的发展规划、战略决策，组织研制和实施中国水利生态现代化发展路径图。规划务必在深入调查的基础上，切实结合地域资源综合情况，量力而行，杜绝贪大求快，力求正确决策、系统规划、稳步和谐的健康发展。

努力协调完善机构机能，保证工程高质量运行。完善发展战略及重大建设项目立项、听证和审批程序。注重做好各方面、各领域环境动态调查监测、分析、预测，善于将科学、建设性的实施方案变为正确的和高效的管理决策，在实际工作中不仅仅以单纯的自然生态保护作为考量标准，而是努力建立和完善社会生态体系的和谐共进，不失时机地提高综合社会生态体系决策体系的机构和功能。

从源头入手解决发展与环境的冲突，努力完成现代化模式的生态转型，实现水环境管理从“应急反应型”向“预防创新型”的战略转变，控制和降低新增的环境污染。继续实施污染治理和传统工业改造工程，清除历史遗留的环境污染。积极促进生态城市、生态城区、生态园区和生态农村建设。努力打造水利生态产业、水利环保产业和水利循环经济产业。着力实现水利生态发展与城市生态体系、工业生态体系以及农业生态体系的融合。

## 五、绩效约束，实现效益最大化的现代化管理战略

积极推进建立绩效约束机制，通过科学化、定量化的绩效目标和考核机制完善企业的现代化管理模式，以绩效目标为约束，以绩效指标为计量，确保行业和企业持续健康地沿效益最大化路径发展。

基于调查研究和科学论证，建立水利工程管理的绩效目标和相关指标，绩效目标突出对预算资金的预期产出和效果的综合反映，绩效指标强调对绩效目标的具体化和定量化，绩效目标和指标均能够符合客观实际，指向明确，具有合理性和可行性，且与实际任务和经费额度相匹配。绩效目标和绩效指标要综合考量财务、计划信息、人力资源部等多元绩效表现，并注重经济性、效率性和效益型的有机结合，组织编制预算，进行会计核算，按照预算目标进行支付；组织制定战略目标，对战略目标进行分解和过程控制，对经营结果进行分析和评判；设计绩效考核方案，组织绩效辅导，按照考核指标进行考核。

确保在未来更长的发展阶段实现绩效约束的管理战略的有序推进、深化拓展和不断完善，实现由从事后静态评估向事前的动态管理转换，由资金分配向企业发展转换，由主观判断向定量衡量转换，由单纯评价向价值创造转换，由个体评价向协同管理转换倒逼责任到岗、权力归位，目标清晰、行动一致，以绩效约束的方式实现现代化治理体系和管理能力，推进企业经济效益、社会效益的最大化。

## 六、智慧模式，促进跨越式发展的现代化创新战略

顺应世界发展大趋势，加速推进水利工程管理的智能化程度，打造水利工程的智慧发展模式，推动经济社会的重要变革。以“统筹规划、资源共享、面向应用、依托市场、深入创新、保障安全”为综合目标，以深化改革为核心动力，在水利工程领域努力实现信息、网络、应用、技术和产业的良性互动，通过高效能的信息采集处理、大数据挖掘、互联网模式以及物网融合技术，实现资源的优化配置和产业的智慧发展模式，最终实现水利工程高效地服务于国民经济，高效地惠及全体民众。

首先，加快建成水利工程管理的“信息高速公路”，以移动互联为主体，实现水利工程管理的全产业信息化途径，加快信息基础设施演进升级，实现宽带连接的大幅提速，探索下一代互联网技术革新和实际应用，建立水利工程管理的物联网体系，着力提升信息安全保障能力，促进“信息高速公路”搭载水利工程产业安全、高效的发展。

其次，创建水利工程的大数据经济新业态，加快开发、建设和实现大数据相关软件、数据库和规则体系，结合云计算技术与服务，加快水利工程管理数据采集、汇总与分析，基于现实应用提供具有水利行业特色的系统集成解决方案和数据分析服务，面向市场经济，利用产业发展引导社会资金和技术流向，加速推进大数据示范应用。

再次，打造水利工程管理的全新“互联网+”发展模式。促进网络经济模式与实体产业发展的协调融合，基于互联网新型思维模式，推进业务模式创新和管理模式创新，积极培育新型管理运营业态和模式，促进产业技术升级，增加产业的供给效率和供给能力，利用互联网的精准营销技术，开创惠民服务机制，构建优质高效的公共服务信息平台。

最终，实现智能水利工程发展模式。基于信息技术革命、产业技术升级和管理理念创新，大力发展数据监测、处理、共享与分析，努力实现产业决策及行业解决方案的科学化和智能化，加快构建水利工程管理的智慧化体系，完善智能水利工程的发展环境，面向水利工程管理对象以及社会经济服务对象，实现全产业链的智能检测、规划、建设、管理和服务。

## 第五节 我国水利工程管理发展的目标任务

水利工程及附属设施是水利行业赖以生存和发展的重要物质基础，水利工程管理现代化是水利现代化的重要组成部分，是国家推进人类文明、经济发展和社会进步过程中不可缺少的组成内容。经过不断实践与深入研究，水利工程管理现代化发展的目标可定义为：具有高标准的水利工程设施，拥有先进的调度控制手段，建立适应市场经济良性运行的管理模式和具备现代思想意识、现代技术水平的干部职工队伍。

进入 21 世纪以来，围绕水利现代化发展目标，水利行业积极推进水利工程管理现代化进程，并主要采取了以下措施：加大投入，采用新技术、新设备、新材料、新工艺，特别是采用了自动监控技术和信息化技术，进行水利工程除险加固或更新改造，提高防洪标准，改善了工程面貌；深化改革，进行水利工程管理单位分类定性、定员定岗，推进管养分离，落实管理与维修经费渠道，理顺水利管理体制，建立分配激励机制，提高单位管理效能；大力推进水利工程管理考核工作，以点带面促进整个行业的水利工程管理水平提高。然而，水利工程管理现代化建设是一个动态的发展过程，是一个深层次、多方位的变化过程，需要随着时代大环境和发展的深入程度而不断深入调整。

水利工程管理现代化评价标准尚未颁布。虽然一些水利工程自动化和信息化程度较高，获得了各种荣誉，但是不能认定其水利工程管理实现了现代化。水利工程管理现代化没有统一的评价标准，至少有两个原因：首先，水利工程管理现代化是与国民经济和社会发展、技术进步以及全民素质提高的历史阶段相适应的，用一个固定的标准来衡量不合适；其次，水利工程管理现代化建设需要建设资金、维修经费的高投入，这可以从国家级水利工程管理单位的达标经验看出。资金实力是最主要的因素，这导致有些地方的水行政主管部门和水利工程管理单位对于水利工程管理现代化“望而却步”。

而采取目标管理的方法，建立水利工程管理现代化发展目标；实现了发展目标，达到了管理效果，就可以认定水利工程管理单位实现现代化。这可以从思想理念上解决水利工程管理现代化评价标准建立困难问题。

### 一、我国水利工程管理发展的目标

根据我国水利工程管理发展目标的现状，以及为实现我国形成较完善的工程管理目标体系，并且能够有效地完成我国水利工程发展战略的近期及中长期的目标，使得我国水利工程管理发展战略目标与经济社会发展基本相适应，水利工程管理得到比较科学、合理、高效的发展，使得我国工程管理实现良性循环。现把我国水利工程管理发展目标归纳如下：

## （一）推行水利工程管理现代化目标管理的出发点

1. 目标管理，力求发挥水利工程的最大效益

从水利工程管理在国家和社会进步、行业发展过程中的作用角度来说，水利工程管理现代化发展目标是国家和社会对于水利工程管理者的基本要求，而现代化只是达到这个目标的技术手段，发展目标是不变的，而实现目标的现代化手段，是随着时代的发展可能不断变化。因此，有必要建立发展目标，根据管理效果进行目标管理。

2. 以人为本，合理分配人力资源，充分尊重人的全面发展

为适应时代发展，建立以人为本的水利工程现代化管理目标，合理分配人力资源，充分尊重人的全面发展，需要采取顺畅的“管养分离”的管理体制和有效的激励机制，采用最少的、适应水利工程管理技术素质要求的、具有良好职业道德的管理人员，进行检测观测、运行管理、安全管理等工作，达到管理的目标。

3. 经济节约，力求社会资源得到科学合理的利用

建设现代化的水利工程设施，需要高额投资、高额维护。各地建设情况及需求不同，需要因地制宜，根据不同的情况设立不同的管理目标要求，不能一刀切：如果以统一标准来要求，则可能带来盲目的达标升级，造成国家资源的浪费。当然，对于频繁运用的、安全责任重大的大中型流域性水利工程，建立自动控制、视频监视、信息管理系统，甚至采取在线诊断技术，是非常必要的。对于很少运用的、安全责任相对较小的中小型区域性水利工程，则可以采取相对简单的控制技术，甚至无人值守。这可从国外发达国家的一些水利工程得到例证，他们采取的是相对简单的实用可靠的电子控制技术，甚至是原始的机械控制技术，同样达到管理的目标。因此不能说，简单实用的技术不属于水利工程管理现代化的内容。

## （二）水利工程管理现代化发展目标的内涵

现代化的基础是规范化、制度化、科学化。水利工程管理单位必须按照相关的法律法规、行业规章以及技术标准，最主要的是水利部颁发的水利工程管理考核办法及各类水利工程考核标准，理顺管理体制，建立完善的内部运行机制，规范开展各项基础性的技术管理工作。在此基础上，水利工程管理应实现如下管理目标，也就是现代化发展目标。

1. 水利工程达到设计标准，安全、可靠、耐久、经济，有文化品位。这主要是由工程建设决定的，不管流域性、区域性，还是部管、省管、市县管工程，都要达到设计标准，具备一定的经济寿命，并保持良好的环境面貌，有一定的文化品位，是最基本的要求。至于采用何种最先进的控制技术和设备进行建设，与环境、投资等多种因素有关，与管理目标没有必然的因果关系。有的新工程、新设备的安全、耐久性能未必比 19 世纪五六十年代的好。这与转型时期人们一切为了经济效益的“浮躁”思想有关：一方面追

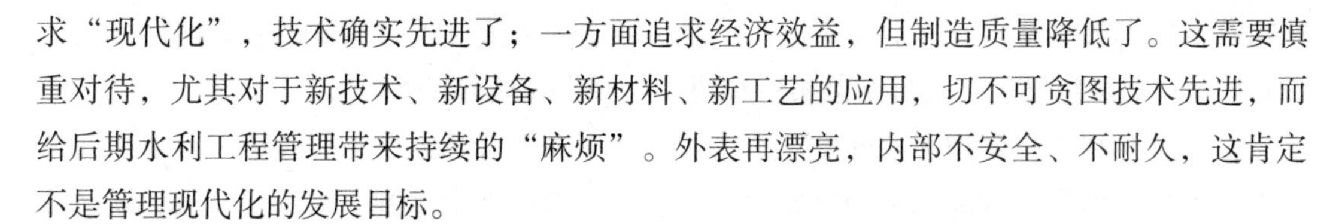

求“现代化”，技术确实先进了；一方面追求经济效益，但制造质量降低了。这需要慎重对待，尤其对于新技术、新设备、新材料、新工艺的应用，切不可贪图技术先进，而给后期水利工程管理带来持续的“麻烦”。外表再漂亮，内部不安全、不耐久，这肯定不是管理现代化的发展目标。

2. 各类工程设备具备良好的安全性能，运用时安全高效，发挥应有的设计效益。各类工程设备必须具备良好的安全性能，以便运用时安全高效，同时发挥出应有的设计效益，这与管理水平密切相关，进行规范的检查观测、维修养护，可以掌握并保持设备良好的安全性能，能够灵活自如地运用，再加上规范的运行管理、安全管理，可以保证工程发挥防洪、灌溉、供水、发电等各项功能。这是水利工程管理现代化最重要的目标。

3. 坚持公平和效率原则，管理队伍思想稳定，人尽其职，个人能力得到充分发挥。管理人员是水利工程管理现代化实现的基本保证，强调人的全面发展是人类社会可持续发展的必然要求。传统的水利管理单位管理模式往往存在机构臃肿、人员冗余等问题，干事的、混事的相互影响，再加上缺乏必要的公平的分配、激励机制往往导致管理效率不高。管养分离后的水利管理单位多为事业单位，内部人员相对精干，管理效能相对较高，是符合历史进步的先进管理体制。

### （三）推行水利工程管理现代化目标管理的途径

1. 各级水行政主管部门围绕发展目标落实管理任务。明确水利工程管理现代化发展目标后，各级水行政主管部门可以将其落实到所管的水利工程管理单位的发展任务中。通过统筹规划、组织领导、考核奖惩等措施，可整体推进地区水利工程管理现代化建设，提高地方水利工程管理现代化水平。从经济、实用角度，可对新建的水利工程的现代化控制手段提出指导性意见，尽量使用性价比高的可靠实用的标准化技术，使水利工程管理所需的维修、管理经费足额到位，为水利工程管理现代化建设创造基础条件。

2. 水利工程管理单位围绕发展目标推进现代化建设。水利工程管理单位应采取科学的管理手段，建立务实高效的内部运行机制，调动管理人员的积极性，努力发挥其创造性。将水利工程管理现代化建设各项具体任务的目标要求落实到人，并进行目标管理考核与奖惩。要建立以应急预案为核心的安全组织管理体系，确保水利工程安全运用，充分发挥效益，提高管理水平，保持单位和谐稳定。

### （四）推行水利工程管理现代化目标管理的重要意义

1. 符合现代水利治水思路的要求。现代水利的内涵包括四个方面，安全水利、资源水利、生态水利、民生水利。这同样是从国家和社会对于水利行业的要求角度提出的，也就是水利现代化的发展目标对于水利工程管理单位来讲，达到管理现代化发展目标，就能满足保障防洪安全、保护水资源、改善生态、服务民生的目的。因此，推行水利工程管理现代化目标管理，是贯彻落实新时期治水思路的基本要求。

2. 符合水利工程管理考核的要求。水利行业正在推行的水利工程管理考核工作，是对水利工程管理单位管理水平的重要评价方法。该考核涉及水闸、水库、河道、泵站等水利工程，采用千分制，包括组织管理、安全管理、运行管理、组织管理四个方面，进行定量的评价，其中管理现代化部分占 5%。应该说，得分 920 分以上、各类别得分率不低于 85% 的通过水利部考核的国家级水利工程管理单位，代表全国水利工程管理最高水平，可以将其定性为实现了水利工程管理现代化，或者至少可以认定其水利工程管理现代化水平较高。而建立水利工程管理现代化发展目标，与水利工程管理考核的目标管理思路保持一致，也是来源于对水利工程管理考核标准的深入理解和实践检验。由此，水利工程管理考核标准可认为是水利工程管理现代化的评价标准之一；推行水利工程管理现代化目标管理，符合水利行业对于水利工程管理考核的要求。

3. 符合水利行业实际发展的要求。我国水利工程管理单位众多，如果以较为超前的自动监控、信息管理等技术要求，作为水利工程管理现代化评价指标，则可能形成大家过分追求水利工程设施、监控手段、人员素质的现代化的现象。国家不可能投入“达标”所需要的巨额资金，全国水利工程管理单位必然会拖国家及地方现代化的后腿、这不利于行业的发展与进步。而建立水利工程管理现代化发展目标、回避技术手段现代化问题，并实行实事求是的目标管理，则水利工程管理单位将会把工作重点放在内部规范化、制度化、科学化管理上，既有利于保障水利工程效益的最大限度发挥，也有利于上级主管部门对其实行的水利工程管理现代化考核。

从主管部门考核角度上讲，本文提出的水利工程管理现代化发展目标也属于现代化的评价指标，只是与传统的过程评价思路不同，而采用管理效果考核。这在一定程度上丰富了水利工程管理现代化的内涵，便于水利行业实际操作。

我国预计要在 21 世纪中叶基本实现现代化，水利工程管理也需要跟上时代的步伐。除了要搞好水利工程的建设之外，还需要以健全的管理体制机制为保证，以“兼管并重，重在管理”方针为指导，做好水利工程全面建设的工作，保证管理体制运行正常，实现水利工程管理的科学化、规范化、法治化、社会化。因此，我们要做到水利工程管理现代化建设与国家现代化相呼应，抓好重点，突出难点，循序渐进。结合地方差异，要因地制宜，城乡统筹，加快进程，分步实施。同时要坚持深化改革，注入活力，开创新蓝图的原则，去借鉴国外发达国家的成功经验，结合我国具体国情来施行具有现代化意义的科学管理模式。

## 二、我国水利工程管理发展的主要任务

在现阶段，结合我国水利发展现状及发展目标，可以明确我国水利工程管理的主要

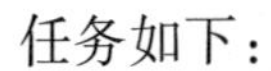

任务如下：

## （一）全力保障加快重大水利工程建设

深入理解和把握我国水安全形势，基于“节水优先、空间均衡、系统治理、两手发力”的战略思想，按照“确有需要、生态安全、可以持续”的原则，当前水利工程管理应重点围绕影响国民经济的重大水利工程建设项目、集中力量进行科学论证和系统优化，着力保障我国水安全，促进国民经济协调稳步的发展。

## （二）切实保障水利工程和项目运行的质量安全

要进一步明确参建各方的质量责任，建立责任追究制度，落实质量终身责任制，强化政府质量监督，组织开展好水利建设质量工作考核，全力保障水利工程建设质量。要加强监督检查，组织开展安全隐患大排查，落实各项安全度汛措施，保障水利工程建设安全；要继续推进大中型水管单位改革，积极推进小型水利工程管理体制改革，落实水库大坝安全管理责任制，加强应急管理和日常监管，严格控制运用，保障水利工程运行安全。

## （三）推进水利工程建设管理体制改革

进一步完善相关法律法规，做到各项工作有法可依。明确中央和地方的职权机制，形成统筹规划、系统实施和责权明确的现代化管理机制。严格执行建设项目法人责任制、招标投标制、建设监理制、合同管理制，推行水利工程建设项目代建制。因地制宜推行水利工程项目法人招标、代建制、设计施工总承包等模式，实行专业化社会化建设管理，探索建立决策、执行和监督相制衡的建设管理体制。要继续加快行政管理职能转变，推进简政放权，强化放管结合，提升服务水平。要规范改进市场监管，积极构建统一开放、竞争有序、诚信守法、监管有力的水利建设市场体系。要加强河湖管理和保护，建立健全“源头严防、过程严管、后果严惩”的体制机制，推进生态文明建设。

## （四）深化水利工程管理机制的创新模式

创新水利工程管理方式，鼓励水管单位承担新建项目管理职责，探索水利工程集中管理模式，探索水利工程物业化管理，探索水利债务的证券化途径，探索水利工程管理和运营的私营与政府合作经营（PPP）模式。积极推进水利工程管养分离，通过政府购买服务方式，由专业化队伍承担工程维修养护和河湖管护。健全水利工程运行维护和河湖管护经费保障机制，消除传统“重建轻管”和运营资金不可持续的无效管理模式。全面推进小型水利工程管理体制改革，明确工程所有权和使用权，落实管护主体、责任和经费，促进水利工程良性运行。

### （五）着力加强建设与管理廉政风险防控

相关各级部门要在作风建设上下功夫、在完善制度上下功夫、在强化监管上下功夫，始终保持对水利建设管理领域腐败问题的高压态势。改进水行政审批和监管方式，简化审批程序，优化审批流程，加强行业指导和事中事后监管。推进投资项目涉水行政审批事项分类合并实施。建立健全水利行政审批在线监管平台，实现水利审批事项在线申报办理和信息发布共享，建立健全守信激励和失信惩戒机制，推进协同联动监管。

# 第六节 水利工程管理体系的发展与完善

## 一、从流程分的水利工程管理体系

### （一）水利工程决策、设计规划管理

规划是水利建设的基础。各地结合自身实际，充分了解并尊重群众意愿，认真分析问题，仔细查找差距，找准目标定位，依托地区水利建设发展整体规划，从农民群众最关心、要求最迫切、最容易见效的事情抓起，以效益定工程，突出重点，从技术、管理等多个层面确保规划质量。水利规划思路清晰，任务明确，建设标准严格，有计划、有步骤，分阶段、分层次地推进水利建设工作，编制完成切实可行的水利规划并得到组织实施。在规划编制中应充分考虑水资源的承载能力，考虑水资源的节约、配置和保护之间的平衡；应把农村和农民的需要放在优先位置解决；应加强规划的权威性，规划的编制应尊重行业领导和专业意见，广泛征求各方面意见，按程序进行审批后加强规划执行的监管，提高规划权威性。

在水利建设前期，根据国家总体规划及流域的综合规划，提出项目建议书、可行性研究报告和初步设计，并进行科学决策。当建设项目的初步设计文件得到批准后，同时项目资金来源也基本落实，进行主体工程招标设计、组织招标工作及现场施工准备。项目法人向主管部门提出主体工程开工申请报告，经过审批后才能正式开工。提出申请报告前，须具备以下条件：前期工程各阶段文件已按规定批准，施工详图设计可以满足初期主体工程施工需要；建设项目已列入年度计划，年度建设资金来源已落实；主体工程招标已经决标，工程承包合同已经签订，并得到主管部门同意；现场施工准备和征地移

民等建设外部条件能够满足主体工程开工需要。

根据水利工程建设项目性质和类别的不同，确定不同的项目法人组建模式和项目法人职责。经营性和具备自收自支条件的准公益性水利工程建设项目，按照现代企业制度的要求，组建企业性质的项目法人，对项目的策划、筹资、建设、运营、债务偿还及资产的保值增值全过程负责，自主经营，自负盈亏。公益性和不具备自收自支条件的准公益性水利工程建设项目，按照“建管合一”的要求，组建事业性质的项目法人，由项目法人负责工程建设和运行管理，或委托专业化建设管理单位，行使建设期项目法人职责，对项目建设的质量、安全、进度和资金管理负责，建成后移交运行管理单位。项目法人的组建应按规定履行审批和备案程序。水行政主管部门对项目法人进行考核，建立激励约束机制，加强对项目法人的监督管理。结合水利建设实际，积极创新建设管理模式，有条件的项目可实行代建制、设计施工总承包、BOT（建设—经营—移交）等模式。

### （二）水利工程建设（施工）管理

水利建设直接投资和间接投资都呈逐年增加的态势，中央财政通过预算内固定资产投资和财政专项资金等多种渠道，统筹安排各类水利建设资金，初步形成了有效推动水利建设的政策体系，采取“政府引导、民办公助、以奖代补”等方式，支持灌区末级渠道和田间工程建设，加大对山丘区“五小水利”工程建设投入，支持大型灌区续建配套和节水改造，重点支持中低产田改造、高标准农田示范工程建设、中型灌区节水配套改造，补充从土地出让收益中计提的水利建设资金。

在水利项目管理上，积极推行规划许可制、竞争立项制、专家评审制、绩效考核制，确保决策的科学性。在建设过程中，项目法人要充分发挥主导作用，协调设计、监理、施工单位及地方等多方的关系，实现目标管理。严格履行合同，具体包括：①项目建设单位建立了现场协调或调度制度。及时研究解决设计、施工的关键技术问题。从整体效益出发，认真履行合同，积极处理好工程建设各方的关系，为施工创造良好的外部条件。②监理单位受项目建设单位委托，按合同规定在现场从事组织、管理、协调、监督工作。同时，监理单位站在独立公正的立场上，协调建设单位与设计、施工等单位之间的关系。③设计单位应按合同及时提供施工详图，并确保设计质量。按工程规模，派出设计代表组进驻施工现场解决施工中出现的设计问题。施工详图经监理单位审核后交施工单位施工。设计单位对不涉及重大设计原则问题的合理意见应当采纳并修改设计。若有分歧意见，由建设单位决定如涉及初步设计重大变更问题，应由原初步设计批准部门审定。④施工企业加强管理，认真履行承包合同。在施工过程中，要将所编制的施工计划、技术措施及组织管理情况报项目建设单位。例如，湖北省除定期对建设项目进行抽检、巡检外，还采取“飞检”方式随时监控工程建设质量，发现问题及时通报整改。此外，湖北还充分发挥纪检、监察、审计、媒体等部门的重要作用，形成了自上而下的资金督察、工程稽查、审计检查、纪检监察四位一体的省、市、县三级监督体系。在资金管理上，严格实行国库集中支付和县级财政报账制，确保工程建设质量和资金使用安全。⑤项目建设单位组织验收，质量监督机构对工程质量提出评价意见。验收工作根据工程级别，由不同级别的主管部门负责验收，具体操作原则为：国家重点水利建设项目由国家计委会同水利部主持验收；部属重点水利建设项目由水利部主持验收；部属其他水利建设项目由流域机构主持验收，水利部进行指导；中央参与投资的地方重点水利建设项目由省（自治区、直辖市）政府会同水利部或流域机构主持验收；地方水利建设项目由地方水利主管部门主持验收，其中，大型建设项目验收，水利部或流域机构派员参加，重要中型建设项目验收，流域机构派员参加。工程竣工验收交付使用后，方可进行竣工决算。竣工验收后，工程将交给相关部门、单位进行使用，并负责日后的运营管理。四川省剑阁县坚持"两验一审"，即工程完工后，由乡镇组织用水户协会进行初验，县水务局、财政局组织复验，县审计局审计后兑现工程补助。坚持"三大制度"，即：县级报账制、村民监督制、部门审核制。

为了配合纪检监察、审计等有关部门做好水利稽查审计，水利系统内部建立了省、市、县三级水利工程建设监督检查与考核联动机制，落实水利项目建设中主管部门、项目法人、设计单位、施工企业、监理等各方面的责任，形成一级抓一级、层层落实的工作格局。切实加强前期工作、投资计划、建设施工、质量安全等全过程监管，及时发现和纠正问题。加大对各地水利建设尤其是重点项目的监督检查，及时通报，督促各地进一步规范项目建设管理行为，确保资金安全、人员安全、质量安全。通过日常自查、接受检查、配合督察、验收核查等不同环节不断发现建设管理中的问题，对所有问题及时进行认真清理，建立整改工作台账；针对问题程度不同，采取现场督办整改、书面通知整改、通报政府整改等方式加强督办；为防止整改走过场，将每一个问题的责任主体、责任人、整改措施、整改到位时间全部落实，为保证水利建设工作的顺利进行，在制度保障方面应积极出台相关建设管理办法，制定相应建设管理标准，使水利工程建设从立项审批、工程建设、资金管理、年度项目竣工验收等都有规可依、依规办事。组织保障方面，加强与各级部门沟通协调。与相关单位互相配合支持、各负其责、形成合力，确保各项水利建设工作健康发展。对水利建设组织领导、资金筹措、工程管理、矛盾协调、任务完成等情况进行严格的督察考核和评比，以此稳步推进农村水利建设工作的开展，确保取得实效。

### （三）水利工程运行（运营）管理

水利工程管理体制改革的实质是理顺管理体制，建立良性管理运行机制，实现对水利工程的有效管理，使水利工程更好地担负起维护公众利益、为社会提供基本公共服务的责任。

第一，建立职能清晰、权责明确的水利工程分级管理体制。准确界定水管单位性质，合理划分其公益性职能及经营性职能。承担公益性工程管理的水管单位，其管理职责要清晰、切实到位；同时要纳入公共财政支付，保证经费渠道畅通。

第二，建立管理科学、经营规范的水管单位运行机制。加大水管单位内部改革力度，建立精干高效的管理模式。核定管养经费，实行管养分离，定岗定编，竞聘上岗，逐步建立管理科学、运行规范，与市场经济相适应，符合水利行业特点和发展规律的新型管理体制和运行机制，更好地保障公益性水利工程长期安全可靠地运行。

第三，建立严格的工程检查、观测工作制度。各水管单位应制定详细的工程检查与观测制度，并随时根据上级要求结合单位实际修订完善工程检查工作，可分为经常检查、定期检查、特别检查和安全鉴定。

第四，推进水利工程运行管理规范化、科学化。要实现水利工程管理现代化，水利工程管理就必须实现规范化和科学化。如，水库工程须制订调度方案、调度规程和调度制度，调度原则及调度权限应清晰；每年制订水利调度运用计划并经主管部门批准；建立对执行计划进行年度总结的工作制度。水闸、泵站制订控制运用计划或调度方案；应按水闸（泵站）控制运用计划或上级主管部门的指令组织实施；按照泵站操作规程运行。河道（网、闸、站）工程管理机构制订供水计划；防洪、排涝实现联网调度。通过科学调度实现工程应有效益，是水利工程管理的一项重要内容。要把汛期调度与全年调度相结合，区域调度与流域调度相结合，洪水调度与资源调度相结合，水量调度与水质调度相结合，使调度在更长的时间、更大的空间、更多的要素、更高的目标上拓展，实现洪水资源化，实现对洪水、水资源和生态的有效调控，充分发挥工程应有作用和效益，确保防洪安全、供水安全、生态安全。

第五，立足国家“互联网＋”战略，推进水利工程管理信息化。依托国家“互联网＋”战略，加强水利工程管理信息化基础设施建设，包括信息采集与工程监控、通信与网络、数据库存储与服务等基础设施建设，全面提高水利工程管理工作的科技含量和管理水平。建立大型水利枢纽信息自动采集体系。采集要素覆盖实时雨水情、工情、旱情等，其信息的要素类型、时效性应满足防汛抗旱管理、水资源管理、水利工程运行管理、水土保持监测管理的实际需要，建立水利工程监控系统，以提升水利工程运行管理的现代化水平，充分发挥水利工程的作用，建立信息通信与网络设施体系。在信息化重点工程的推动下，建立和完善信息通信与网络设施体系。建立信息存储与服务体系。提供信息服务的数据库，信息内容应覆盖实时雨水情、历史水文数据、水利工程基本信息、社会经济数据、水利空间数据、水资源数据、水利工程管理有关法规、规章和技术标准数据、水政监察执法管理基本信息等方面。水利工程管理信息化建设中，应注意：建立比较完善的信息化标准体系；提高信息资源采集、存储和整合的能力；提高应用信息化手段向公众提供服务的水平；大力推进信息资源的利用与共享；加强信息系统运行维护管理，定期检查，实时维护；建立、健全水利工程管理信息化的运行维护保障机制。在病险水库除险加固和堤防工程整治时，要将工程管理信息化纳入建设内容，列入工程概算。对于新的基建项目，要根据工程的性质和规模，确定信息化建设的任务和方案，做到同时设计，同期实施，同步运行。

第六，树立现代的水利工程管理理念。一是树立以人为本的意识。优质的工程建设和良好运行管理的根本目的是为了广大人民群众的切身利益，为人民提供可靠的防洪保障和供水保障，要尽最大努力保护生产者的人身安全，保护工程服务范围内人民群众的切身利益，保证江河资源开发利用不会损害流域内的社会公共利益。二是树立公共安全的意识。水利工程公益性功能突出，与社会公共安全密切相关。要把切实保障人民群众生命安全作为首要目标，重点解决关系人民群众切身利益的工程建设质量和工程运行安全问题。三是树立公平公正的意识。公平公正是和谐社会的基本要求，也是水利工程建设管理的基本要求。在市场监管、招标投标、稽查检查、行政执法等方面，要坚持公平公正的原则，保证水利建筑市场规范有序。四是树立环境保护的意识。人与自然和谐相处是构建和谐社会的重要内容，要高度重视水利建设与运行中的生态和环境问题，水利工程管理工作要高度关注经济效益、社会效益、生态效益的协调发挥。

### （四）水利工程维修养护管理

第一，建立市场化、专业化和社会化的水利工程维修养护体系。

第二，在水管单位的具体改革中，稳步推进水利工程管养分离，具体可分 3 步走：①在水管单位内部实行管理与维修养护人员以及经费分离，工程维修养护业务从所属单位剥离出来，维修养护人员的工资逐步过渡到按维修养护工作量和定额标准计算；②将维修养护部门与水管单位分离，但仍以承担原单位的养护任务为主；③将工程维修养护业务从水管单位剥离出来，通过招标方式择优确定维修养护企业，水利工程维修养护走上社会化、规范化、标准化和专业化的道路。对管理运行人员全部落实岗位责任制，实行目标管理。

第三，推行工程维修养护规范化管理。水管体制改革，实施管养分离后，建立健全相关的规章制度，制定适合维修养护实际的管理办法，用制度和办法约束、规范维修养护行为。严格资金的使用与管理，实现维修养护工作的规范化管理。要规范建设各方的职责、规范维修养护项目合同管理、规范维修养护项目实施、规范维修养护项目验收和结算手续，建立质量管理体系和完善质量管理措施。

第四，建立、健全并不断完善各项管理规章制度。基层水管单位应建立、健全并不断完善各项管理规章制度，包括人事劳动制度、学习培训制度、岗位责任制度、请示报告制度、检查报告制度、事故处理报告制度、工作总结制度、工作大事记制度、安全管理制度、档案管理制度等，使工程管理有章可循、有规可依。管理处应按照档案主管部门的要求建有综合档案室，设施配套齐全，管理制度完备，档案分文书、工程技术、财务等三部分，由经档案部门专业培训合格的专职档案员负责档案的收集、整编、使用服

务等综合管理工作。档案资料收集齐全，翔实可靠，分类清楚，排列有序，有严格的存档、查阅、保密等相关管理制度，通过档案规范化管理验收。同时，抓好各项管理制度的落实工作，真正做到有章可循，规范有序。

## 二、从用途分的水利工程管理体系

### （一）防洪安全工程

首先，河道管理工作是防洪安全工程管理的重要内容，也是水利社会管理的重要内容，事关防洪安全和经济可持续发展大局。当前，河道管理相对薄弱，涉河资源无序开发，河道范围内违规建设，侵占河道行洪空间、水域、滩涂、岸线，这些都严重影响了行洪安全，危及人民生命财产安全。要按照《水利工程管理条例》《湖泊保护条例》《河道管理实施办法》等法规，在加强水利枢纽工程管理的同时，着重加强河道治理、整治工作，依法加强对河道湖泊、水域、岸线及管理范围内的资源管理。

其次，建立遥测与视频图像监视系统。对河道工程，建立遥测与视频图像监视系统。可实时“遥视”河道、水库的水位、雨势、风势及水利工程的运行情况，网络化采集、传输、处理水情数据及现场视频图像，为防汛决策及时提供信息支撑。有条件时，建立移动水利通信系统。对大中型水库工程，建立大坝安全监测系统。用于大坝安全因子的自动观测、采集和分析计算，并对大坝异常状态进行报警。

最后，建立洪水预报模型和防洪调度自动化系统。该系统对各测站的水位、流量、雨量等洪水要素实行自动采集、处理并进行分析计算，按照给定的模型做出洪水预报和防洪调度方案。

### （二）农田水利工程

首先，充分发挥各类管理主体的积极作用。在现行制度安排下，农户本应该成为农田水利设施供给的主体，但单户农民难以承担高额的农田水利工程建设投入，这就需要有效的组织。但家庭联产承包责任制降低了农民的组织化程度，农田水利建设的公共品性质与土地承包经营的个体存在矛盾，农户对农田水利建设缺乏凝聚力和主动性。因此，就造成了农田水利建设主体事实上的缺位。需要各级政府、各方力量通力合作，采取综合措施，遵循经济规律，分类型明确管理主体，切实负起建设管理责任。地方政府是经济社会的领导者和管理者，掌握着巨大的政治资源和财政资金，有农村基础设施建设的领导权、决策权、审批权和各种权力，在农田水利工程建设中应担当四种角色：①制度供给者。建立和完善农村公共产品市场化和社会化的规则，建立起公共财政体制框架，解决其中的财政“越位”和“缺位”问题。②主要投资者角色。应该发挥政府公共产品供给上的优势和主导作用。③多元供给主体的服务者与多元化供给方式的引入角色。鼓励和推动企业和社会组织积极参与农村公共产品的供给，营建政府与企业、社会组织的合作伙伴关系。④监督者角色。建立标准并进行检查和监督以及构建投诉或对话参与渠道等，建立公共产品市场准入制度，实现公共产品供给的社会化监督。农田水利建设属于公共品，地方政府在农田水利建设中应承担主导作用。因此在农田水利建设管理中，各级政府要转变角色，由从前的直接用行政手段组织农民搞农田水利的传统方式，转变到重点抓权属管理、规划管理、宣传发动、资金扶持等；从单纯的行政命令转变到行政、法律、科技、民主、教育相结合；由过去的组织推动转变为政策引导、典型示范、优质服务。

面对农村经济社会结构正在发生的深刻变化，要充分发挥农民专业合作社、家庭农场、用水协会等新型主体在小型农田水利建设中的作用，推动农民用水合作组织进行小型农田水利工程自主建设管理。按照“依法建制，以制治村，民主管理，民主监督”的原则，组建农民用水合作组织法人实体，推进土地连片整合，成片开发，规模化建设农田水利工程，突破一家一户小块土地对农田水利建设的制约，通过农田水利建设将县、乡、村、农户的利益捆绑起来，可以用好用活“一事一议”，充分尊重群众意愿，充分发挥农民的主体作用和发挥农民对小型农田水利建设的积极性。

其次，提高农田水利工程规划立项的科学性。以科学的态度和先进的理念指导工作，要做到科学规划、科学决策，把农田水利建设规划作为国民经济发展总体规划的组成部分，结合农业产业化、农村城镇化和农业结构调整，统筹考虑农田水利建设，使之具有较强的宏观指导性和现实操作性。农田水利建设项目的规划设计要具有前瞻性，着眼新农村建设，以促进城乡一体化和现代农业建设为突破口，体现社会、自然、人文发展新貌，既要尊重客观规律，又要从实际出发：从整体、长远角度对农田水利工程进行统一规划，大中小水利工程统筹考虑，水库塘坝、水窖等相互补充，建设旱能灌、涝能排，有水存得住、没雨用得上的农田水利工程体系，重点加强对农民直接受益的中小型农田水利的建设，支持灌溉、储水、排水等农田水利设施的改、扩、新建项目，做到主支衔接，引水、蓄水、灌溉并重，大小水利并进。

要因地制宜，建立村申请、乡申报、县审批的立项程序，进行科学论证和理性预测，综合分析农田水利工程项目建设的可行性和必要性，择优选择能拉动农村经济发展、放大财政政策效应的可持续发展项目，建立县级财政农田水利建设项目库，实行项目立项公告制和意见征询制，把农民最关心、受益最大、迫切需要建设的惠民工程纳入建设范畴，形成完备的项目立项体系，解决项目申报重复无序的问题，积极推广“竞争立项，招标建设，以奖代补”的建设模式，将竞争机制引入小型农田水利工程建设，让群众全过程参与，群众积极性高，项目合理优先支持，推行定工程质量标准、定工程补助标准，将政府补助资金直接补助到工程的“两定一补”制度。

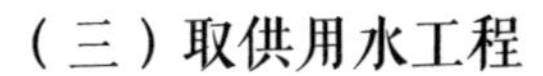

### （三）取供用水工程

首先，建立水利枢纽及闸站自动化监控系统。建立水利枢纽及闸站自动化监控系统，对全枢纽的机电设备、泵站机组、水闸船闸启闭机、水文数据及水工建筑物进行实时监测、数据采集、控制和管理运行。操作人员通过计算机网络实时监视水利工程的运行状况，包括闸站上下游水位、闸门开度、泵站开启状况、闸站电机工作状态、监控设备的工作状态等信息。并且可依靠遥控命令信号控制闸站闸门的启闭，为确保遥控系统安全可靠，采用光纤信道，光纤网络将所有监测数据传输到控制中心的服务器上，通过相应系统对各种运行数据进行统计和分析，对工程调度提供及时准确的实时信息支撑。

其次，建立供水调度自动化系统。该系统对供水工程设施（水库蓄泄建筑物、引水枢纽、抽水泵站等）和水源进行自动测量、计算和调节、控制，一般设有监控中心站和端站。监控中心站可以观测远方和各个端站的闸门开启状况、上下游水位，并可按照计划自动调节控制闸门启闭和开度。

# 第十章 我国水利工程管理发展战略的保障措施和政策

## 第一节 我国水利工程管理发展战略的支撑条件和保障措施

水利是国民经济和社会发展的重要基础设施，具有很强的公益性，且投资规模大、建设周期长、盈利能力弱，长期以来，我国水利建设及管理主要以政府投资为主，社会资本参与程度较低。

针对这个现状，我国准备对具备一定条件的重大水利工程，通过深化改革的方式向社会投资敞开大门，建立权利平等、机会平等、规则平等的投资环境和合理的投资收益机制。参与方式主要有以下三种：

1. 通过选择一批现有水利工程，通过股权出让、委托运营、整合改制等方式吸引社会资本参与，筹得的资金用于新工程建设；

2. 对新建项目，建立健全政府和社会资本合作（PPP）机制；

3. 对公益性较强的水利工程建设项目，可通过与经营性较强的项目组合开发等方式，吸引社会资本参与。

水利工程是国民经济和社会发展的重要基础设施，国家对水利工程管理发展的重视促进了水利工程事业的发展。因而为了我国水利工程管理战略的发展，国家应该开放政策，对于具备一定条件的重大水利工程，通过深化改革向社会投资敞开大门，建立权利平等、机会平等、规则平等的投资环境和合理的投资收益机制，放开增量，盘活存量，加强试点示范，鼓励和引导社会资本参与工程建设和运营，有利于优化投资结构，建立健全水利投入资金多渠道筹措机制；有利于引入市场竞争机制，提高水利管理效率和服务水平；有利于转变政府职能，促进政府与市场有机结合、两手发力；有利于加快完善水安全保障体系，支撑经济社会可持续发展，从而为促进我国建立一套完备的水利工程管理发展战略措施提供支撑条件和保障措施。

国家应从以下几个方面为我国水利工程管理的发展提供支撑条件和保障措施：

一是改进组织发动方式。进一步落实行政首长负责制，强化部门协作联动，完善绩效考核和问责问效机制，充分发挥政府主导和推动作用。

二是拓展资金投入渠道。在进一步增加公共财政投资和强化规划统筹整合的同时，落实和完善土地出让收益计提、民办公助、以奖代补、财政贴息、开发性金融支持等政策措施，鼓励和吸引社会资本投入水利建设。

三是创新建设管护模式。因地制宜推行水利工程代建制、设计施工总承包等专业化、社会化建设管理，扶持和引导农户、农民用水合作组织、新型农业经营主体等参与农田水利建设、运营与管理。

四是强化监督检查考核。加强对各地的督导、稽查、审计，及时发现问题并督促整改落实，确保工程安全、资金安全、生产安全、干部安全。

五是加大宣传引导力度。充分利用广播、电视、报纸、网络等传统媒体和新媒体，大力宣传党中央、国务院兴水惠民政策举措，总结、推广基层经验，营造良好舆论氛围。

## 第二节 我国水利工程管理发展战略的相关政策

按照党中央、国务院的部署和要求，国家发展改革委、财政部和水利部制定印发了《关于鼓励和引导社会资本参与重大水利工程建设运营的实施意见》（以下简称《意见》）。《意见》的印发实施，对于建立公平开放透明的市场规则，营造权利平等、机会平等、规则平等的投资环境，激发市场主体活力和潜力，建立健全水利投入资金多渠道筹措机制，加快重大水利工程建设，提高水利管理效率和服务水平，加快完善水安全保障体系，支撑经济社会可持续发展具有重要意义。

一是敞开大门鼓励社会资本进入。《意见》明确提出，除法律、法规、规章特殊规定的情形外，重大水利工程建设运营一律向社会资本开放。只要是社会资本，包括符合条件的各类国有企业、民营企业、外商投资企业、混合所有制企业，以及其他投资、经营主体愿意投入的重大水利工程，原则上应优先考虑由社会资本参与建设和运营。

二是明确社会资本参与方式。《意见》提出，要放开增量、盘活存量，盘活现有重大水利工程国有资产，筹得的资金用于新工程建设；对新建项目，要建立健全政府和社会资本合作（PPP）机制，鼓励社会资本以特许经营、参股控股等多种形式参与重大水利工程建设运营。其中，综合水利枢纽、大城市供排水管网的建设经营需按规定由中方控股。

三是推动完善价格形成机制。《意见》提出，完善主要由市场决定价格的机制，对社会资本参与的重大水利工程供水、发电等产品价格，探索实行由项目投资经营主体与用户协商定价。鼓励通过招标、电力直接交易等市场竞争方式确定发电价格。

四是发挥政府投资的引导带动作用。《意见》明确，对同类项目，中央水利投资优先支持引入社会资本的项目。公益性部分政府投入形成的资产归政府所有，同时可按规定不参与生产经营收益分配。鼓励发展支持重大水利工程的投资基金。

五是完善项目财政补贴管理。对承担一定公益性任务、项目收入不能覆盖成本和收益，但社会效益较好的政府和社会资本合作（PPP）重大水利项目，政府可对工程维修养护和管护经费等给予适当补贴。

六是明确投资经营主体的权利义务。《意见》提出，社会资本投资建设或运营管理重大水利工程，与政府投资项目享有同等政策待遇，不另设附加条件。项目投资经营主体应严格执行基本建设程序，建立健全质量安全管理体系和工程维修养护机制，按照协议约定的期限、数量、质量和标准提供产品或服务，依法承担防洪、抗旱、水资源节约保护等责任和义务，服从国家防汛抗旱、水资源统一调度，保障工程功能发挥和安全运行。

## 一、明确参与范围和方式

### （一）拓宽社会资本进入领域

除法律、法规、规章特殊规定的情形外，重大水利工程建设运营一律向社会资本开放。只要是社会资本，包括符合条件的各类国有企业、民营企业、外商投资企业、混合所有制企业，以及其他投资、经营主体愿意投入的重大水利工程，原则上应优先考虑由社会资本参与建设和运营。鼓励统筹城乡供水，实行水源工程、供水排水、污水处理、中水回用等一体化建设运营。

### （二）合理确定项目参与方式

盘活现有重大水利工程国有资产，选择一批工程通过股权出让、委托运营、整合改制等方式，吸引社会资本参与，筹得的资金用于新工程建设。对新建项目，要建立健全政府和社会资本合作（PPP）机制，鼓励社会资本以特许经营、参股控股等多种形式参与重大水利工程建设运营。其中，综合水利枢纽、大城市供排水管网的建设经营需按规定由中方控股。对公益性较强、没有直接收益的河湖堤防整治等水利工程建设项目，可通过与经营性较强项目组合开发、按流域统一规划实施等方式，吸引社会资本参与。

### （三）规范项目建设程序

重大水利工程按照国家基本建设程序组织建设。要及时向社会发布鼓励社会资本参与的项目公告和项目信息，按照公开、公平、公正的原则通过招标等方式择优选择投资方，确定投资经营主体，由其组织编制前期工作文件，报有关部门审查审批后实施。实行核准制的项目，按程序编制核准项目申请报告；实行审批制的项目，按程序编制审批项目建议书、可行性研究报告、初步设计，根据需要可适当合并简化审批环节。

### （四）签订投资运营协议

社会资本参与重大水利工程建设运营，县级以上人民政府或其授权的有关部门应与投资经营主体通过签订合同等形式，对工程建设运营中的资产产权关系、责权利关系、建设运营标准和监管要求、收入和回报、合同解除、违约处理、争议解决等内容予以明确。政府和投资者应对项目可能产生的政策风险、商业风险、环境风险、法律风险等进行充分论证，完善合同设计，健全纠纷解决和风险防范机制。

## 二、完善优惠和扶持政策

### （一）保障社会资本合法权益

社会资本投资建设或运营管理重大水利工程，与政府投资项目享有同等政策待遇，不另设附加条件。社会资本投资建设或运营管理的重大水利工程，可按协议约定依法转让、转租、抵押其相关权益；征收、征用或占用的，要按照国家有关规定或约定给予补偿或者赔偿。

### （二）充分发挥政府投资的引导带动作用

重大水利工程建设投入，原则上按功能、效益进行合理分摊和筹措，并按规定安排政府投资。对同类项目，中央水利投资优先支持引入社会资本的项目。政府投资安排使用方式和额度，应根据不同项目情况、社会资本投资合理回报率等因素综合确定。公益性部分政府投入形成的资产归政府所有，同时可按规定不参与生产经营收益分配。鼓励发展支持重大水利工程的投资基金，政府可以通过认购基金份额、直接注资等方式予以支持。

### （三）完善项目财政补贴管理

对承担一定公益性任务、项目收入不能覆盖成本和收益，但社会效益较好的政府和社会资本合作（PPP）重大水利项目，政府可对工程维修养护和管护经费等给予适当补贴。财政补贴的规模和方式要以项目运营绩效评价结果为依据，综合考虑产品或服务价格、建设成本、运营费用、实际收益率、财政中长期承受能力等因素合理确定、动态调整，并以适当方式向社会公示公开。

### （四）完善价格形成机制

完善主要由市场决定价格的机制，对社会资本参与的重大水利工程供水、发电等产品价格，探索实行由项目投资经营主体与用户协商定价。鼓励通过招标、电力直接交易等市场竞争方式确定发电价格。需要由政府制定价格的，既要考虑社会资本的合理回报，又要考虑用户承受能力、社会公众利益等因素；价格调整不到位时，地方政府可根据实际情况安排财政性资金，对运营单位进行合理补偿。

### （五）发挥政策性金融作用

加大重大水利工程信贷支持力度，完善贴息政策。允许水利建设贷款以项目自身收益、借款人其他经营性收入等作为还款来源，允许以水利、水电等资产作为合法抵押担保物，探索以水利项目收益相关的权利作为担保财产的可行性。积极拓展保险服务功能，探索形成“信贷＋保险”合作模式，完善水利信贷风险分担机制以及融资担保体系。进一步研究制定支持从事水利工程建设项目的企业直接融资、债券融资的政策措施，鼓励符合条件的上述企业通过IPO（首次公开发行股票并上市）、增发、企业债券、项目收益债券、公司债券、中期票据等多种方式筹措资金。

### （六）推进水权制度改革

开展水权确权登记试点，培育和规范水权交易市场，积极探索多种形式的水权交易流转方式，鼓励开展地区间、用水户间的水权交易，允许各地通过水权交易满足新增合理用水需求，通过水权制度改革吸引社会资本参与水资源开发利用和节约保护。依法取得取水权的单位或个人通过调整产品和产业结构、改革工艺、节水等措施节约水资源的，可在取水许可有效期和取水限额内，经原审批机关批准后，依法有偿转让其节约的水资源，在保障灌溉面积、灌溉保证率和农民利益的前提下，建立健全工农业用水水权转让机制。

### （七）实行税收优惠

社会资本参与的重大水利工程，符合《公共基础设施项目企业所得税优惠目录》《环境保护、节能节水项目企业所得税优惠目录》规定条件的，自项目取得第一笔生产经营收入所属纳税年度起，第一年至第三年免征企业所得税，第四年至第六年减半征收企业所得税。

### （八）落实建设用地指标

国家和各省（自治区、直辖市）土地利用年度计划要适度向重大水利工程建设倾斜，予以优先保障和安排项目库区（淹没区）等不改变用地性质的用地，可不占用地计划指标，但要落实耕地占补平衡。重大水利工程建设的征地补偿、耕地占补平衡实行与铁路等国家重大基础设施建设项目同等政策。

## 三、落实投资经营主体责任

### （一）完善法人治理结构

项目投资经营主体应依法完善企业法人治理结构，健全和规范企业运行管理、产品和服务质量控制、财务、用工等管理制度，不断提高企业经营管理和服务水平，改革完善项目国有资产管理和授权经营体制，以管资本为主加强国有资产监管，保障国有资产公益性、战略性功能的实现。

### （二）认真履行投资经营权利义务

项目投资经营主体应严格执行基本建设程序，落实项目法人责任制、招标投标制、建设监理制和合同管理制，对项目的质量、安全、进度和投资管理负总责。已通过招标方式选定的特许经营项目投资人依法能够自行建设、生产或者提供的，可以不进行招标。要建立健全质量安全管理体系和工程维修养护机制，按照协议约定的期限、数量、质量和标准提供产品或服务，依法承担防洪、抗旱、水资源节约保护等责任和义务，服从国家防汛抗旱、水资源统一调度。要严格执行工程建设运行管理的有关规章制度、技术标准，加强日常检查检修和维修养护，保障工程功能发挥和安全运行。

## 四、加强政府服务和监管

### （一）加强信息公开

发展改革、财政、水利等部门要及时向社会公开发布水利规划、行业政策、技术标准、建设项目等信息，保障社会资本投资主体及时享有相关信息。加强项目前期论证、征地移民、建设管理等方面的协调和指导，为工程建设和运营创造良好条件。积极培育和发展为社会投资提供咨询、技术、管理和市场信息等服务的市场中介组织。

### （二）加快项目审核审批

深化行政审批制度改革，建立健全重大水利项目审批部际协调机制，优化审核审批流程，创新审核审批方式，开辟绿色通道，加快审核审批进度。地方也要建立相应的协调机制和绿色通道。对于法律、法规没有明确规定作为项目审批前置条件的行政审批事项，一律放在审批后、开工前完成。

### （三）强化实施监管

水行政主管部门应依法加强对工程建设运营及相关活动的监督管理，维护公平竞争秩序，建立健全水利建设市场信用体系，强化质量、安全监督，依法开展检查、验收和责任追究，确保工程质量、安全和公益性效益的发挥。发展改革、财政、城乡规划、土地、环境等主管部门也要按职责依法加强投资、规划、用地、环保等监管。落实大中型水利水电工程移民安置工作责任，由移民区和移民安置区县级以上地方人民政府负责移民安置规划的组织实施。

### （四）落实应急预案

政府有关部门应加强对项目投资经营主体应对自然灾害等突发事件的指导，监督投资经营主体完善和落实各类应急预案。在发生危及或可能危及公共利益、公共安全等紧急情况时，政府可采取应急管制措施。

### （五）完善退出机制

政府有关部门应建立健全社会资本退出机制，在严格清产核资、落实项目资产处理和建设与运行后续方案的情况下，允许社会资本退出，妥善做好项目移交接管，确保水利工程的顺利实施和持续安全运行，维护社会资本的合法权益，保证公共利益不受侵害。

### （六）加强项目后评价和绩效评价

开展社会资本参与重大水利工程项目后评价和绩效评价，建立健全评价体系和方式方法。根据评价结果，依据合同约定对价格或补贴等进行调整，提高政府投资决策水平和投资效益，激励社会资本通过管理、技术创新提高公共服务质量和水平。

### （七）加强风险管理

各级财政部门要做好财政承受能力论证，根据本地区财力状况、债务负担水平等合

理确定财政补贴、政府付费等财政支出规模。项目全生命周期内的财政支出总额应控制在本级政府财政支出的一定比例内，减少政府不必要的财政负担。各省级发展改革委要将符合条件的水利项目纳入 PPP 项目库，及时跟踪调度、梳理汇总项目实施进展，并按月报送情况。各省级财政部门要建立 PPP 项目名录管理制度和财政补贴支出统计监测制度，对不符合条件的项目，各级财政部门不得纳入名录，不得安排各类形式的财政补贴等财政支出。

### 五、做好组织实施

#### （一）加强组织领导

各地要结合本地区实际情况，抓紧制订鼓励和引导社会资本参与重大水利工程建设运营的具体实施办法和配套政策措施。发展改革、财政、水利等部门要按照各自职责分工，认真做好落实工作。

#### （二）开展试点示范

国家发展改革委、财政部、水利部选择一批项目作为国家层面联系的试点，加强跟踪指导，及时总结经验，推动完善相关政策，发挥示范带动作用，争取尽快探索形成可复制、可推广的经验。各省（区、市）和新疆生产建设兵团也要因地制宜选择一批项目开展试点。

#### （三）搞好宣传引导

各地要大力宣传吸引社会资本参与重大水利工程建设的政策、方案和措施，宣传社会资本在促进水利发展，特别是在重大水利工程建设运营方面的积极作用，让社会资本了解参与方式、运营方式、盈利模式、投资回报等相关政策，稳定市场预期，为社会资本参与工程建设运营营造良好社会环境和舆论氛围。

## 第三节 完善我国水利工程管理体系的措施

我国在水利专业工程体系改革中做出有效努力，加大改革和创新力度，并取得巨大的成就，初步实现了工程管理的制度化、规范化、科学化、法治化，初步建立了现代的治水理念、先进的科学技术、完善的基础设施、科学的管理制度，确保了水利工程设施完好，保证水利工程实现各项功能，长期安全运行，持续并充分发挥效益。由于开展水利工程建设属于一个循序渐进的过程，并且和现实的生活状态也息息相关，所以我们要把涉及建立水利工程机制的一系列工作都做好，以解决水利工程所面临的问题。

## 一、强化水利工程管理意识

水利工程管理水平的提升，需要有效地转变工程管理人员的观念，强化现代的水利工程管理意识。从传统的水利管理淡薄，转变为重视水利工程管理工作。要从思想入手，从根本上解决问题，切实提高认识，改变“重建设轻管理”的观念，把工程工作的重心转移到工程管理上来，从而促进工程管理的发展。要树立可持续发展的水利工程管理，保证水资源的可持续发展，从而实现经济和社会的可持续发展的新思路。很大一部分水利工程管理人员在思想上还将水利工程认为是单纯性的公益事业和福利事业，对水利工程是国民经济的基础设施和基础产业的事实缺乏认识度，所以需要加快观念上的改变；而且在观念上还存在着无偿供水的想法，这就需要树立水是商品的观念，通过计收水费，实现以水养水，自我维持；对水利事业的认识存在片面性，觉得只是为农业服务，对水利工程服务于国民经济和社会全面发展，可以依靠水利工程来进行多种经营的开展的认识不足；在水利工程管理工作中，存在着等、靠、要的观念，安于现状，不求改变，缺乏赢利观念，所以需要加快思想观念的转变，在水利工程管理工作中，管理者应该有效益管理的观念，在保证经济效益的同时要实现环境、社会和生态效益。在加强对水利资源保护的基础上，注意对水利资源进行合理开发和优化配置。要树立以人为本，服务人们的意识。水利工程建设及管理是为了人民群众的切实利益，保证人民群众的财产安全，提供安全可靠的防洪以及供水保障，并且水利管理者应该具备全面服务人民群众的思想，重视生态环境问题，实现人与自然和谐相处，最终实现水利工程经济、环境和社会效益的协调发展。

## 二、强化水利工程管理体系的创新策略

在科技和产业革命的推动下，水利工程也由传统向现代全方位多层次地发生变化。水利工程建设行业自身是资本和技术密集型行业，科技和产业的创新始终贯穿于行业发展的全过程。强化水利工程管理体系创新策略不仅要求在水利工程建设过程中的科技和行业创新，而且还要求在管理方式中，要树立创新意识，始终将先进的、创新的管理理念贯穿在管理的全过程中。既要求科技和行业的创新推动管理的创新，又要管理主动创新推动行业创新。

## 三、强化水利工程的标准化、精细化目标管理

认真贯彻落实水利部《水利工程管理考核办法》，通过对水管单位全面系统地考核，

促进管理法规与技术标准的贯彻落实，强化安全管理、运行管理、经营管理和组织管理，并初步提高规范化管理的水平。水利工程管理体系的基本目标就是在保证水利设施完好无损的条件下，保证水利工程可以长期安全的作业，确保长期实现水利工程的效益。结合水利管理的情况，为了推进水利管理进程，实现水利管理的具体目标可以从以下方面做起：改革和健全水利工程管理，实现工程管理模式的创新，努力完善与市场经济要求相适应、符合水利工程管理特征以及发展规律的水利工程标准及其考核办法。

## 四、强化公共服务、社会管理职能

水利工程肩负着我国涉水公共服务和社会管理的职能。在水利工程管理过程中，要强化公共服务和社会管理的责任，特别是要进一步加强河湖工程与资源管理，以及工程管理范围内的涉水事务管理，维护河湖水系的引排调蓄能力，充分发挥河湖水系的水安全、水资源、水环境功能，并为水生态修复创造条件。

## 五、强化高素质人才队伍的培养

水管单位普遍存在技术人员偏少、技术力量薄弱等问题，难以适应工程管理现代化的需要。随着水利事业的发展和科学技术的进步，水利工程管理队伍结构不合理、管理水平不高问题更为突出，迫切需要打造一支高素质、结构合理、适应工程管理现代化要求的水利工程管理队伍。应做好如下工作：制订人才培养规划；制定人才培养机制及科技创新激励机制；加大培训力度、大力培养和引进既掌握技术又懂管理的复合型人才；采取多种形式，培养一批能够掌握信息系统开发技术、精通信息系统管理、熟悉水利工程专业知识的多层次、高素质的信息化建设人才。

# 参考文献


[1] 李建林 . 水文统计学 [M]. 应急管理出版社，2019.

[2] 王文斌 . 水利水文过程与生态环境 [M]. 长春：吉林科学技术出版社，2019.

[3] 李丽，王加虎，金鑫 . 分布式水文模型应用与实践 [M]. 青岛：中国海洋大学出版社，2019.

[4] 黄振伟，杜胜华，张丙先 . 南水北调中线丹江口水利枢纽工程重大工程地质问题及勘察技术研究 [M]. 河海大学出版社，2019.

[5] 白涛 . 水利工程概论 [M]. 北京：中国水利水电出版社，2019.

[6] 董哲仁 . 生态水利工程学 [M]. 北京：中国水利水电出版社，2019.

[7] 张强 . 东江、黄河、辽河流域地表水文过程模拟及水利工程水文效应研究 [M]. 科学出版社，2019.

[8] 张亮 . 新时期水利工程与生态环境保护研究 [M]. 北京：中国水利水电出版社，2019.

[9] 李德刚 . 山东省水文监测项目建设后评价 [M]. 南京：河海大学出版社，2019.

[10] 赵丽平，邢西刚 . 系统响应参数优化方法及其在水文模型中的应用 [M]. 北京：中国水利水电出版社，2019.

[11] 许新宜，尹宪文，孙世友 . 水文现代化体系建设与实践 [M]. 北京：中国水利水电出版社，2019.

[12] 戴会超 . 水利水电工程多目标综合调度 [M]. 中国三峡出版社，2019.

[13] 王海雷，王力，李忠才 . 水利工程管理与施工技术 [M]. 北京：九州出版社，2018.

[14] 沈凤生 . 节水供水重大水利工程规划设计技术 [M]. 郑州：黄河水利出版社，2018.

[15] 谢向文，马若龙，涂善波 . 水利水电工程地下岩体综合信息采集技术钻孔地球物理技术原理与应用 [M]. 郑州：黄河水利出版社，2018.

[16] 张世殊，许模等 . 水电水利工程典型水文地质问题研究 [M]. 北京：中国水利水电出版社，2018.

[17] 麻媛 . 水利工程与地质研究 [M]. 天津：天津科学技术出版社，2018.

[18] 阎永强 . 漳卫河水利工程管理 [M]. 天津：天津科学技术出版社，2018.

[19] 陈吉琴，拜存有，香天元 . 水文信息测报与整编 [M]. 北京：中国水利水电出版社，

2018.

[20] 余新晓，贾国栋，赵阳 . 流域生态水文过程与机制 [M]. 北京：科学出版社，2018.

[21] 解莹，王立明，刘晓光 . 海河流域典型河流生态水文过程与生态修复研究 [M]. 北京：中国水利水电出版社，2018.

[22] 刘世煌 . 水利水电工程风险管控 [M]. 北京：中国水利水电出版社，2018.

[23] 江凌，张建华，刘波 . 峡江水利枢纽工程设计与实践 [M]. 北京：中国水利水电出版社，2018.

[24] 胡德秀，杨杰，程琳 . 水利工程风险与管理 [M]. 北京：科学出版社，2017.

[25] 谢志强 . 水利工程与环境保护 [M]. 北京：中国纺织出版社，2017.

[26] 佟保根，高四东，荆海丰 . 水利工程技术 [M]. 天津：天津科学技术出版社，2017.

[27] 刘明华 . 工程与水文地质 [M]. 郑州：黄河水利出版社，2017.

[28] 黄振平，陈元芳 . 水文统计学第 2 版 [M]. 北京：中国水利水电出版社，2017.

[29] 张亮，黄庆锋，李喜玲 . 道路桥梁施工材料与水利工程环境测绘 [M]. 北京：现代出版社，2017.

[30] 吴戈 . 中国水文化简明教程 [M]. 北京：科学出版社，2017.

[31] 蓝俊康，郭纯青 . 水文地质勘察第 2 版 [M]. 北京：中国水利水电出版社，2017.

[32] 张俊，许银山 . 水文预报与调度新技术 [M]. 南京：河海大学出版社，2017.